我国近海海洋综合调查与评价专项成果

"十二五"国家重点图书规划项目

# 天津市近海海洋环境资源基本现状

孙连友　何广顺　编著

海洋出版社

2013 年 · 北京

图书在版编目（CIP）数据

天津市近海海洋环境资源基本现状/孙连友，何广顺编著.
—北京：海洋出版社，2013.11
ISBN 978 – 7 – 5027 – 8418 – 8

Ⅰ.①天…　Ⅱ.①孙…②何…　Ⅲ.①近海 – 海洋环
境 – 现状 – 天津市②近海 – 海洋资源 – 现状 – 天津市
Ⅳ.①X145②P74

中国版本图书馆 CIP 数据核字（2012）第 242564 号

责任编辑：白　燕　鹿　源
责任印制：赵麟苏

海洋出版社　出版发行

http://www.oceanpress.com.cn
北京市海淀区大慧寺路 8 号　邮编：100081
北京旺都印务有限公司印刷　新华书店北京发行所经销
2013 年 11 月第 1 版　2013 年 11 月第 1 次印刷
开本：787 mm×1092 mm　1/16　印张：16
字数：400 千字　定价：100.00 元
发行部：62132549　邮购部：68038093　总编室：62114335
海洋版图书印、装错误可随时退换

# 天津市"908 专项"领导小组成员名单

组　　　长：陈质枫（2004.12—2007.12）　熊建平（2007.12 至今）
常务副组长：张海河（2004.12—2009.5）　蔡明玉（2009.5 至今）
副　组　长：王维基（2004.12—2009.5）　任雨来　杨振江
　　　　　　马　强　赵顺利
成 员 单 位：市规划和国土资源局、市海洋局、市发改委、市财政局、市滨海
　　　　　　委、市统计局、市信息化办、市科委、市交委、市水利局、市环保
　　　　　　局、市旅游局、市水产局、市测绘院

# 天津市"908 专项"专家技术指导组成员名单

组　　长：张敬国
成　　员：王　宏　李文抗　刘文岭

# 天津市"908 专项"办公室成员名单

主　　任：孙连友
副 主 任：杨　健（2004.12—2006.6）　刘旗开（2006.6 至今）
成　　员：张敬国　陶　钢　　李东民（2004.12—2007.5）
　　　　　周　亮（2004.12—2009.4）　王军航（2007.5 至今）

# 天津市"908专项"调查与评价及集成项目组成员名单

**天津市海岛调查（908－TJ－01）**

　　主要参加人员：刘志广　裴艳东　王　福　田立柱　商志文

　　主要撰写人员：刘志广　裴艳东

**天津市海岸带调查（908－TJ－02）**

　　主要参加人员：裴艳东　王　宏　范昌福　王　福　田立柱

　　主要撰写人员：裴艳东　王　宏

**天津市河口污染现状调查与评估（908－TJ－03）**

　　主要参加人员：张秋丰　屠建波　胡延忠　石海明　牛福新　陈玉斌　孙明亮

　　　　　　　　　徐玉山　王　彬　江洪友　尹翠玲　高文胜　于　丹　薄文杰

　　主要撰写人员：张秋丰　屠建波　胡延忠　石海明　牛福新

**天津宗海价格评估（908－TJ－04）**

　　主要参加人员：贾艳杰　魏秋霞　王　兵　李　悦　赵　楠　王　玮　秦书莉

　　　　　　　　　杨　志　许慧娟　赵永锋　吕俊仪　乔庆超　闫　杰　李冰姿

　　　　　　　　　梁阿全　孙　可

　　主要撰写人员：贾艳杰　魏秋霞　王　兵　李　悦　赵　楠

**天津市海域使用现状调查（908－TJ－05）**

　　主要参加人员：齐连明　梁湘波　赵　梦　姚世强　徐　伟　岳　奇　赵　梦

　　　　　　　　　冯月永　尚拥军　姚世强　刘旗开　杨　健　王　磊　于　华

　　主要撰写人员：齐连明　梁湘波　赵　梦　姚世强　徐　伟

**天津市海域地质地貌调查（908－TJ－06）**

　　主要参加人员：田立柱　裴艳东　王　福　范昌福　商志文

　　主要撰写人员：田立柱　裴艳东

**天津市潮间带后备土地资源评价与选划（908－TJ－07）**

　　主要参加人员：王　福　王　宏　田立柱　裴艳东　车继英　宋美钰

　　主要撰写人员：田立柱　裴艳东

**海洋工程建设对海洋水动力影响评价（908－TJ－08）**

　　主要参加人员：张光玉　陈汉宝　刘爱珍　高　峰　刘海源

主要撰写人员：张光玉　陈汉宝

### 天津市近岸海域海洋化学调查（908－TJ－09）

主要参加人员：王学魁　刘文岭　董景岗　刘占广　孙佐辉　李　伟　袁春营

张桂香　马若欣　降升平　张青田　贺　华　郑小慎　游善元

王　昶　衣丽霞　高振中　杨志岩　徐仰仓　李　英　胡桂坤

徐宝玲　刘宪斌　白志鹏　范有明　韩　斌　徐　准　金亮茂

游　燕　郭啸洋　王　瑞

主要撰写人员：王学魁　刘文岭　董景岗　刘占广　孙佐辉

### 天津市近岸海域生物生态调查（908－TJ－10）

主要参加人员：马维林　房恩军　孙金生　李宝华　苗　军　陈　卫　宓慧菁

王麒麟　魏俊利　白　明　李　翔　耿绪云　王秀芹　薛淑霞

马文婷　张　玲　孙晓旺　孙万胜　董学鹏　刘克奉

主要撰写人员：马维林　房恩军　孙金生　李宝华　苗　军

### 天津市近岸海域经济水产资源与生态调查（908－TJ－11）

主要参加人员：马维林　房恩军　陈　卫　王麒麟　宓慧菁　苗　军

主要撰写人员：马维林　房恩军

### 天津市物理海洋调查（908－TJ－12）

主要参加人员：徐辉奋　姜　波　武　贺　杜小平　马治忠

主要撰写人员：徐辉奋　姜　波

### 天津市沿海地区社会经济基本情况调查（908－TJ－13）

主要参加人员：韩启祥　吴振远　杜　威　杜洪策　张庚新　李恭谦　时少林

牛文辉　恽　菁　王　坤　朱永强　王玉珠　郭丽雅　曹宗泉

吴　浩　宋卫东　高世红　郑渤玫　戴　华　胡恩和　王江涛

贾　泓　李　晋　翟伟康　李亚宁

主要撰写人员：韩启祥　吴振远　杜　威　杜洪策　胡恩和

### 天津市"908专项"沿海地区社会经济基本情况调查图件编制（908－TJ－13－1）

主要参加人员：王江涛　贾　泓　李　晋　翟伟康　李亚宁

主要撰写人员：王江涛　贾　泓

### 天津市潜在海水增养殖区评价与选划（908－TJ－14）

主要参加人员：王学魁　崔青曼　张青田　袁春营　刘文岭　董景岗　李　伟

刘占广　贺　华　孙会芳　孙佐辉　张越男　唐　娜　李桂菊

田胜艳　赵瑞华　李光璧　贾青竹　白晓琴　宋东辉　刘洪艳

赵兴贵　邓元告　张　福

主要撰写人员：王学魁　崔青曼　张青田　袁春营　刘文岭

## 天津市潜在滨海旅游区评价与选划（908－TJ－15）

主要参加人员：胡恩和　陈其刚　艾万铸　高战朝　于保华　范晓婷　刘小强
张东奇　赵立喜　曹英志　桂　静　姜　丽　李　晋　王江涛
张　彤　李亚宁　张宇龙　谭　论

主要撰写人员：胡恩和　陈其刚　艾万铸　高战朝　于保华

## 天津市海水综合利用区评价与选划（908－TJ－16）

主要参加人员：侯纯扬　武　杰　刘淑静　单　科　邢淑颖　黄鹏飞　王　静
张拂坤　付锦凤　张春雷　成国辰　王　锴　刘小骐　烟　卫
李艳苹　唐琳虹

主要撰写人员：侯纯扬　武　杰　刘淑静　单　科　邢淑颖

## 天津市海洋资源环境可持续利用综合评价（908－TJ－17）

主要参加人员：胡恩和　林　宁　陈其刚　贾　泓　于保华　范晓婷　刘小强
章任群　赵立喜　徐文斌　王江涛　李　晋　翟伟康　李亚宁
王　倩　张　彤　张宇龙　谭　论

主要撰写人员：胡恩和　林　宁　陈其刚　贾　泓　于保华

## 天津市"数字海洋"信息基础框架建设（908－TJ－18）

主要参加人员：何广顺　胡恩和　林　宁　徐文斌　魏红宇　李　晋　田洪军
杨　翼　王　倩　翟伟康　李亚宁　张宇龙　谭　论　刘小强
崔晓健　张　峰　马志华　赵立喜　刘　捷　王　伟　王喜亭

主要撰写人员：何广顺　胡恩和　林　宁　徐文斌　魏红宇

## 天津市海洋经济监测评估方法与滨海新区海洋产业结构升级建议研究（908－TJ－19）

主要参加人员：刘　泓　高建国　曹景林　周国富　郭丽雅　周季明　郭　跃

主要撰写人员：高建国　郭丽雅　周季明　郭　跃

## 天津市近海海洋综合调查与评价专项总报告（908－TJ－20）

主要参加人员：何广顺　胡恩和　陈其刚　贾　泓　杨　翼　徐文斌　翟伟康
王　倩　赵立喜　张　彤　路文海　刘小强　崔晓健　李　晋
李亚宁　田洪军　张宇龙　谭　论　郑芳媛

主要撰写人员：何广顺　胡恩和　陈其刚　贾　泓　杨　翼

## 《天津市近海海洋环境资源基本现状》专著（908－TJ－21）

主要参加人员：何广顺　胡恩和　王　倩　陈其刚　贾　泓　杨　翼　徐文斌
翟伟康　赵立喜　李亚宁　张　彤　路文海　刘小强　崔晓健
张宇龙　李　晋　田洪军　谭　论　郑芳媛

主要撰写人员：何广顺　胡恩和　王　倩　陈其刚

**天津市近海海洋综合调查与评价专项数据集及编制说明（908 – TJ – 22）**

主要参加人员：何广顺　胡恩和　李亚宁　赵立喜　陈其刚　徐文斌　杨　翼

翟伟康　王　倩　李　晋　张　彤　张宇龙　谭　论　田洪军

路文海　崔晓健

主要撰写人员：何广顺　胡恩和　李亚宁　赵立喜　陈其刚

**天津市海域使用现状图集（908 – TJ – 23）**

主要参加人员：齐连明　梁湘波　王艳茹　赵　梦

主要撰写人员：梁湘波　王艳茹　赵　梦

**天津市海岛海岸带调查数据集（908 – TJ – 24）**

主要参加人员：裴艳东　田立柱

主要撰写人员：裴艳东

**中国近海海洋图集——天津市海岛海岸带（908 – TJ – 25）**

主要参加人员：裴艳东　姜兴钰

主要撰写人员：裴艳东

**天津市海洋生态保护与经济发展建议书（908 – TJ – 26）**

主要参加人员：贾　泓　杨　翼　李　晋　田洪军　谭　论　曾　容　刘　捷

主要撰写人员：贾　泓　杨　翼

**天津市海洋资源环境蓝皮书（908 – TJ – 27）**

主要参加人员：陈其刚　李亚宁　徐文斌　王　倩　翟伟康　张宇龙

主要撰写人员：陈其刚　李亚宁

# 总前言

2003 年，党中央、国务院批准实施"我国近海海洋综合调查与评价"专项（简称"908 专项"），这是我国海洋事业发展史上一件具有里程碑意义的大事，受到各方高度重视。2004 年 3 月，国家海洋局会同国家发展与改革委员会、财政部等部门正式组成专项领导小组，由此，拉开了新中国成立以来规模最大的我国近海海洋综合调查与评价的序幕。

20 世纪，我国系列海洋综合调查和专题调查为海洋事业发展奠定了科学基础。50 年代末开展的"全国海洋普查"，是新中国第一次比较全面的海洋综合调查；70 年代末，"科学春天"到来的时候，海洋界提出了"查清中国海、进军三大洋、登上南极洲"的战略口号；80 年代，我国开展了"全国海岸带和海涂资源综合调查"，"全国海岛资源综合调查"，"大洋多金属资源勘查"，登上了南极；90 年代，开展了"我国专属经济区和大陆架勘测研究"和"全国第二次污染基线调查"等，为改革开放和新时代海洋经济建设提供了有力的科学支撑。

跨入 21 世纪，国家的经济社会发展也进入了攻坚阶段。在党中央、国务院号召"实施海洋开发"的战略部署下，"908 专项"任务得以全面实施，专项调查的范围包括我国内水、领海和领海以外部分管辖海域，其目的是要查清我国近海海洋基本状况，为国家决策服务，为经济建设服务，为海洋管理服务。本次调查的项目设置齐全，除了基础海洋学外，还涉及海岸带、海岛、灾害、能源、海水利用以及沿海经济与人文社会状况等的调查；调查采用的手段成熟先进，充分运用了我国已具备的多种高新技术调查手段，如卫星遥感、航空遥感、锚系浮标、潜标、船载声学探测系统、多波束勘测系统、地球物理勘测系统与双频定位系统相结合的技术等。

"908 专项"创造了我国海洋调查史上新的辉煌，是新中国成立以来规模最大、历时最长、涉及部门最广的一次综合性海洋调查。这次大规模调查历时 8 年，涉及 150 多个调查单位，调查人员万余人次，动用大小船只 500 余艘，航次千余次，海上作业时间累计 17 000 多天，航程

200 多万千米，完成了水体调查面积 102.5 万平方千米，海底调查面积 64 万平方千米，海域海岛海岸带遥感调查面积 151.9 万平方千米，获取了实时、连续、大范围、高精度的物理海洋与海洋气象、海洋底质、海洋地球物理、海底地形地貌、海洋生物与生态、海洋化学、海洋光学特性与遥感、海岛海岸带遥感与实地调查等海量的基础数据；调查并统计了海域使用现状、沿海社会经济、海洋灾害、海水资源、海洋可再生能源等基本状况。

"908 专项"谱写了中国海洋科技工作者认知海洋的新篇章。在充分利用"908 专项"综合调查数据资料、开展综合研究的基础上，编写完成了《中国近海海洋》系列专著，其中，按学科领域编写了 15 部专著，包括物理海洋与海洋气象、海洋生物与生态、海洋化学、海洋光学特性与遥感、海洋底质、海洋地球物理、海底地形地貌、海岛海岸带遥感影像处理与解译、海域使用现状与趋势、海洋灾害、沿海社会经济、海洋可再生能源、海水资源开发利用、海岛和海岸带等学科；按照沿海行政区域划分编写了 11 部专著，包括辽宁省、河北省、天津市、山东省、江苏省、浙江省、上海市、福建省、广东省、广西壮族自治区和海南省的海洋环境资源基本现状。

《中国近海海洋》系列专著是"908 专项"的重要成果之一，是广大海洋科技工作者辛勤劳作的结晶，内容充实，科学性强，填补了我国近海综合性专著的空白，极大地增进了对我国近海海洋的认知，它们将为我国海洋开发管理、海洋环境保护和沿海地区经济社会可持续发展等提供科学依据。

系列专著是 11 个沿海省（自治区、直辖市）海洋与渔业厅（局）、国家海洋信息中心、国家海洋环境监测中心、国家海洋环境预报中心、国家卫星海洋应用中心、国家海洋技术中心、国家海洋局第一海洋研究所、国家海洋局第二海洋研究所、国家海洋局第三海洋研究所、国家海洋局天津海水淡化与综合利用研究所等牵头编著单位的共同努力和广大科技人员积极参与的成果，同时得到了相关部门、单位及其有关人员的大力支持，在此对他们一并表示衷心的感谢和敬意。专著不足之处，恳请斧正。

《中国近海海洋》系列专著编著指导委员会

# 目　次

天津市近海海洋环境资源基本现状

# 0 绪 论

    天津市近海海洋综合调查与评价专项是我国近海海洋综合调查与评价专项的重要组成部分，按照国家海洋局的统一部署，天津市调查工作自 2005 年全面启动，至 2007 年外业工作全面结束，历时近 3 年；评价工作自 2007 年开始，至 2008 年结束，历时一年。近海海洋综合调查与评价的基本任务是查清天津市海洋自然环境、自然资源及人口的基本情况；调查与评价内容包括综合调查和综合评价两大类，其中综合调查项目 10 个，综合评价项目 7 个；调查与评价范围是：陆域自海岸线起向陆延伸 5 km，海域为天津市管辖的全部海域。

## 0.1 基本任务

    天津市近海海洋综合调查与评价的基本任务是获取天津海岸带和管辖全部海域自然环境要素和自然资源的类型、数量、质量、蕴藏量、分布特征、开发利用现状等基础资料；查清滨海地区社会经济、人口等基本情况；针对海洋环境资源状况及开发建设、保护管理中存在的主要问题，找出制约天津海洋经济发展的主要因素，提出解决这些问题的办法；依据天津市发展总体规划、海洋功能区划和海洋资源的基本条件，评估海洋资源的开发潜力，并对潜在开发区进行选划，为天津市充分利用海洋资源、合理布局海洋产业，实现海洋经济持续、快速、健康发展提供科学依据。

## 0.2 调查评价内容

    天津市近海海洋综合调查与评价内容包括综合调查和综合评价两大类，其中综合调查项目 10 个，综合评价项目 7 个。

    （1）综合调查

    海洋化学　海水化学、沉积化学、大气化学、生物质量、沉积物生物体中新型有机物污染物。

    海洋生物与生态　叶绿素和初级生产力、微生物、浮游生物、浮游动物、底栖生物、潮间带生物、鱼卵仔鱼、游泳动物。

    海岛　海岛的地理位置、面积、岸线长、地质、地貌、植被类型与分布、开发利用与保护。

    海岸带　海岸类型与分布、地貌与第四纪地质、地貌与冲淤动态、潮间带底质、沉积物化学、底栖生物。

    海域使用　海域使用状况、海域使用金征收现状、海域使用特点、海域使用管理建议等。

沿海社会经济　区域经济发展情况、人口与就业、沿海城镇发展、科技教育、沿海功能园区、海洋经济。

物理海洋　海流、海水水温、海水盐度、海面气象和波浪等。

河口污染现状　各主要入海河口环境污染物的种类、分布与浓度。

海洋水产资源　海洋经济动物生物量、种类组成、区域分布、季节变化、资源结构、群落多样性特征、资源动态变化。

海域地质地貌　海域底质特征、海底浅表地层地质结构、地形地貌特征、海底灾害地质。

（2）综合评价

潜在滨海旅游区评价与选划　旅游景区的自然环境条件、景观特色、数量、规模、地域分布、保护与开发利用现状、服务资源状况、滨海旅游市场、滨海旅游产业开发环境影响、滨海旅游产业发展战略、潜在滨海旅游区选划。

潜在海水增养殖区评价与选划　渔业发展现状、潜在海水增养殖区水质综合评价、重金属及石油类因子综合评价、沉积物综合评价、潜在海水增养殖区选划。

潮间带后备土地资源评价与选划　建立综合评价体系、河口区现状及评价、潮间带基底结构及评价、潮间带对自然灾害响应现状及评价、潮间带与人类活动相互作用现状及评价、潮间带地貌现状及评价等。

海水综合利用区评价与选划　水资源现状和潜力分析、经济发展与水资源需求、海水淡化区选划指标、海水冷却利用区选划指标、大生活用海水区选划指标、海水化学资源利用区选划指标等。

宗海价格评估　编制海域使用宗海区位图、宗海价值评估指标体系、制定宗海价值评估技术标准规范。

海洋工程建设对水动力影响评价　海洋工程建设对波浪动力的影响、海洋工程建设对潮流动力的影响、海洋工程建设对泥沙运动的影响。

海洋资源环境可持续利用综合评价　海洋资源现状分析与综合评价、海洋环境现状和综合评价、海洋经济现状和评价、海洋资源可持续利用模式研究、海洋资源环境承载力。

## 0.3　调查评价范围

本次调查与评价的最大范围是：海域为天津市管辖的全部海域，陆域以海岸线为准向陆一般不超过 5 km。但每个项目的调查与评价范围不尽相同，如海岸带的调查范围为向海至 0 m 等深线，向陆 1~5 km；地质地貌调查和化学调查为平均大潮高潮线至 -10 m 等深线海域；海域使用现状调查为天津市管辖的全部海域；物理海洋调查为天津市近岸海域；海水利用评价范围为 -14~0 m 海域。

## 0.4　调查评价方法

本次调查与评价，严格按照《国家"908专项"调查规范》和《"908专项"天津市近海海洋综合调查与评价实施方案》进行。

1）综合调查

（1）海岸带

**海岸线** 以实地勘测和遥感调查为主，结合调访和地形图及历史资料进行综合分析。调查点沿海岸线布设，观测点间距原则上平均 2 km，使用 DGPS 进行岸线定位。

**海岸带地貌和第四纪地质** 以收集以往调查成果资料为主，遥感调查分析与现场踏勘调查为辅。利用收集的地貌和第四纪地质图件，结合 2007 年卫星遥感解译图，进行野外调查验证。

**岸滩地貌与冲淤动态** 根据海岸线沿程踏勘、典型岸滩剖面综合观测，结合不同历史时期海图、地形图、多时相遥感资料进行对比分析。在潮间带地区采集 $^{210}Pb/^{137}Cs$ 测试样柱，测定其沉积速率。

**底质** 以现场调查和样品采集分析为主，遥感调查为辅。在潮间带布设 8 条垂直于海岸线的调查剖面，在每条剖面的高潮滩、中潮滩和低潮滩分别采集底质样品，并对样品进行粒度分析、轻/重矿物鉴定、黏土矿物分析、物理力学性质测试、有孔虫鉴定、介形虫鉴定、硅藻鉴定、孢粉分析、软体动物鉴定。

**潮间带沉积物化学** 在潮间带布设 3 条监测剖面，春、秋季分别在潮间带上、中和下部采集底质样品，测定沉积物中的总汞、铜、铅、锌、镉、石油类、有机质和硫化物的含量。

**潮间带底栖生物** 在潮间带布设 2 条监测剖面，春、秋季分别在潮间带上、中和下部采集底质样品，调查潮间带底栖生物的类型、数量与分布特征及底栖生物体的质量。

（2）地质地貌

**海域浅地层剖面** 布设 15 条剖面测线，采用浅地层剖面仪对海底地层进行水声探测。

**海域测深** 调查线与浅地层剖面调查剖面线一致，采用测深仪对水深进行测量。

**全取芯机械钻孔取样** 在潮间带及浅海区进行 2 个全取芯机械钻探取样，采用 DGPS 定位。

**海域底质表层采样** 在浅海区布设采样站位 31 个，采用抓泥器等海底采样设备采集。

（3）物理海洋

采用大面观测与定点连续观测。大面观测站的布设与海洋生物生态和海洋化学调查站位相同，进行同船作业准同步观测。定点连续观测选择 4 个具有代表性的观测站进行多日定点连续观测。

（4）海洋化学

调查要素 22 项。检测分析方法：溶解氧—碘量法，pH—pH 计法，总碱度—pH 法，悬浮物—重量法，总有机碳—仪器法，油类—紫外分光光度法，总氮、总磷、溶解态氨、溶解态磷—过硫酸钾氧化法，硝酸盐 – 氮—锌镉还原比色法，亚硝酸盐 – 氮—萘乙二胺分光光度法，铵氮—次溴酸盐氧化法，活性磷酸盐—磷钼蓝分光光度法，活性硅酸盐—硅钼黄法，砷、汞—原子荧光法，铜、铅、镉、总铬—无火焰原子吸收分光光度法，锌—火焰原子吸收分光光度法。

（5）海洋生物与生态

**叶绿素 a、初级生产力** 用 2.5 L 采水器，分表、中和底层（或预定深度）采集水样。

**微生物** 用击开式采水器分上、中、底 3 个水层无菌采样。

微微型和微型浮游生物　用 2.5 L 卡盖式采水器采集表、中、底 3 个水层水样。

大、中、小型浮游生物　使用浅水 I 型和浅水 III 型游生物网进行垂直拖网。

底栖生物　用 0.05 m² 箱式采泥器，每站采泥 4 个样，采泥面积 0.2 m²。

潮间带生物　每个断面设 5 个站位，其中高潮区和低潮区各 1 个，中潮区 3 个；泥滩、泥沙滩采 4 个定量样，采样面积 0.25 m²。

游泳动物　采用单船底层拖网，网口宽 9 m，囊网目 20 mm，网口周长 22 m。

（6）海洋水产资源

调查站位 18 个。调查网具采用单船底层拖网，网口宽 9 m，囊网目为 20 mm，网口周长 22 m。

（7）河口污染现状

调查区域为北塘口、海河河口、大沽排污河河口、独流减河河口、子牙新河河口、青静黄排水河河口和北排水河河口。每个河口区域布设 3 个调查断面，6 个调查站位，呈扇面分布，完全覆盖河口区、河口混合区和河口外海区。海水化学要素监测分析方法同海洋化学。

（8）海岛

在岛内设置测量点 299 个，其中 193 个地质点用差分定位仪定位。所有测量点的高程均经全站仪测量，并与天津市水准点 JC1174 联网；共获得 16 个钻孔岩心。

（9）海域使用

调查采用资料收集、调访、实地勘测相结合、大面调查与重点区域调查相结合的方法。对已确权、界址清楚的用海通过收集资料和实地调访完成信息收集，主要收集最近 5 年来海域使用管理工作所积累的资料，同时利用 "908 专项" 调查的相关成果；对未经确权、界址不清楚或违规的用海，利用 DGPS 对用海界址进行实地勘测。

（10）沿海社会经济

采用全面报表与抽样问卷相结合、典型与重点相结合、局部与整体相结合、实际调查与现有统计体系相结合、全面调查与抽样调查相结合的调查方法。

2）综合评价

（1）潜在滨海旅游区评价与选划

对滨海旅游资源的单体，自然环境条件、景观特色、数量、规模、社会经济状况、交通、服务设施、客源和效益等进行评价，使用统计分类方法，对滨海旅游资源进行统计分类。

（2）潜在海水增养殖区

采用灰色聚类分析方法，对调查的 15 个站位的水质、补充调查站位的水质及 7 条河口及邻近海域水质进行综合评价，并进行水质、底质分级，结合生物学指标，选划增殖区和养殖区。

（3）潮间带后备土地资源评价与选划

评价针对影响潮间带后备土地资源利用的 11 项地质指标展开，根据指标重要性的不同进行赋值。依据天津市潮间带的自然属性，采用已选定的单项指标对不同评价区域分别进行评价，最后将各指标的评价结果通过综合指数法计算公式，得出评价区域的综合评价值。

（4）海水综合利用区评价与选划

采用指标法、协调法和综合法，形成海水综合利用区选划指标体系；确定部分指标的优选定量条件和海水综合利用区评价选划指标的权重。

（5）宗海价格评估

在对评估海域环境要素调查的基础上，结合海洋功能区划和海域自然、社会、经济等多种因素进行综合评价，划定分类用海级别，并运用市场比较法、收益法、成本法等评估方法，测算分类用海海域基准价，建立宗海价格修正体系。

（6）海洋工程建设对水动力影响评价

通过分析水动力要素的变化，得出海洋工程对环境的影响；运用数值模拟手段，反演和预测工程引起的潮流、波浪动力及泥沙的淤积变化。

（7）海洋资源环境可持续利用综合评价

依托天津市"908专项"调查成果，并结合历史资料及渤海湾区域的大环境和周边海域的资源和环境资料，分析天津市海洋资源环境的基本状况，研究海洋资源承载能力和海洋环境容量，提出天津市海洋资源环境可持续利用方式。

## 0.5 主要成果

本次"908专项"调查，天津市投入巨大的财力、物力、人力，完成了浩大的工作量，圆满地完成了预定的任务，取得了丰硕的成果。

天津"908专项"调查共投入人力573人，其中，管理人员127人，科技人员373人，船员73人。调查区域面积5 270 km²，其中海域面积3 000 km²，陆域面积2 270 km²；布设断面42条，测线550 km，海上测点262个，陆上测点49个，取样4 135个，分析样品19 970个；行程19 410 km，其中海域15 478 km，陆域3 932 km。编制各类成果报告105册，其中研究报告38册，工作报告26册，图集18册，数据集10册，其他13册。专项档案341卷，其中业务管理类档案201卷，技术成果类档案128卷，相册12卷。

**天津市"908专项"成果报告统计**

| 调查与评价项目 | 研究报告（册） | 工作报告（册） | 数据集（册） | 图集（册） | 其他 | 合计 |
|---|---|---|---|---|---|---|
| 海岛调查 | 1 | 1 | | | | 2 |
| 海岸带调查 | 1 | 1 | | | | 2 |
| 海域生物生态调查 | 1 | 1 | 1 | 1 | | 4 |
| 海洋化学调查 | 4 | 1 | | 3 | | 8 |
| 海域使用现状调查 | 1 | 1 | | 1 | | 3 |
| 沿海地区社会经济调查 | 2 | 1 | | 1 | | 4 |
| 河口污染现状调查 | 1 | 1 | 1 | 1 | | 4 |
| 海域地质地貌调查 | 1 | 1 | | | | 2 |
| 物理海洋调查 | 1 | 1 | 1 | 1 | | 4 |
| 宗海价格评估 | 1 | | 1 | 2 | | 4 |
| 经济水产资源与生态调查 | 1 | 1 | 1 | 1 | | 4 |
| 潜在滨海旅游区评价与选划 | 1 | 1 | | 3 | 3 | 8 |

| 调查与评价项目 | 研究报告（册） | 工作报告（册） | 数据集（册） | 图集（册） | 其他 | 合计 |
|---|---|---|---|---|---|---|
| 潜在海水增养殖区评价与选划 | 1 | 1 | | | 1 | 3 |
| 海水综合利用区评价与选划 | 3 | 1 | | | | 4 |
| 海洋工程建设对海洋水动力影响评价 | 4 | 1 | | | 1 | 6 |
| 潮间带后备土地资源评价与选划 | 1 | 1 | | | | 2 |
| 海洋资源环境可持续利用综合评价 | 3 | 1 | 1 | | | 5 |
| 数字海洋 | 2 | 1 | 2 | | 6 | 11 |
| 海洋经济监测评估方法与滨海新区海洋产业结构升级建议研究 | 1 | 1 | | | | 2 |
| 天津市近海海洋综合调查与评价总报告 | 2 | 1 | | 1 | | 4 |
| 天津市近海海洋环境基本现状专著 | 1 | 1 | | 1 | | 3 |
| 天津市近海海洋综合调查与评价数据集 | 1 | 1 | 1 | | 1 | 4 |
| 天津市海域使用现状图集 | | 1 | | 1 | | 2 |
| 天津市海岛海岸带调查数据集 | | 1 | 1 | | | 2 |
| 天津市海岛海岸带图集 | | 1 | | 1 | | 2 |
| 天津市海洋资源环境现状蓝皮书 | 1 | 1 | | | 1 | 3 |
| 天津市海洋生态保护与经济发展建议书 | 2 | 1 | | | | 3 |
| 总计 | 38 | 26 | 10 | 18 | 13 | 105 |

# 第 1 章　区域概况

天津滨海地区位于我国华北、西北和东北三大区域的结合部，是我国北方地区重要的海上通道，陆、空交通发达，科技优势明显。天津海岸带陆地地势低平，属冲积海积低平原和海积低平原，盐田和滩涂约占陆地面积的1/3。沿岸线向东发育平坦宽阔的潮间带（潮滩），潮滩向海域自然延伸形成宽缓的海底。天津市沿海的潮汐为半日潮。天津市沿海具有明显的暖温带半湿润季风气候的特点。天津滨海新区是目前我国经济最活跃、利用外资最多的地区之一，环渤海地区最为重要的经济增长极之一。丰富的自然资源为天津经济发展和特色产业的形成与发展提供了强有力的支撑。

## 1.1　地理位置

天津沿海地区位于天津市东部，地处海河水系与蓟运河水系的尾闾，东临渤海湾，北依燕山，西接首都北京，南北分别与河北省接壤，是海河五大支流南运河、子牙河、大清河、永定河和北运河的汇合处和入海口。天津市大陆海岸线北起天津与河北行政区域北界线与海岸线交点（涧河口以西约 2.4 km 处），南至歧口，全长 153.200 km，岛屿岸线 0.469 km。海域面积约 3 000 $km^2$，其中潮间带面积 335.99 $km^2$，$0 \sim -5$ m 海域面积 847 $km^2$，$-5 \sim -15$ m 海域面积 746 $km^2$。天津滨海地区包括塘沽、汉沽、大港和东丽区、津南区的一部分，天津经济开发区、天津港保税区、天津港都在其中，面积 2 270 $km^2$。

## 1.2　区位优势

天津滨海地区地理位置优越，位于我国华北、西北和东北三大区域的结合部，地处环渤海地区的中枢部位，是京津和环渤海城市带的交汇点，是我国北方地区进入东北亚，走向太平洋的重要门户和海上通道，是连接我国内陆与中亚、西亚和欧洲的亚欧大陆桥的桥头堡。

### 1.2.1　我国北方地区重要的海上通道

天津滨海地区腹地广阔，拥有华北和西北 10 个省、直辖市、自治区，服务人口 2 亿多。多年来，天津滨海地区积极发挥其作为对外开放窗口和基地的辐射功能，成为华北、西北地区通向世界各地最短最好的出海口岸。中西部地区利用天津滨海地区这一走向国际市场的窗口、基地和进出口货物的"绿色通道"，更多地参与国际经济技术的交流与合作，从而使中西部地区的资源优势尽快转化为商品优势，促进地区经济发展。天津滨海地区与环渤海地区、中西部地区的互动发展，使其区位优势最大限度地转化为经济优势。同时，天津滨海地区又是国外客商进入环渤海、中西部地区的最佳通道。

天津港是我国北方地区最大的、现代化的综合性港口，在对外经济交往中发挥着关键作用。天津港跻身世界深水大港 20 强之列，与世界 180 多个国家和地区的 400 多个港口建立了长期通航和贸易关系，是我国中西部地区重要的海上大通道。目前，天津港码头长 22 871 m，有泊位 119 个，其中万吨级泊位 65 个，年货物吞吐量 $2.58 \times 10^{8}$ t。

### 1.2.2 陆、空交通发达

天津滨海地区交通十分发达，境内有 6 条高速公路及京哈铁路穿过，空中有天津滨海国际机场，形成快捷便利的陆、空交通网络，将滨海地区与环渤海其他地区和中西部地区紧密相连。

天津滨海地区是欧亚大陆桥东部起点之一。国际货物运输可通过大陆桥由太平洋西岸直抵大西洋东岸。天津是京哈、京沪两大铁路动脉的交汇点，西连京九铁路；京哈铁路纵贯塘沽、汉沽两区，形成连接南北的陆上大动脉；区内有津蓟、北环、李港、汉南等支线铁路与干线铁路相连，形成四通八达的铁路运输网络。铁路经过连续 6 次提速，大大缩短了路上行程时间，服务质量和乘车条件都有了很大提高和改善。津滨轻轨、京津城际间轨道交通的建成通车，使开发区到中心城区和天津到北京的乘车时间大大缩短。

天津滨海地区是东北三省通往华东、华南地区的必经之路，京津塘一线、京津塘二线、唐津、津晋、津蓟及津滨 6 条高速公路在天津滨海交汇，其中京津塘高速公路是中国第一条跨省市的高速公路，是连接天津滨海与首都北京的交通纽带，全长 143 km。此外，通过天津的其他高速公路还有京沈、京沪、津保和津汕等，它们沟通了天津滨海地区与东北、华北、华南各省区的公路交通往来，形成四通八达的交通网。

天津滨海国际机场距市中心 13 km。它是目前我国毗邻北京首都国际机场最近、北方第二大国际机场，是北京机场的固定备降机场和分流机场，是中国主要的航空货运中心之一，也是新成立的奥凯航空公司的枢纽机场。天津滨海国际机场与日本的东京、名古屋、大阪、韩国的首尔、俄罗斯的莫斯科、萨马拉、美国的安克雷奇和香港开通了国际及地区的定期航班航线，开辟了通往全国 30 多个城市，即广州、深圳、汕头、海口、西安、昆明、上海浦东、福州、厦门、南京、杭州、大连、武汉、乌鲁木齐、桂林、成都、宁波、合肥、西双版纳、郑州、长沙、哈尔滨、青岛、银川、威海、太原、沈阳、南宁、长春、呼和浩特等地的航班航线。有国航天津分公司、新华航空公司、东方通用航空公司和邮政航空公司等 20 多家中外航空公司从事经营活动。天津滨海国际机场货运航班已通达欧洲、北美和东亚、中亚等地。

### 1.2.3 科技优势明显

天津海洋科研、技术力量较强，仅次于山东、上海，居全国第三位。直接从事涉海研究的科技人员 1 500 余人，中央驻津海洋院所及天津市研究院所达 25 家。有一批在国内外处于领先水平的海洋技术，特别是海洋工程技术的重大科研成果。正在筹建的渤海监测监视管理基地将以国家级海洋科研院所为依托，构建包括实验平台和相关设施在内的海洋科研体系，打造海洋技术创新与工程试验的综合平台，承担国家、地方和企业的重大科技和工程项目，拓展海洋技术应用领域，形成具有自主知识产权的海洋应用技术集成体系，为全国海洋技术研发和产业化发展提供基础性、公用性技术支撑。

此外，天津与国际海洋界有着非常密切的交往，国际海洋学院中国业务中心、国际海洋资料中心中国中心均坐落于天津。通过中央驻津海洋院所和渤海监测监视管理基地的建设，可以整合国内外海洋技术成果和人才资源，开展海洋技术自主创新，扩大各国政府及民间团体之间在海洋技术和海洋文化等方面的国际交流与合作，促进海洋经济发展水平的提高和规模的扩大。

## 1.3　区域地质与水文特征

### 1.3.1　区域地质特征

天津海岸带陆地地势低平，北部山区海拔 100 ~ 500 m，最高点盘山主峰 868 m。地面标高一般为 0 ~ 2.0 m，最低为 – 1 m（在汉沽北）。海岸坡度总体自西向东由陆向海微微倾斜，属冲积海积低平原和海积低平原，由海侵层和河流冲积层交互形成。海积低平原沿海岸呈带状分布，主要由滨海盐滩、潟湖洼地、沼泽和潮滩构成，地表以淤泥质黏性土为主，土壤盐渍化严重。盐田和滩涂约占陆地面积的 1/3。汉沽、塘沽和大港沿岸一带的土壤类型主要为滨海盐土，多辟为盐田，其北部和西部边缘则分布盐化湿潮土，其中在汉沽北部杨家泊至高庄一带发育少量草甸沼泽土；大港西部为盐化潮土。沿岸线向东发育平坦宽阔的潮间带（潮滩），宽 3 ~ 7.3 km，坡度 0.4‰ ~ 1.4‰。潮滩向海域自然延伸形成宽缓的海底，平均坡度 0.4‰ ~ 0.6‰，海域平均水深一般小于 15 m。

### 1.3.2　区域水文特征

天津海域的年平均水温为 13.5℃，最冷月 2 月的平均水温为 – 0.1℃，最热月 8 月的平均水温为 27.2℃。年平均盐度为 28.4，最高年平均盐度出现在 1984 年，为 34.4；最低年平均盐度出现在 1977 年，为 15.2。天津市沿海的潮汐为半日潮，一昼夜两次涨落，一次略大，一次略小。每月有两次大潮和两次小潮。冬春潮位偏低，1 月份最低；夏秋潮位偏高，7 月、8 月最高。由于沿海滩涂平缓，潮水涨落 1 m，海滩常可淹没 1 000 m 以上。天津市沿海的平均潮位为 1.54 m，最高潮位为 5.81 m。天津沿海的潮流通常是回转流，涨潮流呈西北向，落潮流呈东南向。流速为每小时 926 ~ 3 704 m（靠近排水河口处流速更大）。其他时间流向凌乱，流速较小。大潮期和小潮期的潮流情况极不一致，小潮期的潮流受风影响很大，流向常随风向变化。天津沿海的波浪 90% 以上属于风浪类型，波浪外形很不规则，波峰较尖，移动方向与风向相差不多。海平面静、或略现波纹的日数平均每月 1 ~ 2 d。个别月份大浪平均每月出现 2 ~ 5 d，最大波高可达 4.5 ~ 5 m。渤海湾一般年份自 12 月下旬开始在浅滩或岸边结冰，冰量不大，平均在 5 级左右，但不稳定，时有时消，翌年 1 月、2 月，水温降到最低时，冰量最大可达 8 级，密集度可达 9 级，并可出现固定冰。固定冰分布在距岸 10 km 以内，厚度一般为 20 ~ 40 cm，最厚可达 80 ~ 100 cm，通常在固定冰外聚集大量浮冰，终冰一般在 2 月底至 3 月初，冰期约为一个半月至两个月。

## 1.4 区域气候

天津市位于中纬度欧亚大陆的东部，主要受季风环流支配；虽然面海，但由于渤海三面环陆，是个半封闭的内海，海洋气候影响不大，仍属于大陆性气候，雾多出现于冬季。天津市沿海具有明显的暖温带半湿润季风气候的特点：四季分明；春季干旱，风多雨少；夏季高温高湿，雨水集中；秋季冷暖适宜，天朗气爽；冬季严寒，雨雪稀少。温度适宜，日差较小，无霜期长；全年平均气温 11.1~12.3℃，全年 10℃ 以上的气温春、夏、秋三季有 205 天。光、热、水基本同季，尤其是降水，集中于夏季 7 月、8 月、9 月 3 个月，沿海地区高于郊区。市区多年平均降水量为 537.1 mm，塘沽为 598.6 mm。风向、风速季节变化明显，冬季多西北风，夏季多东南风，春、秋多西南风。

## 1.5 区域经济

天津市是全国经济发展最快的地区之一。据统计，1993 年天津地区生产总值（GDP）只有 536.10 亿元，2000 年增加到 1 639.36 亿元，7 年间天津地区生产总值增加了 2.1 倍，年均增长 29.4%。近年来，天津经济进入高速发展期，2006 年天津实现地区生产总值 4 337.73 亿元，比上年增长 14.4%，比 2000 年增长 1.7 倍。按常住人口计算，天津人均地区生产总值达到 40 961 元，比上年增长 11.7%，折合 5 177 美元。三次产业全面发展，第一产业实现增加值 118.97 亿元，比上年增长 3.5%；第二产业增加值 2 485.83 亿元，增长 17.6%；第三产业增加值 1 732.93 亿元，增长 11.0%。三次产业结构比为 2.7∶57.3∶40。

天津滨海新区经过 10 多年的开发建设，生产总值由 1994 年的 112 亿元增加到 2007 年的 2 346.08 亿元，外贸出口由 5 亿美元增加到 245 亿美元，实际利用外资 39 亿美元，滨海新区已经成为跨国公司投资中国的热点地区。

天津滨海新区一直保持着强劲的发展势头，是目前我国经济最活跃、利用外资最多的地区之一，已经成为以外向型为主的经济新区，成为天津市最大的经济增长点，环渤海地区最为重要的经济增长极之一。国际资本的成功利用、区域技术创新能力的不断增强、城市载体功能的不断提升都为滨海新区发展提供了强有力的支撑。目前，滨海新区已经形成包括电子通信、石油开采与加工、海洋化工、现代冶金、机械制造、生物医药加工等主导产业，重点培育并正在形成电子信息、生物制药、光机电一体化、新材料、新能源和新型环保六大高新技术产业群，已经形成了作为现代化制造业和研发转化基地的产业基础条件。

## 1.6 区域资源

天津海洋油气、港口资源、海盐和盐化工、海洋旅游等自然资源丰富。丰富的资源为天津经济发展和特色产业的形成与发展提供了强有力的支撑。

### 1.6.1 海洋油气

渤海和大港两大油田分布于此。大港油田是我国开发较早的油田，一直保持较为稳定的产量。渤海油田近年来发展很快，是我国海洋石油的主产区。天津市近海海洋综合调查与评价表明，天津市石油地质资源量为 $20.55 \times 10^8$ t；其中陆地 $13.29 \times 10^8$ t，滩海 $7.26 \times 10^8$ t。天津市探明石油地质资源量为 $9.03 \times 10^8$ t，其中陆地 $7.90 \times 10^8$ t，滩海 $1.13 \times 10^8$ t。丰富的油气资源促进了天津港 1 000 万吨油码头的建成，油气开采业和石油化工业已经成为天津的支柱产业之一。

### 1.6.2 港口资源

天津有我国最大的人工海港——天津港，海洋交通运输业一直是支撑天津市国民经济发展的重要支柱产业。天津港已形成以北疆港区、南疆港区为主，海河港区为辅，临港工业港区、东疆港区起步发展，北塘港区为补充的发展格局。全港共有生产性泊位 132 个，其中深水泊位 65 个；综合通过能力 $2.34 \times 10^8$ t，其中集装箱码头通过能力达到 $593 \times 10^4$ 标准箱。天津港是环渤海港口中与华北、西北等内陆地区距离最短的港口，也是亚欧大陆桥的东端起点，社会经济条件优越，是我国重要的对外贸易口岸，被誉为"渤海湾里的明珠"。

### 1.6.3 海盐和盐化工

天津市丰富的滩涂资源和良好的自然环境条件，为盐业的生产创造了得天独厚的条件，使天津成为仅次于山东、河北两省的重要海盐产地。2007 年天津海盐产量为 $237.03 \times 10^4$ t，占全国海盐产量的 7.5%。依托其丰富的盐业资源，天津的盐化工业无论是产品规模和质量均居全国前列；年产纯碱 $75 \times 10^4$ t，烧碱 $49 \times 10^4$ t，分别占全国的 8.2% 和 6.3%。天津已经成为我国最重要的海洋化工基地之一。

### 1.6.4 海洋旅游

天津海洋旅游资源类型齐全，既有自然旅游资源，又有人文旅游资源，尤其以现代旅游资源独具特色，发展势头迅猛。天津海洋旅游资源共有景点近 30 处；其中属于自然景观旅游资源的景点 9 处，人文景观旅游资源的景点 20 处。天津有广阔的海域，宽广的河面，海岸带地势低，洼地众多，河流纵横，有的洼地和河流地段形成了独特的自然生态系统，成为较好的风景旅游区，如可反映天津海陆变迁的最具特色的地貌景观贝壳堤。随着天津经济实力的不断加强，旅游景点和旅游基础设施的建设步伐加快，一大批会展中心、商务中心、工业园区、旅游娱乐设施等相继建立，使海陆旅游形成一个有机的整体。天津周边内陆城市林立，人口众多，为发展海洋旅游提供了优越的条件。

# 第 2 章　海洋环境

　　本章对天津海洋环境进行了较为全面而详细的论述，内容包含海洋环境的五个主要方面，分别是：自然环境、海域地质地貌、物理海洋、海洋化学和海洋生物。依据翔实的科学调查结果，对海洋环境各主要方面的分类、分布及变化情况进行了总结和评价。

## 2.1　自然环境

### 2.1.1　海岸线

#### 2.1.1.1　海岸线概述

　　天津市海岸线长度为 153.669 km，其中大陆岸线长度为 153.200 km，岛屿岸线长度为 0.469 km。天津海域面积约 3 000 km²，其中潮间带面积 335.99 km²。海岸类型为堆积型平原海岸，即典型的粉砂、淤泥质海岸。其特点是海岸平直，地貌类型比较单一，潮滩宽广平坦，岸滩动态变化十分活跃。

#### 2.1.1.2　海岸线分类

　　1）按自然属性分类

　　（1）缓慢淤积型海岸

　　分布在南堡—大神堂、蓟运河口—新港北、海河闸下及两侧滩面、独流减河—后唐铺等岸段。

　　岸滩特征：滩面宽广（3 500～7 000 m）、平缓（坡降 0.41‰～1.41‰）；分带现象不明显，鲅裂发育；沉积物主要为黏土质粉砂、粉砂；滩面普遍淤积，岸滩大部分向海延伸。滩面淤积速度 2～11.5 cm/a。1936—1983 年，涧河、独流减河、歧口等岸段 0 m 等深线向海延伸 100～2 200 m，外延速度达 4～46.8 m/a。

　　（2）相对稳定型海岸

　　主要分布在海河口以南至独流减河岸段。

　　岸滩特征：滩面较窄（3 600～4 000 m），坡度较大（坡降 1.06‰～1.17‰）；潮滩分段明显，鲅裂不发育；沉积物主要为极细砂、黏土质粉砂，并有自北向南逐渐细化的趋势；岸滩 0 m 等深线自 1958—1991 年变化不大，基本处于平衡状态，但滩面仍有微弱淤积，淤积速度 3.3～4.5 cm/a。

　　（3）冲刷型海岸

　　主要分布在蛏头沽—大神堂岸段。

岸滩特征：滩面宽度小（3 400~3 500 m），坡度大（坡降 1.13‰~1.14‰）；冲刷带直抵岸堤，岸堤有冲刷淘蚀现象，1998 年以前以石头砌成的防潮堤，1999 年 10 月份考察，冲毁严重；沉积物以黏土质粉砂为主，0 m 等深线自 1958—1983 年蚀退 400~1 400 m。蚀退速度 12~56 m/a，但滩面仍有微弱淤积。

2）按利用类型分类

根据毗邻用海的类型划分海岸线利用类型主要包括：渔业岸线，交通运输岸线，工矿用海岸线，旅游娱乐岸线，排污倾倒岸线，围海造地岸线，特殊用海岸线，其他岸线（表 2.1–1）。

表 2.1–1 海岸线利用类型

| 序号 | 岸线类型 | 含义 | 毗邻用海类型 |
|---|---|---|---|
| 1 | 渔业岸线 | 指用于开发利用渔业资源，开展海洋渔业生产所使用的岸线 | 渔业基础设施用海，养殖用海，增殖用海，人工鱼礁用海 |
| 2 | 交通运输岸线 | 指为满足港口、航运、路桥等交通所需使用的岸线 | 港口用海，路桥用海 |
| 3 | 工矿用海岸线 | 指开展工业生产及勘探开采矿产资源所使用的岸线 | 盐业用海，临海工业用海，矿产开采用海，油气开采用海 |
| 4 | 旅游娱乐岸线 | 指开发利用滨海和海上旅游娱乐活动所使用的岸线 | 旅游基础设施用海，海水浴场，海上娱乐用海 |
| 5 | 排污倾倒岸线 | 指排放污水和倾废所使用的岸线 | 污水排放用海，废物倾倒用海 |
| 6 | 围海造地岸线 | 指在沿海筑堤围割滩涂和港湾，并填成土地所占用的岸线 | 城镇建设用海，围垦用海，工程项目建设用海 |
| 7 | 特殊用海岸线 | 指用于科研教学、军事、自然保护区、海岸防护工程用途的岸线 | 科研教学用海，军事设施用海，保护区用海，海岸防护工程用海 |
| 8 | 其他岸线 | | 其他用海 |

### 2.1.1.3 海岸线变化分析

1983 年开始的天津市海岸带和海涂资源综合调查，以 1983 年 1∶50 000 地形图为底图，对经国家测绘总局批准认可的海岸线进行量算，并经过 1985 年、1986 年两次修订，于 1986 年报经国家测绘局批准确定天津市海岸线的长度为 153.334 km（自涧河口至歧口）。

根据 2002 年国务院批准的陆域勘界津冀省际线北界，153.334 km 的岸线长度含涧河口至目前津冀省际线北界之间的 2.4 km，所以，1983 年调查结果实际应为 150.934 km。由于没有确定的资料，这里我们认为是大陆岸线。

2000 年进行的天津市海岸线修测确定的海岸线长度为 153.669 km，其中大陆岸线长度为 153.200 km，岛屿岸线长度为 0.469 km。

现在的大陆岸线较 1983 年增长 2.266（153.200~150.934）km，虽然大陆岸线增加的绝对长度不大，但岸线走向和利用情况却发生了很大的变化。

**13**

### 2.1.2 海岸带

天津市南北长 189 km，东西宽 117 km，陆域总面积 11 919.70 km²，海域面积约 3 000 km²。天津海岸带处在市区东部，位于渤海湾西岸湾顶部，海岸线长约 153.669 km，潮间带面积 335.99 km²。天津市海岸为典型的粉砂淤泥质海岸，是我国淤泥质海岸重要岸段。

天津唯一大于 500 m² 的海岛——三河岛，位于永定新河河口。

#### 2.1.2.1 海岸带范围

天津市海岸带范围的确定，在 20 世纪 80 年代全国海岸带与海涂资源调查时，将其向陆界线划定为从现代海岸线向陆 10 km。时隔 20 年，2000 年前后的"天津市海岸带地区战略规划"，已将海岸带的向陆边界扩大至 20～30 km 宽。2008 年 4 月，已获国务院批准的天津市海洋功能区划，将天津市滨海新区的边界，作为天津市海岸带的陆侧边界。该边界距现代海岸线一般 10～15 km，最大 33 km。这是塘沽、汉沽和大港（现已合并成为天津市滨海新区）的行政边界。

地质地貌学的现有证据显示，渤海湾西岸"第三道贝壳堤"（Ⅲ堤）的北端张贵庄，与渤海湾西北岸的"岭地 3"的西端西塘坨之间，从西南向东北，断续分布着朱庄子、赵庄子、荒草坨、范家庄、田辛庄、造甲城等高亢地块（坨子）。南侧的Ⅲ堤经由这些坨子即可与"岭地 3"相连，这条连线，连同Ⅲ堤和岭地 3，在渤海湾沿海低地划出一道与现今海岸线呈同心圆状的平滑弧线，大致代表着距今 3 500 年前的古海岸线，并将已获批准的"天津市海岸带"的向陆边界的中部、北部包括在内。再向南，已获批准的"天津市海岸带"的向陆边界——大港小王庄—东湾湾河—韩庄子一线——大大超出Ⅲ堤的范围，而达到Ⅳ堤、甚至Ⅴ堤处，所以此段只能服从行政界线。

天津市海岸带向海一侧，从津、冀南界的歧口河口向正东方向延伸作为天津海区的南边界，从津、冀东北界的涧河口向正南延伸，作为东边界。两条直线的交点处大致坐标是 38°37′N，118°04′E，最大水深 -10～-13 m。这与已获批准的"天津市海岸带"向海一侧的边界一致。

与基于行政管辖范围划定的天津市海岸带相比，这里提出的海岸带范围，除有一定的地学依据外，还具备便于管理的优点，建议作为今后进一步调整时的备选方案。

#### 2.1.2.2 海岸带分类

塘沽、汉沽和大港三个近海区总土地面积 2 203 km²，按 1982 年土地资源详查分类，海岸带分为沿岸陆地（包括盐碱荒地、盐湿地、人工盐田）、潮间带（滩涂）、水下浅滩三大类。

盐碱荒地为昔日退海之地，含盐量高达 1%，土质黏重，为盐碱严重的滨海岩土。

盐湿地是滨海地带断续出现的低洼湿地。局部常年积水，水面可见黄绿色海藻，地面上由紫色碱蓬和绿色盐蒿等耐盐植物生长，部分盐湿地生长芦苇、水草，其间残留一些不规则的坑塘，目前已被水库、养苇、养虾利用起来。

人工盐田包括各级蒸发池、结晶池、盐沟、盐沱及盐场的道路、堤等。

本区土壤以盐化土壤居多，滨海盐土、盐化湿潮土占总面积的绝大部分，土质黏重，地下水埋藏较浅，养分含量低，普遍缺磷。

### 2.1.3　滩涂

天津市海洋滩涂资源在漫长的地质历史时期，渤海地区地壳不断下沉，其上沉积了很厚的细粒物质而形成的陆地与海岸的过渡阶段，地貌类型属于海基平原区和部分海积冲积平原区。

天津沿海滩涂的物质组成具有明显的分带性，根据滩涂部位、含水性物质成分划分为超高潮滩、高潮滩、中潮滩和低潮滩。超高潮滩的滩面高程处于平均高潮位以上，遇大潮时才能淹没；此带在歧口附近比较发育，宽 1 000~1 500 m，涧河口较窄，宽约 500 m，由于经常露出水面，地面板结、龟裂。高潮滩分布在高潮线以下，经常被水淹没，带宽 500~1 500 m，此带位于滩涂的上部，水动力活跃，物质交替频繁，且受淡水影响，有利于植物的生长和生物活动，而生物活动对淤积、固滩又起到了积极的作用。中潮滩为粉砂质淤泥滩向淤泥质粉砂滩的过渡地带，宽 500~1 500 m。从中潮滩外缘直到平均最低低潮线为低潮滩，宽 800~2 500 m。

总之，天津市滩涂地貌的总体特征可概括为：

第一，地势平坦，开阔，海拔高度 0~3.5 m，宽度 3~7 km，坡降 0.4‰~1.4‰。

第二，滩面物质组成以含淤泥质粉砂黏土，黏土质粉砂为主，局部中低潮滩为极细砂（粒级 0.125~0.063 mm），地貌形态与物质组成具明显分带性。

第三，泥沙冲淤变化即岸滩现代动态十分活跃。

## 2.2　海域地质地貌[①]

地质地貌调查表明，天津市海域海底表层黏土质粉砂分布最广，沉积物以陆源直接供给影响占主导；中部海区及沿岸地区存在航道疏浚引起的细粒沉积物重新淤积；海底地势一般比较平坦，仅在天津港抛淤区存在较大起伏。海底地貌较为多样。

另外，天津市北部海域灾害地质因素较多，特别是浅层气、活动断层、埋藏三角洲前缘等的存在，对海洋工程建设会有一定的影响和限制。

### 2.2.1　区域概况

#### 2.2.1.1　区域构造

天津位于中朝准地台渤海湾盆地黄骅坳陷内，黄骅坳陷的基底和盖层的地层比较齐全，中、新生代地层发育，沉积厚度大于 10 000 m，新生代地层厚度 6 000~8 000 m。

新生界基底构造由南向北凹凸相间，主要有歧口凹陷、大港凸起、板桥凹陷、塘沽凸起、北塘凹陷及宁河凸起等，呈斜列式北北东向雁行排列，边缘以断裂为界。若将控制盆地边界

---

① 国土资源部天津地质矿产研究所 . 天津市 "908 专项" 天津市海岸带调查报告、天津市 "908 专项" 天津市海域地质地貌调查报告 . 2008.

的断裂作为一级断裂，则盆地内控制凹、凸分区的断裂可划为二级，区块内（断块内部）的同生断裂、分支断裂则为三级。本区的一级断裂有三条，分别是沧东断裂、宁河—宝坻断裂和埕西断裂；二级断裂有蓟运河断裂、汉沽断裂、茶淀断裂、海河断裂、北大港断裂和歧东断裂等；三级断裂数量更多。

黄骅坳陷中部—北部地区以海河断裂为界分为北区和中区。北区的主体是北塘坳陷，受东西向汉沽断裂分割，分为高隆区与低凹区。高隆区处于宁河与汉沽断裂之间，古生界受剥蚀，下第三系有缺失；低凹区以北塘凹陷为中心，四周有隆起的断块。中区自海河断裂向南—扣村—羊三木断裂一线（研究区南边界稍南），以北大港潜山构造带为中心，外围是板桥和歧口凹陷，再向南又有南大港断裂构造带和歧南凹陷等。

### 2.2.1.2 第四纪沉积特征

天津所处的渤海湾盆地相对沉降，并接受沉积，第四纪沉积物厚达 300 ~ 600 m，第四系等厚线总体呈 NW 向带状分布，但进入全新世后，渤海湾沿海平原基本平坦，全新世地层厚约 20 m。

大量研究表明，第四纪古渤海曾多次发生海面变动，海域范围也相应扩大或缩小，岸线不断地迭复变更。

晚更新世以来全球海平面升降变化控制或影响了世界大多数大陆架上的沉积过程，通过参考 6 kaBP 以前西太平洋海面变化曲线，以及依据渤海西岸贝壳堤、华南海岸的海滩岩、华南海岸的珊瑚礁、天津市宁河县俵口村东南全新世牡蛎礁剖面等，制作的 10 kaBP 以后海面变化曲线，综合成 20 kaBP 以来的海面变化曲线（图 2.2 - 1）。

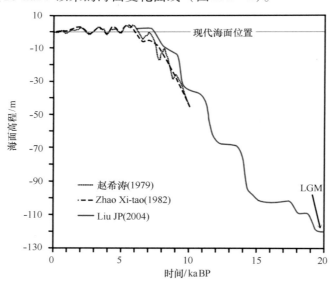

图 2.2 - 1　距今 2 万年（20 kaBP）以来的海平面变化曲线图

约 20 kaBP 末次冰期盛冰期（LGM）时，全球海平面在 - 130 m 位置，东海海岸线移至现今长江口以东约 600 km 处，整个东海和台湾海峡都成为陆地，中国北方年平均气温较今低 10 ~ 11℃。

约 15 kaBP 以后，海面呈阶梯式快速上升，渤海此时气候可能逐渐变得温和湿润，形成了众多小的湖泊，成为"渤海湖"。渤海出现大规模海侵的发生始于晚更新世，全新世海水淹没整个渤海。

冰后期全新世中期约 7 ka 时海平面上升至最高，最大海侵古岸线大约南起高湾，经沧州、青县、文安东、武清、玉田虹桥、乐亭马头营、昌黎团林，止于秦皇岛。约 7 ka 以后，平面位置保持稳定或小幅波动，基本与现代海面高度相当，黄海地区在 6 ~ 4 kaBP 和 3 ~ 1.9 kaBP 海平面超过现今海平面位置，在 4 ~ 3 kaBP 和 1.9 kaBP 至现代，海平面有所降低。

### 2.2.2　海域海底底质特征

天津市海域海底表层样品粒度分析 224 个，包括本项目设计的 31 个浅海区底质表层样品、"天津市海岸带调查"获得的 104 个潮间带底质表层样品以及"国土资源大调查"获取的 89 个浅海区底质样品。作为研究对象，进行沉积物粒度分析，分析天津市海域底质特征。

#### 2.2.2.1　表层沉积物类型和分布特征

根据谢帕德沉积物粒度三角图解法的分类原则，对天津市海域 224 个海底表层沉积物样品进行粒度分析，结果表明，天津市海域海底表层沉积物共分为 5 种类型：黏土质粉砂、砂、粉砂质砂、砂质粉砂和粉砂，其中粉砂仅见于 D8 号样品，底质类型以前 4 种为主，各类沉积物主要粒度参数见表 2.2 – 1，沉积物类型分布见图 2.2 – 2。

表 2.2 – 1　沉积物类型粒度参数特征表

| 沉积物类型 | 平均粒径（Φ） | 分选系数 | 偏度 | 峰态 | 粒级百分含量 | | | 主要分布区 |
| --- | --- | --- | --- | --- | --- | --- | --- | --- |
| | | | | | 砂 | 粉砂 | 黏土 | |
| 砂 | 3 ~ 4 | 0.4 ~ 1.5 | 0.1 ~ 2 | 0.6 ~ 2.5 | 76 ~ 97 | 2 ~ 17 | 0 ~ 4 | 南部潮间带地区 |
| 粉砂质砂 | 4 ~ 5 | 1.1 ~ 2.6 | 1.7 ~ 2.3 | 2.3 ~ 3.7 | 44 ~ 70 | 24 ~ 44 | 2 ~ 13 | 南部潮间带及北部浅海区 |
| 砂质粉砂 | 5 ~ 6 | 2 ~ 2.3 | 1.5 ~ 2.1 | 2.6 ~ 2.8 | 22 ~ 39 | 44 ~ 60 | 12 ~ 23 | 北部浅海区 |
| 黏土质粉砂 | 6 ~ 8 | 1.5 ~ 2.3 | –2.2 ~ 1.2 | 1.7 ~ 3 | 0 ~ 20 | 51 ~ 73 | 20 ~ 45 | 南部浅海区和北部潮间带 |

（1）砂

主要分布于天津南部老马棚口与天津临港工业区之间的潮间带地区，沿岸呈带状分布。沉积物内砂级含量 76% ~ 97%，平均为 90.4%；粉砂级含量 2% ~ 17%，平均为 8.6%；黏土级含量 0 ~ 4%，平均 1%。沉积物平均粒径变化区间较小介于 3 ~ 4Φ 之间，分选系数多数介于 0.4 ~ 1.5 之间，偏度 0.1 ~ 2，且峰态 0.6 ~ 2.5，变化较大。

（2）粉砂质砂

主要分布于老马棚口与高沙岭之间的潮间带以及北部浅海区，与砂沉积物及砂质粉砂相伴生。砂级含量 44% ~ 70%，均值为 56.6%；粉砂级含量 24% ~ 44%，平均为 33.4%；黏土级含量 2% ~ 13%，平均 10%。平均粒径介于 4 ~ 5Φ 之间，分选系数多介于 1.1 ~ 2.6 之间，偏度 1.7 ~ 2.3，峰态值介于 2.3 ~ 3.7 之间。

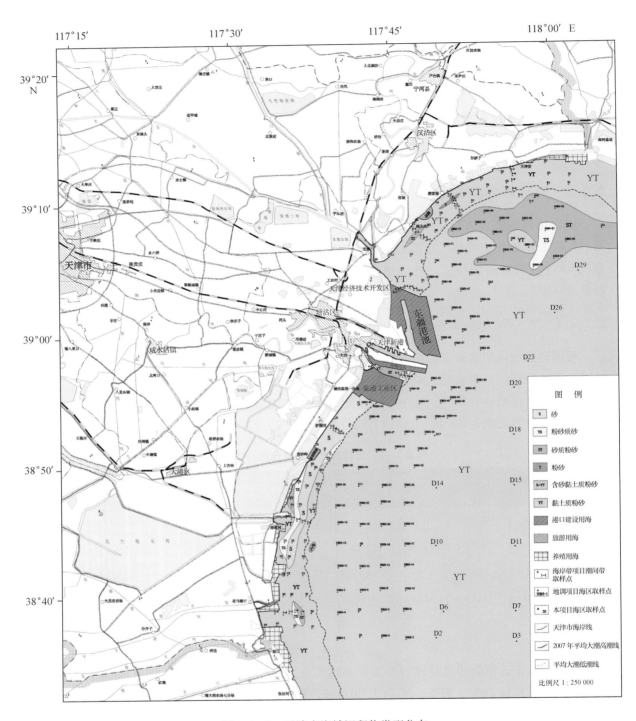

图 2.2 – 2　天津市海域沉积物类型分布

（3）砂质粉砂

主要分布于调查区北部浅海区，潮间带内零星分布。砂级含量 22% ~ 39%，平均为 31.0%；粉砂级含量 44% ~ 60%，平均含量为 51.5%；黏土级含量 12% ~ 23%，平均含量为 17.5%。平均粒径介于 5 ~ 6Φ 之间，分选系数多介于 2 ~ 2.3 之间，偏度 1.5 ~ 2.1，峰态值介于 2.7 ~ 3 之间。

（4）黏土质粉砂

广泛分布于南部的浅海区和老马棚口至歧口的潮间带地区，以及北部潮间带地区，是天津市海域内分布最广的沉积物类型。黏土质粉砂沉积物内砂级含量 0 ~ 20%，均值为 6.7%；粉砂级含量 51% ~ 73%，平均 65.4%；黏土级含量 20% ~ 45%，平均 27.8%；平均粒径 6 ~ 8Φ，分选系数一般介于 1.5 ~ 2.3 之间，偏度 −2.2 ~ 1.2，峰态值 1.7 ~ 3。

### 2.2.2.2　表层沉积物粒级的分布特征

为更好地描述沉积物粒度组成变化与沉积环境的关系，对沉积物砂级、粉砂级和黏土级 3 个粒组水平方向上的分布特征进行分析。

（1）砂级组分

砂级组分（粒径介于 63 ~ 2 000 μm）含量分布如图 2.2 − 3A 所示，主要分布于调查区南部沿岸，以及北部海区。驴驹河至高沙岭潮间带地区砂级含量最高，达 80% ~ 97%；东部宽阔海域砂级组分迅速减小；北部海区砂级含量最高一般在 20% ~ 40% 之间，其他地区砂级组分的含量均小于 10%。

（2）粉砂级组分

粉砂级组分（粒径介于 4 ~ 63 μm）含量分布如图 2.2 − 3B 所示，除南部沿岸及北部海区外，海底粉砂级组分一般大于 60%，东部宽阔海域其含量高达 80%，是组成天津市海域底质沉积物的主要物质。

（3）黏土级组分

黏土级组分（粒径小于 4 μm）含量分布如图 2.2 − 3C 所示，调查区大面积海域黏土组分含量一般介于 20% ~ 30% 之间；南部沿岸黏土含量少，小于 10%，最低达 0；而天津港北疆港周围黏土级沉积物含量大于 30%，最高达 45%。

### 2.2.2.3　表层沉积物粒度参数

沉积物粒度参数不仅是各种环境下单个样品粒度分布的定量指标，而且也是进行沉积环境分析的参考依据。依据上述粒度分析样品，编制各粒度参数间相关性散点图和粒度参数平面分布图（图 2.2 − 4 至图 2.2 − 6），可以获得沉积物粒度更多的信息。

（1）平均粒径

平均粒径比中值粒径更具有代表性，编制平均粒径等值线图，可基本反映出样品的粒度变化规律。平均粒径为 3 ~ 4Φ 等值线圈定的范围与砂沉积物分布基本一致，平均粒径为 4 ~ 5Φ 基本代表了粉砂质砂沉积物的分布，而 5 ~ 6Φ 则代表了砂质粉砂的分布范围，平均粒径为 6 ~ 8Φ 等值线圈定的细粒沉积物基本与黏土质粉砂沉积物一致。

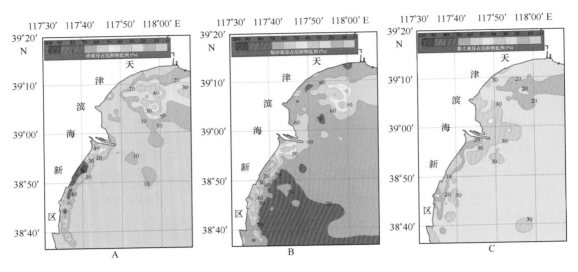

图 2.2 - 3　天津市海域沉积物粒级组分百分含量分布

A：砂组分，B：粉砂组分，C：黏土组分

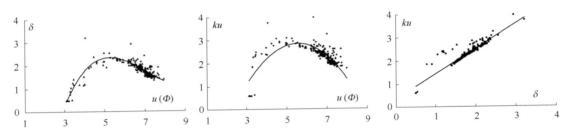

图 2.2 - 4　粒度参数间相关性散点

$u$：平均粒径，$\delta$：分选系数，$Ku$：峰态

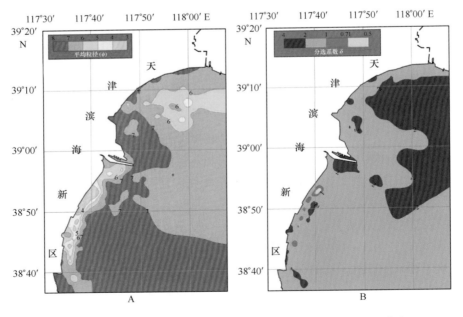

图 2.2 - 5　天津市海域沉积物平均粒径（A）与分选系数（B）分布

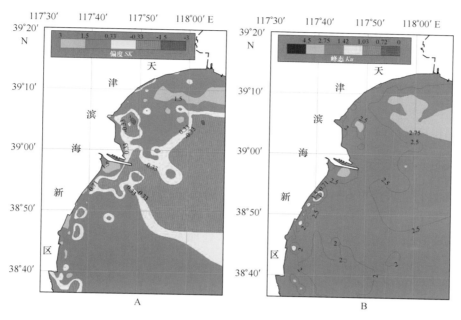

图 2.2－6 天津市海域沉积物偏度（A）与峰态（B）分布

由此可见，平均粒径与沉积物类型的分布具有良好的一致性，南部潮间带及北部浅海区沉积物粒度较粗，浅海区沉积物由北向南逐渐变细，南部大部分浅海区海底被平均粒径大于 7Φ 的细粒沉积物所覆盖。

（2）分选系数

分选系数直接反映沉积物的分选程度，即颗粒大小的均匀性。天津市海域海底沉积物除南部沿岸的潮间带砂体分选好或较好外，其他海域分选性主要为较差和差。

平均粒径与分选系数相关散点图显示，沉积物分选性与平均粒径密切相关，当沉积物平均粒径小于 5Φ 时，分选系数与平均粒径 Φ 值呈正相关；当平均粒径大于 5Φ 时，呈明显的负相关。

（3）偏度

偏度反映沉积物频率曲线的对称程度，即沉积过程的能量变异。天津市海域南北浅海区海底沉积物偏度主要为正偏，中部海区沿岸为负偏。

（4）峰态

天津市海域海底沉积物峰态主要为宽和很宽，仅南部沿岸砂体为很窄和中等，天津市海域海底沉积物峰态特征与分选系数具有良好的可比拟性，峰态与分选呈明显的正相关，与沉积物平均粒径也存在分选系数显现的特征，当沉积物平均粒径小于 5Φ 时，峰态与平均粒径正相关；当平均粒径大于 5Φ 时，呈负相关。

### 2.2.2.4 沉积物物源讨论

平均粒径小于 5Φ 的砂质沉积物分布于南部沿岸的潮间带，分选较好，其平均粒径 Φ 值与分选系数和峰态呈正相关，呈正偏偏度，指示该沉积物沉积作用受水动力较强的波浪控制，其地貌上位于海河水下三角洲的沿岸地带，其分布范围与水下三角洲在南部的分布范围相一致，可能是海河入海物质在沿岸的分布所致。

平均粒径大于 5Φ 的黏土质粉砂、砂质粉砂沉积物等，分选差或较差，其平均粒径 Φ 值与分选系数和峰态呈负相关，说明沉积海区沉积物以陆源直接供给影响占主导，较弱的水动力条件对沉积物粒度的改造能力较差，保留有陆源沉积物粒度特征。

中部海区及沿岸地区黏土质粉砂沉积物呈明显的负偏，受天津港航道疏浚引起的淤积控制。海底沉积物受侵蚀后，细粒沉积物被搬运并重新沉积，引起航道两侧及沿岸负偏集中。

### 2.2.3 海底浅表地层地质结构

2006 年进行的天津市海域浅地层剖面调查，地层探测深度一般为 15～20 m，地层平均声度设定为 1 700 m/s。以 476 km 的浅地层剖面调查数据以及水深数据为基础，进行水位校正后，应用 C－Tech 公司 EVS Pro 软件的三维技术处理 496 组数据，为进行浅表地层的三维数字表达提供基础。

#### 2.2.3.1 地震界面及地震单元的识别

浅地层剖面解释采用从已知到未知、从点到线、由线及面的方法，解释结合钻探资料进行，解释内容包括追踪反射界面、划分和分析反射波组的特征等。

20 世纪 80 年代以来渤海湾开展了一些声波浅地层调查，但发表的成果少，且局限于对埋藏地质构造等的报道。此次调查根据浅地层剖面的结构、波组特征及削截、上超、顶超和下超等反射终止类型的分析，在调查区浅表地层内识别出若干主要地层反射界面，自上而下为：$T_0$、$R_1$、$R_2$、$R_3$、$T_1$、$T_2$，并进行地质解释，进而对天津市海域浅表地层的地质结构特征进行分析。

$T_0$ 为海底反射界面；$T_1$ 为区域性的下超反射面；$T_2$ 为区域性的上超反射面；$R_1$ 为地层上部一个明显的整一反射界面；$R_2$ 为一个明显的 E 向下超，S、N 两方向上超反射面；$R_3$ 为一个明显的下超反射界面。根据上述主要反射界面，天津市海域海底地层自上至下划分出不同地震单元 Ua、Ub、Uc、Ud、Ue 五个地震单元（图 2.2－7）。

#### 2.2.3.2 地震界面特征

1）区域性界面

（1）$T_0$ 界面

该界面是海底反射界面，即海底地层与海水之间的分界面，其起伏形态反映了海底地形的变化。

（2）$T_1$ 界面

该界面以上见有区域性的下超，$T_1$ 界面除局部区域受海底浅层气遮盖外，在调查区内均可见到，该反射界面一般能量较强、清晰平直，连续性好。

（3）$T_2$ 界面

该界面以上见有区域性的自海向陆的上超，$T_2$ 界面除局部区域受海底浅层气遮盖外，在调查区内均可见到。该反射界面一般能量较低，但清晰平直，连续性好。

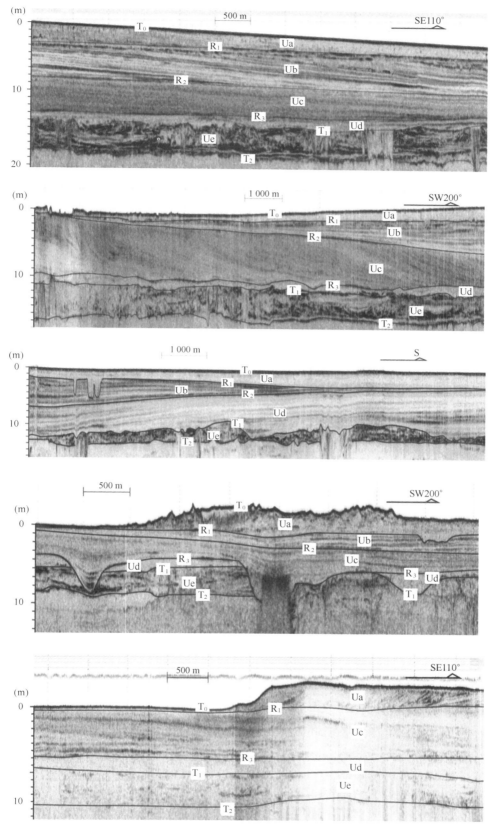

图 2.2 - 7　地震界面特征

2）局部性界面

（1）$R_1$ 界面

$R_1$ 界面为地层上部一个明显的整一反射界面，清晰平直，除在天津港航道北侧外，其他地区连续性好。

（2）$R_2$ 界面

$R_2$ 界面是一个明显的反射界面，清晰平直，连续性好，界面之上主要为海向（E向）下超及侧向（S、N两方向）上超。

（3）$R_3$ 界面

$R_3$ 界面是 $R_2$ 和 $T_1$ 间的一个明显反射界面，该界面清晰平直，连续性好。$R_3$ 界面由南向北倾斜，在界面之上为下超。

### 2.2.3.3　地震单元特征

在浅地层剖面上，根据各地震界面自上至下划分出不同的地震单元 Ua、Ub、Uc、Ud、Ue 五个地震单元，总体上北厚南薄，东厚西薄，总厚度在 10~20 m 之间（图 2.2-8）。

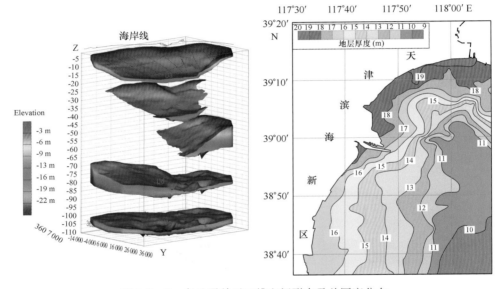

图 2.2-8　各地震单元三维空间形态及总厚度分布

（1）Ua 地震单元

Ua 地震单元处于海底地层的最顶部，由 $T_0$（海底反射界面）和 $R_1$（明显整一反射界面）所确定。主要为平行、亚平行或空白反射结构，局部为杂乱反射（如天津港主航道北侧）和前积反射结构（研究区东北部）。

Ua 地震单元区内广泛发育，厚度分布不均，整体呈席状，一般厚 1~2 m。北部海域以及南部临港工业区至独流减河河口之间沿岸地区厚度小于 1 m；东疆港池东侧最厚可达 3~4 m（图 2.2-9）。

（2）Ub 地震单元

Ub 地震单元位于 Ua 地震单元之下，由 $R_1$（明显整一反射界面）和 $R_2$（明显 E 向下超，

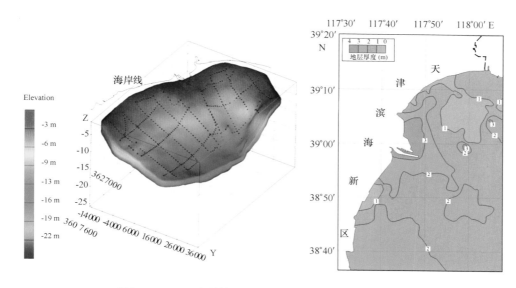

图 2.2 – 9　Ua 地震单元三维空间形态及地层等厚度分布

S、N 两方向上超反射面）所确定，为叠瓦状前积反射结构或亚平行反射结构，向 SE 下超、向 NE 和 SW 上超于 R$_2$ 界面。

Ub 地震单元主要出露于海河河口及两侧，中部海河河口附近厚度最大，达 8 m 以上。但随着 R$_1$ 界面向南北两侧上超于 R$_2$ 界面并与之合并，Ub 地震单元向南北两翼逐渐变薄并消失，Ub 地震单元底面下凹，整体上呈负地形充填状（图 2.2 – 10）。

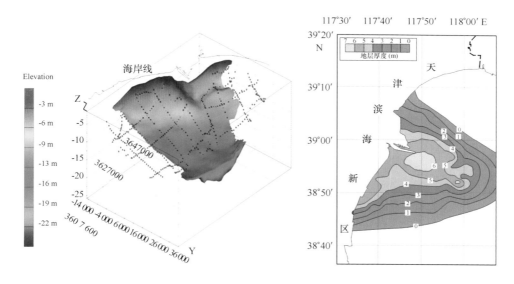

图 2.2 – 10　Ub 地震单元三维空间形态及地层等厚度分布

（3）Uc 地震单元

Uc 地震单元位于 Ub 地震单元之下，由 R$_2$（明显 E 向下超，S、N 两方向上超反射面）和 R$_3$（明显下超反射界面）所确定，内部具有叠瓦状、S 形前积反射结构及亚平行反射结构，SW 向下超于 Ud 地震单元顶界面，并对下伏地层可能存在一定的冲刷。

Uc 地震单元整体上呈楔状，在研究区北部发育，最大达 12 m 以上，南部未见（图 2.2 - 11）。

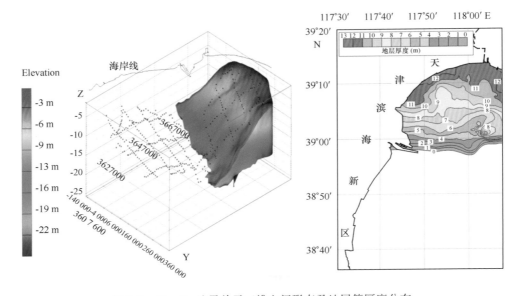

图 2.2 - 11  Uc 地震单元三维空间形态及地层等厚度分布

（4）Ud 地震单元

Ud 地震单元位于 Uc 地震单元之下，由明显反射界面 $R_3$（明显下超反射界面）和 $T_1$（区域性下超面）所确定，内部具有平行、亚平行反射结构，NNE 向缓慢下超于 $T_1$ 界面。

Ud 地震单元广泛分布于全区，整体上呈楔状，在研究区南部相对发育最厚可达 10 ~ 12 m，向北延伸至整个渤海湾西北部，但厚度一般 1 ~ 2 m（图 2.2 - 12）。

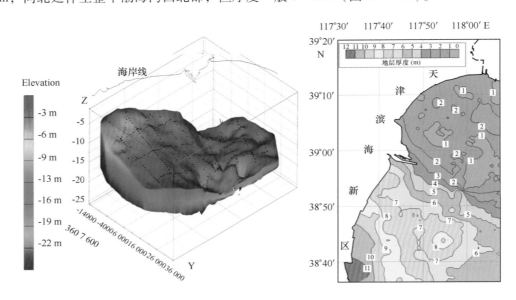

图 2.2 - 12  Ud 地震单元三维空间形态及地层等厚度分布

（5）Ue 地震单元

Ue 地震单元由 $T_1$（区域性下超面）与 $T_2$（区域性上超面）两界面所确定，位于 Ud 地震单元之下，内部为一系列向陆呈阶梯状上超的、整体平行或亚平行的反射结构，局部具有杂乱充填地震相或空白地震相。

Ue 地震单元整体呈席状广泛分布于全区，南部及北部地区略厚，4~6 m；中部较薄，近岸地区厚 2~3 m，离岸地区厚度 1~2 m，局部因上覆地层沉积体系的冲刷而缺失（图 2.2-13）。

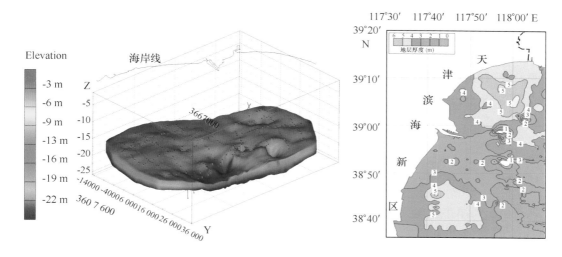

图 2.2-13　Ue 地震单元三维空间形态及地层等厚度分布

## 2.2.4　地层综合分析

2005 年、2006 年在调查区完成了 HZ02 和 CH19 孔的全取心钻探，进尺分别为 80 m 和 30 m，验证钻孔综合研究成果是分析地层格架的主要依据。

### 2.2.4.1　岩心样品分析

室内将岩心柱纵向剖开，进行地质编录并采集综合分析样品。图 2.2-14 和图 2.2-15 为两验证钻孔岩心数码照片，照片右上角为孔口 0 m 处，左下角为终孔深度。照片所示的岩心管长 1 m，每钻进一回次的岩心截成 1 m 段后，依次置入岩心管内，不足 1 m 的岩心管同样使用 1 m 岩心管，这造成了部分岩心管内明显缺失岩心的"假象"。

图 2.2-14　CH19 孔岩心

图 2.2 – 15　HZ02 孔岩心

以沉积物沉积结构分析为基础，结合粒度分析、年代学测定及生物鉴定，探讨研究区地质环境演变。CH19 孔粒度分析样品 275 个；光释光样品 11 个；$^{14}$C 样品 5 个；生物鉴定样品中硅藻及介形虫各 30 个、有孔虫及软体动物分析样品 59 个。HZ02 孔粒度分析样品 95 个；光释光样品 15 个；有孔虫和介形虫样品各 49 个；软体动物鉴定样品 51 个。

### 2.2.4.2　验证钻孔岩心的沉积相分析

#### 1）潮间带 HZ02 钻孔岩心的沉积相分析

该孔位于天津市临港工业区 20 km$^2$ 的围海造陆区内，海河河口南部约 4 km、岸外约 2.2 km 的原潮间带中部，即 38°56′08.3″N，117°43′29.3″E 处，进尺 80 m，孔口高程为 0.449 m，上部 1.7 m 为围海造陆人工回填物，钻孔原海底表面高程为 – 1.25 m。根据 HZ02 孔岩心的沉积特征，该岩心从原海底面向下可以划分成如下层段。

0.00 ~ 2.8 m：黄棕色黏土质粉砂与粉砂质砂。沉积物粒度向上变粗，夹粉砂质纹层与透镜体，形成大量的脉状、透镜状层理，潜穴生物扰动发育，见贝壳碎屑纹层分布。有孔虫主要为 *Ammonia beccarii* vars. , *Ammonia anectens*，*Protelphidium granosum*，*Quinqueloculina akneriana rotunda* 等；介形虫稀少，含 *Sinocytheridea impressa*，*Neomonoceratina dongtaiensis*，可能为河口潮间带沉积。

2.8 ~ 5.02 m：黄棕色黏土质粉砂与粉砂质砂。沉积物粒度向上变粗，夹粉砂质纹层与透镜体，潜穴生物扰动发育，见炭质条带及贝壳碎屑纹层。有孔虫主要为 *Ammonia beccarii* vars. , *Ammonia anectens*，*Ammonia confertitesta*，*Elphidium magellanicum*，*Elphidium nakanokawaense* 以及 *Protelphidium granosum* 等；介形虫主要为 *Sinocytheridea impressa.* , *Neomonoceratina dongtaiensis* 等，并含破损的淡水介形虫 *Candona bellala*，*Homoeucypris ovata*，双壳类和腹足类主要为 *Potamocorbula laevis*，*Decorifera* sp. 和 *Anodo ntia* sp. 等，为三角洲前缘远砂坝沉积。

5.02 ~ 38.4 m：向上粒度变粗，上部为黄棕色砂质粉砂，发育交错层理；下部为粉砂和黏土质粉砂，含波状层理及透镜状砂质沉积。有孔虫稀少，仅见 *Ammonia*，*Elphidium*，*Quinqueloculina* 等有孔虫零散分子；介形虫稀少，仅见 *Siuocytheridea*，*Neomonoceratina*，*Leptocythere* 等零散分子以及破损淡水介形虫 *Candona* 等零散分子，该层为淡咸水混合河口环境，可能为三角洲前缘砂坝沉积。

8.4 ~ 13.85 m：黄棕色黏土质粉砂。较细腻，整体无层理，仅局部夹少量粉砂薄层和双壳类碎片，与下伏地层呈突变接触。有孔虫主要为 *Ammonia anectens*，*Ammonia beccarii* vars. ，*Buccella frigida*，*Quinqueloculina akneriana rotunda* 等；介形虫主要为 *Neomonoceratina dongtaien-*

sis，*Sinocytheridea impressa*，*Bicornucythere bisanensis* 等；双壳类和腹足类主要为 *Scapharca sub-crenata*，*Ringicula doliaris*，*Uimbonium thomasi* 等，为前三角洲沉积。

13.85～15.20 m：黄灰色贝壳碎屑层。沉积物以粉砂质砂为主，层理不清，向下贝壳碎屑成分减少。有孔虫主要为 *Ammonia anectens*，*Ammonia beccarii* vars.，*Protelphidium granosum*，*Elphidium* spp. 等；介形虫主要为 *Sinocytheridea impressa.*，*Neomonoceratina dongtaiensis*，*Bicornucythere bisaueusis*，*Stigmatocythere dorsinoda* 等；双壳类和腹足类主要为 *Crassostrea gigas*，*Potamocorbula aevis*，*Anomia chinensis*，*Cantharus cecillei* 等，为潮道沉积。

15.20～15.80 m：棕灰色粉砂与砂质粉砂。夹有泥质及黑棕色有机质富集条带，形成脉状层理。有孔虫主要为 *Ammonia anectens*，*Ammonia beccarii* vars.，*Ammonia confertifesta* 等；介形虫主要为 *Sinocytheridea impressa.*，*Neomonoceratina dongtaiensis*，并含淡水 *Candona bellala*，*Ilyocypris ratiafa* 等；见海相双壳类 *Ostrea* sp. 和淡水腹足类 *Gyraulus* sp.，为潮间带沉积。

15.80～16.40 m：黑色炭质沉积层。该层与下层明显接触，未见有孔虫、介形虫等微体化石，仅见少量淡水腹足类 *Gyraulus* sp.，可能为滨岸沼泽沉积。

16.40～22.7 m：底部为黄棕色粉砂质砂。层理不清，与下伏地层呈侵蚀接触关系，向上过渡为砂质粉砂，出现波状层理，见炭质条带。未见有孔虫、介形虫等微体化石，仅见淡水贝类碎片，可能为河流边滩或天然堤沉积。

22.7～33.05 m：灰棕色砂质粉砂。含波状层理和爬升层理，与下伏地层呈侵蚀接触关系，含炭屑及云母，未见有孔虫、介形虫等微体化石，仅见淡水贝类碎片，可能为河流天然堤沉积。

33.05～40.25 m：黄棕色细砂。层理不清，夹泥质不规则条带，含钙质结核，未见有孔虫及介形虫，见少量淡水腹足类 *Gyraulus* spp. 和 *Alocinma longicornis*，可能为河流边滩沉积。

40.25～44.3 m：上部主要为灰黄棕砂质粉砂。含大量贝壳碎屑混杂堆积，下部为黏土质粉砂，内含质条带及砂质透镜体，形成透镜状层理。有孔虫主要为 *Ammonia beccarii* vars.，*Ammonia confertitesta*，*Elphidium subcrispum*，*Pseudorotalia gaimardii*，*Pseudononionella variabilis*，介形虫主要为 *Sinocytheridea impressa*，*Neomonoceratina dongtaiensis*，*Bicornucythere bisanausis*，*Leptocythere ventriclivosa* 等。双壳类和腹足类主要为 *Seapharca subcrenata*，*Potamocorbula laevis*，*Littorincpsis* sp. 和 *Neverita didyma* 等，为潮间带沉积。

44.3～47.86 m：底部为灰黄棕色细砂。发育水平层理和交错层理与下伏地层呈侵蚀接触关系，向上过渡为砂质粉砂，含波状交错层理，未见有孔虫、介形虫及软体动物化石，可能为河流边滩或天然堤沉积。

47.86～55.45 m：黄棕色砂质粉砂至粉砂质砂。含钙核，局部有氧化铁的褐色斑点，局部见有炭质条带，未见有孔虫，见少量淡水介形虫 *Ilyocypris subbiplicata*，*Candoniella albicans* 和淡水腹足类 *Plauorbarius corneus* 和 *Gyraulus* sp.，可能为河流天然堤沉积。

55.45～60.6 m：底部为黄色细砂。发育交错层理，与下伏地层呈侵蚀接触关系，上部为灰色黏土质粉砂，含波状交错层理，见钙核与炭质条带，未见有孔虫及介形虫，含少量淡水软体动物化石碎片，可能为河流边滩或天然堤沉积。

60.6～65.3 m：底部黄灰色中细砂。层理不清，上部黏土质粉砂发育大量波状层理及爬升层理，未见有孔虫及介形虫，含少量淡水软体动物化石碎片，可能为河流边滩或天然堤沉积。

65.3～69.3 m：深灰色中细砂至细砂。见交错层理，未见有孔虫及介形虫，含少量淡水软体动物化石碎片，为河流边滩沉积。

69.3～72.6 m：黄灰色粉砂质砂与黏土质粉砂。该层与下层呈明显的侵蚀接触，见黑棕色植物根系炭屑，含大量脉状层理和透镜状层理。含有孔虫 *Pseudorotalia schroeteriana*，未见介形虫；含有海相双壳类和腹足类 *Scapharca subcrenata*，*Potamocorbula* sp.，*Ostrea* sp.，*Alvania* sp.，*Trichotropis* sp.，*Littorinopsis* sp. 和淡水 *Gyraulus covexiusculus*。该层可能为潮间带沉积。

72.6～78.3 m：该层沉积物向上粒度变细，下部为棕色粉砂质砂，上部为黑棕色黏土质粉砂，具波状层理及水平层理，未见有孔虫及介形虫，含少量淡水腹足类贝壳碎屑，可能为河流边滩或天然堤沉积。

2) 浅海区 CH19 钻孔岩心的沉积相分析

CH19 孔位于渤海湾西北部、天津市北部海域，离岸约 15 km，39°03′49.1″ N，117°54′19.5″ E 处，水深为国家 1985 高程 −7.6 m，是 No.6 和 No.V 两测线的交汇处。根据 CH19 孔岩心的沉积特征，该岩心从顶到底可以划分成如下层段：

0.0～0.6 m：黑棕色黏土质粉砂。含贝壳碎屑层，水平层理。有孔虫主要为 *Ammonia anectens*，*Quinqueloculina seminulangulata*，*Quinqueloculina akneriana rotunda*，*Ammonia beccarii* vars. 等；介形虫主要为 *Sinocytheridea impressa.*，*Neomonoceratina dongtaiensis.*，*Bicornucythere bisanensis* 等；硅藻主要为 *Coscinodiscus perforatus* 和 *Coscinodiscus radiatus* 咸水种组合；含大量海相腹足类及双壳类，如 *Nassarius succinctus*，*Potamocorbula laevis* 等。该层应为现代河口潮间带沉积。

0.6～1.82 m：灰黄棕色黏土质粉砂。块状或水平层理，底部含贝壳碎屑。有孔虫主要为 *Ammonia anectens*，*Ammonia beccarii* vars.，*Quinqueloculina seminulangulata*，*Protelphidium granosum* 等；介形虫主要为 *Sinocytheridea impressa*，*Neomonoceratina dongtaiensis*，*Bicornucythere bisanensis*，*Wichmannella brady* 等；硅藻主要为 *Coscinodiscus radiatus* 和 *Cyclotella striata/stylorum* 咸水与半咸水种组合；含大量海相腹足类及双壳类，如 *Decorifera matusimana*，*Scapharca subcrenata* 等。为三角洲体系的前三角洲沉积。

1.82～9.60 m：黄灰、棕灰色黏土质粉砂。水平层理，并伴有粉砂质纹层与透镜体，形成波状层理。有孔虫主要为 *Ammonia beccarii* vars.，*Quinqueloculina akneriana rotunda*，*Ammonia confertifesta*，*Protelphidium granosum*，*Buccella frigida*，*Ammonia takanabensis* 等；介形虫主要为 *Sinocytheridea impressa.*，*Neomonoceratina dongtaiensis.*，*Bicornucythere bisanensis* 等；硅藻主要为 *Coscinodiscus radiatus* 和 *Cyclotella striata/stylorum* 咸水与半咸水种组合；含大量海相腹足类及双壳类，如 *Nassarius variciferus*，*Crassostrea pestigris* 等。为三角洲体系的三角洲前缘远砂坝沉积。

9.60～11.15 m：黄灰色黏土质粉砂。主要为块状层理，含少量砂质薄层形成透镜状层理。有孔虫主要为 *Ammonia confertifesta*，*Ammonia beccarii* vars.，*Buccella frigida*，*Elphidium kiangsuensis* 等；介形虫主要为 *Neomonoceratina dongtaiensis.*，*Sinocytheridea impressa* 等；硅藻主要为 *Coscinodiscus perforatus* 和 *Cyclotella striata/stylorum* 咸水与半咸水种组合；含海相双壳类 *Crassostrea* sp. 和 *Potamocorbula laevis* 等。为三角洲体系的前三角洲沉积。

11.15～12.9 m：黄灰色贝壳碎屑混杂堆积层。层理不明显，沉积物以粉砂质砂为主。有孔虫主要为 *Ammonia anecten*，*Ammonia beccarii* vars.，*Massilina pratti*，*Elphidium advenum*；介形虫主要为 *Bicornucythere bisanensi*，*Aurila mii*，*Alocopocythere transcendeus* 和 *Sinocythere reticulate*；硅藻含量较少，仅于顶部见少量的 *Grammatophora* sp.，*Coscinodiscus perforatus* 和 *Coscinodiscus sub-*

concavus 等；含大量双壳类和腹足类，如 *Crassostrea pestigris*，*Barbatia bistrigata*，*Scapharca sub-crenata*，*Venerupis variegate*，*Chlamys farreri*，*Anisocorbula venusta* 等。为侵蚀潮道沉积。

12.9～15.65 m：灰黄色、黄棕色粉砂质砂与砂质粉砂。夹泥质及炭质条带，形成脉状复合层理和波状层理，见铁质锈斑。向下沉积物成分增加，与下层呈明显的侵蚀接触。有孔虫主要为 *Ammonia anectens*，*Ammonia beccarii* vars.，*Massilina pratti*，*Elphidium advenum* 等；介形虫主要为 *Bicornucythere bisanensi*，*Alocopocythere transcendeus*，*Aurila mii* 并含淡水介形虫 *Candoneilla albicans*；硅藻主要为 *Cyclotella striata/stylorum*，*Coscinodiscus perforatus* 和 *Grammatophora* sp. 咸水与半咸水种组合；软体动物化石少见，仅在上部见到少量的海相 *Ruditapes philippinarum*，*Rissoina bureri* 等，并含淡水腹足类化石碎片。为潮间带沉积。

15.65～17.00 m：上部 15.65～16.3 m 为黄灰色黏土质粉砂，下部 16.3～17.00 m 为黑色炭屑黏土质粉砂层。水平层理、块状层理，与其下伏黄棕色质密黏土质粉砂地层呈突变接触关系。未见有孔虫和硅藻化石，仅见少量淡水介形类，如 *Candoneilla albicans*，*Candona kirgizical*；淡水腹足类 *Gyraulus albus*，*Planorbarius corneus* 等较为常见。为沼泽沉积。

17.00～22.3 m：棕色黏土质粉砂。块状，致密，含少量砂质薄层。未见有孔虫和硅藻化石，仅见淡水介形类，如 *Candoneilla albicans*，*Candoneilla suzini* 等；其内见有 *Gyraulus albus* 等淡水腹足类及碎片。为河流洪泛沉积。

22.3～27.00 m：黏土质粉砂。含大量砂质透镜体，形成透镜状层理，见薄层状砂泥互层，含钙质结核，见棕色锈斑，与下伏地层呈突变接触关系。未见有孔虫和硅藻化石，仅见淡水介形类，如 *Candoneilla albicans*，*Candoneilla suzini* 和 *Ilyocypris bradyi Stars* 及 *Alocinma longicornis*，*Gyraulus albus* 等淡水腹足类及碎片。为河流天然堤沉积。

27.0～30.0 m：黄棕色黏土粉砂。发育波状层理和透镜层理，多棕色铁锈斑，局部夹细砂层，砂质透镜体韵律式出现。有孔虫主要为 *Pseudorotalia gaimardii*，*Ammonia beccarii* vars.，*Ammonia limnetes*，*Ammonia confertitesta*，*Elphidium magellanicum*，*Protelphidium granosum*；介形虫主要为 *Neomonoceratina dongtaiensis*，*Wichmannella bradyi*，*Bicornucythere bisanensis* 等；未见硅藻化石；含 *Crassostrea pestigris* 等双壳类。

### 2.2.4.3 地震地层与验证钻孔的对比

钻孔资料具有准确、可靠的特点，但其控制范围有限，与地震剖面正好相互补充。浅地层剖面调查测线 No.6 与 No.5 从 CH19 孔附近穿过，No.4 测线的西端与 HZ02 孔相隔约 3 km，No.1 测线的西端与 BQ1 孔相距约 7 km，通过上述两孔的沉积地层及地层年龄（表 2.2-2、表 2.2-3）与浅地层剖面对比，可以推断研究区各地震单元的时代、岩性，以及沉积环境。

表 2.2-2　HZ02 孔沉积物年龄

| 样 号 | 分析项目 | 岩 性 | 位置/m | 测年结果 |
| --- | --- | --- | --- | --- |
| HZ-01 | 光释光 | 粉砂质砂 | 0.12 | (0.063±0.006) kaBP |
| HZ-02 | 光释光 | 黏土质粉砂 | 1.5 | (0.75±0.03) kaBP |
| HZ-05 | 光释光 | 砂质粉砂 | 5.13 | (2.43±0.25) kaBP |
| HZ-07 | 光释光 | 黏土质粉砂 | 8.06 | (1.17±0.06) kaBP |

续表 2.2 - 2

| 样 号 | 分析项目 | 岩 性 | 位置/m | 测年结果 |
|---|---|---|---|---|
| HZ - 08 | 光释光 | 黏土质粉砂 | 9.7 | (7.85 ± 0.47) kaBP |
| HZ - 10 | 光释光 | 粉砂 | 15.32 | (7.04 ± 0.32) kaBP |
| HZ - 11 | 光释光 | 粉砂 | 16.65 | (5.49 ± 0.25) kaBP |
| HZ - 12 | 光释光 | 砂质粉砂 | 18.04 | (8.57 ± 0.59) kaBP |
| HZ - 13 | 光释光 | 砂质粉砂 | 22.65 | (7.91 ± 0.44) kaBP |
| HZ - 16 | 光释光 | 砂质粉砂 | 32.65 | (7.90 ± 0.69) kaBP |
| HZ - 18 | 光释光 | 粉砂质砂 | 38.63 | (25.22 ± 1.91) kaBP |
| HZ - 19 | 光释光 | 砂 | 46.85 | (76.67 ± 7.97) kaBP |
| HZ - 22 | 光释光 | 粉砂 | 55.33 | (94.23 ± 4.75) kaBP |
| HZ - 25 | 光释光 | 砂 | 69.73 | (28.34 ± 1.81) kaBP |
| HZ - 26 | 光释光 | 砂 | 78.13 | (72.10 ± 3.69) kaBP |

表 2.2 - 3　CH19 孔沉积物年龄

| 样 号 | 分析项目 | 岩 性 | 位置/m | 测年结果 |
|---|---|---|---|---|
| OSL - 1 | 光释光 | 黏土质粉砂 | 1.5 | (0.68 ± 0.09) kaBP |
| OSL - 2 | 光释光 | 黏土质粉砂 | 3.0 | (2.27 ± 0.11) kaBP |
| CH19 - 39 | $^{14}C$ (AMS) | 双齿蛤 | 4.25 | 1 384 (1 285 ~ 1 479) calBP |
| OSL - 4 | 光释光 | 黏土质粉砂 | 6.4 | (2.53 ± 0.14) kaBP |
| OSL - 7 | 光释光 | 黏土质粉砂 | 10.8 | (2.74 ± 0.17) kaBP |
| CH19 - 100 | $^{14}C$ (AMS) | 猫爪牡蛎 | 11.4 | 3 472 (3 355 ~ 3 578) calBP |
| CH19 - 107b | $^{14}C$ (AMS) | 布尔小笔螺 | 12.7 | 6 318 (6 261 ~ 6 389) calBP |
| CH19 - 107a | $^{14}C$ (AMS) | 猫爪牡蛎 | 12.7 | 6 771 (6 688 ~ 6 850) calBP |
| OSL - 8 | 光释光 | 砂质粉砂 | 13.4 | (12.02 ± 0.75) kaBP |
| OSL - 9 | 光释光 | 砂质粉砂 | 15.0 | (9.25 ± 0.54) kaBP |
| CH19 - 146 | $^{14}C$ (AMS) | 淡水腹足类 | 16.7 | 11 180 (11 156 ~ 11 227) calBP |
| OSL - 10 | 光释光 | 黏土质粉砂 | 16.9 | (9.15 ± 0.55) kaBP |
| OSL - 11 | 光释光 | 砂质粉砂 | 18.1 | (22.21 ± 1.54) kaBP |
| OSL - 13 | 光释光 | 黏土质粉砂 | 21.5 | (52.23 ± 4.75) kaBP |
| OSL - 14 | 光释光 | 粉砂 | 23.5 | (40.80 ± 3.02) kaBP |
| OSL - 16 | 光释光 | 黏土质粉砂 | 29.6 | (74.56 ± 6.08) kaBP |

注:$^{14}C$ 测年结果为校正年龄(calBP),括号内一倍标准偏差范围,校正程序为 CALIB3.0.3。

1）地震地层与 CH19 孔的对比

CH19 孔位于 No.6 与 No.V 的交汇处,与浅地层剖面具有良好的对比性(表 2.2 - 4、图 2.2 - 16)。

该孔处具有空白反射结构的 Ua 地震单元与第 1 层 0 ~ 0.6 m 对应,为潮下带海底表层物质沉积层。具有亚平行反射地震相的 Ub 地震单元对应于第 2 层 0.6 ~ 1.82 m,为前三角洲沉

积层；具有"S"形前积地震结构的 Uc 地震单元对应于第 3 层 1.82～9.60 m，为三角洲前缘
远砂坝沉积；具有亚平行反射地震相的 Ud 地震单元，对应于第 4 层 9.60～11.15 m，是前三
角洲沉积；具有杂乱反射地震相的 Ue 地震单元与 11.15～15.65 m 对应，包括了第 5～6 层，
是潮道沉积及潮间带沉积；贝壳碎屑层潮道沉积位于国家 85 高程系 -18.75～-20.5 m 内，
沉积年龄为 6.7～3.5 kaBP，该时期海面高度位置与现今基本相当或略高，说明该侵蚀水道形
成于水深 20 m 左右，可能为多次风暴潮道沉积的产物，指示遭受多次风暴潮，原潮间带沉积
物部分被冲蚀后形成风暴潮道沉积。

**表 2.2－4　浅地层剖面地震单元与 CH19 孔地层对比**

| 浅剖地震单元 | 钻孔地层 | 物质成分 | 沉积环境 |
|---|---|---|---|
| Ua | 1 | 黏土质粉砂 | 潮下带 |
| Ub | 2 | 黏土质粉砂 | 前三角洲 |
| Uc | 3 | 黏土质粉砂 | 三角洲前缘远砂坝 |
| Ud | 4 | 黏土质粉砂 | 前三角洲 |
| Ue | 5、6 | 贝壳碎屑、粉砂质砂、砂质粉砂、黏土质粉砂 | 潮道、潮间带 |

2）地震地层与 HZ02 孔的对比

HZ02 孔位于 No.4 测线的西端点北侧约 3 km 处，由于该孔与浅地层剖面测线存在一定距
离，沉积地层可能会发生一定的变化，但地层层序框架基本可以对比（表 2.2－5、图 2.2－
17）。具有亚平行反射结构的 Ua 地震单元与第 1 层 0～2.8 m 对应，是河口潮间带沉积；具有
叠瓦状前积反射结构的 Ub 地震单元对应于第 2、3 层 2.8～8.4 m，为三角洲沉积前缘沉积；
具有亚平行反射结构的 Ud 地震单元与第 4 层 8.4～13.85 m 对应，是含潮道沉积、潮间带沉
积；具有杂乱反射地震相的 Ue 地震单元与 13.85～15.8 m 对应，包括了第 5～6 层，是潮道
沉积及潮间带沉积。

**表 2.2－5　浅地层剖面地震单元与 HZ02 孔地层对比**

| 浅剖地震单元 | 钻孔地层 | 物质成分 | 沉积环境 |
|---|---|---|---|
| Ua | 1 | 砂质粉砂、粉砂质砂 | 河口潮间带 |
| Ub | 2、3 | 砂质粉砂、粉砂质砂 | 三角洲前缘 |
| Ud | 4 | 黏土质粉砂 | 潮道、潮间带 |
| Ue | 5、6 | 贝壳碎屑、粉砂、砂质粉砂 | 潮道、潮间带 |

### 2.2.4.4　各地震单元的沉积环境演化

根据上述两孔与浅地层剖面地震单元的对比以及各钻孔沉积物年龄，对各地震单元的形
成时间与物质组成进行分析（表 2.2－6）。对于全新统晚更新统的分界线，使用国际第四纪
联合会建议的 10 kaBP 左右，可以看出，各地震单元形成时代均属于全新世。

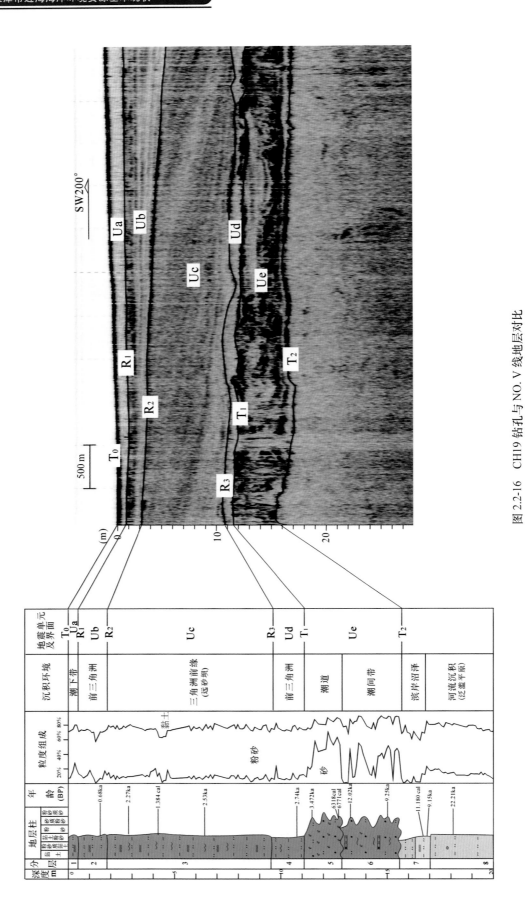

图 2.2-16  CH19 钻孔与 NO. Ⅴ 线地层对比

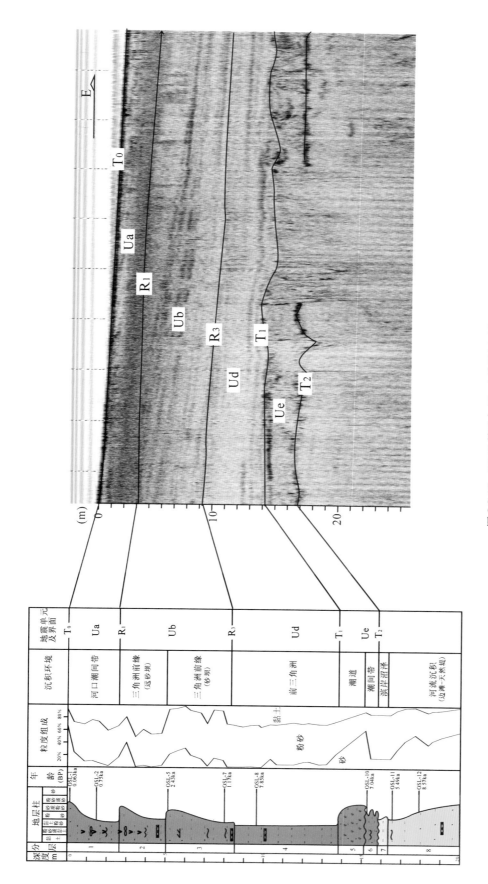

图 2.2-17 HZO2 钻孔与 No. 4 线地层对比

表 2.2 - 6　地震单元年龄与物质组成划分

| 地震单元 | 时代 | 年龄范围 | 空间展布特征 | 沉积环境 | 事件 |
|---|---|---|---|---|---|
| Ua | | 0.15 ~ 0 kaBP | 整体呈席状，一般厚 1 ~ 2 m | 表层 | 黄河重归渤海入海 |
| Ub | | 1 ~ 0.15 kaBP | 研究区中部厚度达 8 m 以上，向南北两侧减薄并尖灭 | 三角洲 | 黄河改道至黄海入海，海河三角洲形成 |
| Uc | 全新世 | 2.5 ~ 1 kaBP | 研究区北部厚度达 12 m 以上，向南逐渐消失 | 三角洲 | 古滦河水系渤海湾入海 |
| Ud | | 7 ~ 2.5 kaBP（北部）<br>7 ~ 1 kaBP（南部） | 研究区南部厚度达 10 ~ 12 m，向北减薄至 1 ~ 2 m | 三角洲 | 黄河渤海入海 |
| Ue | | 10 ~ 7 kaBP | 南部及北部地区略厚 4 ~ 6 m，中部较薄 1 ~ 3 m | 潮间带 | 海面快速上升形成海侵 |

1）地震单元形成时间与物质组成

（1）Ua 地震单元

Ua 地震单元大致形成于 0.15 ~ 0 kaBP，为现代海底表层沉积物，分布广泛，但厚度分布不均，主要为反射较弱的空白反射结构，主要为黏土质粉砂沉积物，在海河口、南部沿岸及北部近岸地区存在砂质沉积物。

（2）Ub 地震单元

Ub 地震单元大致形成于 1 ~ 0.15 kaBP，在研究区中部发育，向南北两侧减薄并尖灭，为古海河三角洲沉积物，具有叠瓦状反射结构的三角洲前缘河口砂坝为砂质沉积物，主要分布于海河口及其南部沿岸，其他地区可能主要应为前缘远砂坝或前三角洲细粒沉积物。

（3）Uc 地震单元

Uc 地震单元大致形成于 2.5 ~ 1 kaBP，在研究区北部发育，向南逐渐消失，主要是北部古滦河水系三角洲沉积物，北部沿岸地区为叠瓦状前积反射结构，可能存在河口砂坝砂体，其他地区可能主要应为前缘远砂坝或前三角洲细粒沉积物。

（4）Ud 地震单元

区域南部 Ud 地震单元较为发育，大致形成于 7 ~ 1 kaBP，而在北部，厚度较小，大致形成于 7 ~ 2.5 kaBP。Ud 地震单元具亚平行反射结构，可能为南部古黄河的前三角洲细粒沉积沉物。

（5）Ue 地震单元

Ue 地震单元主体形成于 10 ~ 7 kaBP，分布广泛，南部及北部地区略厚 4 ~ 6 m；中部较薄，局部因上覆地层沉积体系的持续冲刷而缺失，为一系列向陆呈阶梯状上超的、整体平行或亚平行反射结构，为水动力较强的砂质、粉砂质潮间带沉积。6.7 ~ 3.5 kaBP 期间，北部遭受多次风暴潮，下切至 Ue 地震单元内形成风暴潮道沉积。

2）地震单元沉积演化分析

20 世纪末至今，围绕海岸带乃至外大陆架区开展了一系列海底地层结构研究，主要是对陆架浅层沉积单元三维空间展布、沉积环境及其对海平面波动响应过程的研究。近几年，对渤海、黄海、东海末次冰期以来海平面变化的系统响应研究逐步深入，研究不同海平面变化阶段沉积体系的特征。

晚更新世末次冰期结束，冰后期出现大规模海侵，全新世海水淹没整个渤海。约 7 ka 以后，平面位置保持稳定或小幅波动，进入海面与现代基本相当的高水位时期，在陆地河流的进积作用下，形成海相沉积体。黄河 7 ~ 1 kaBP 在渤海入海，约 2.5 kaBP 后，北部滦河水系在渤海湾北部入海，1 kaBP 左右，黄河改道至黄海入海，1855 年黄河重归渤海入海。

受上述复杂的海面变化及入海河流变更影响，各地震单元形成于不同阶段：

Ue 地震单元形成 10 ~ 7 kaBP 海平面快速上升时期，为海洋海侵导致的退积型潮间带沉积。

天津市南部海域厚达 10 ~ 12 m 的 Ud 地震单元主要形成于 7 ~ 1 kaBP 期间，而北部海域 Ud 地震单元仅 1 ~ 2 m 厚，主要形成于 7 ~ 2.5 kaBP 期间，为古黄河前三角洲细粒沉积。

Uc 地震单元仅发育在天津市北部海域，是 2.5 kaBP 后北部滦河水系在渤海湾北部入海形成的结果。

约 1 kaBP，黄河改道至黄海入海，且研究区中部形成海河三角洲，海河三角洲沉积物构成 Ub 地震单元。1855 年黄河重归渤海入海，沉积物的供给发生改变，形成海底表层沉积物，以海洋潮流、海流等作用占据主导，形成 Ua 地震单元。

另外，如前所述，6.7 ~ 3.5 kaBP 期间，区域北部遭受多次风暴潮，下切至 Ue 地震单元内形成风暴潮道沉积。

## 2.2.5　海底地形及地貌特征

天津市海域水深测量主要采用国产 HD27 型单波束全数字测深仪，测深精度优于 5 cm，定位系统采用美国 Timble 公司的 DSM132DGPS 信标机，导航定位准确度优于 ±5 m，进行实时动态测量。2006 年 8 月完成水深测量，测量声设为 1 524 m/s，网格为 10 km×8 km，测线总长 467 km。

测线水深采点间距为 1 000 m，共计 496 个测量点，在对水深资料进行潮汐校正后（以国家 85 高程起算面为基准面），利用计算机成图技术绘出天津市海域海底地形图及三维地形图（图 2.2 – 18、图 2.2 – 19），可由此分析天津市海域海底地形特征。

以最新勘测的海底水深数据、浅地层剖面数据、底质类型数据，以及"大神堂活牡蛎礁调查"开展的旁侧扫面数据，对天津市海域海底地貌情况进行分析，并制作天津市海域海底地貌图（图 2.2 – 20）。天津市海域地貌属于大陆壳海岸带地貌，分为潮间带和水下岸坡地貌两类。

### 2.2.5.1　海域海底地形特征

天津市海域海底地形整体上西高东低，海底水深范围在等深线 –1 ~ –13 m 之间，海底地势一般比较平坦，仅在天津港抛淤区存在较大起伏。

1）潮间带地形特征

天津市潮间带地区位于平均大潮高、低潮线之间，上界抵人工海防大堤，下界至平均大

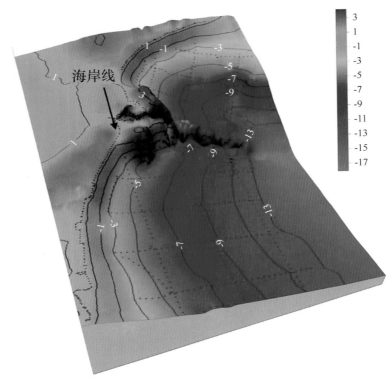

图 2.2 – 18  天津市海域海底三维地形

潮低潮线，宽度 2.5～7.0 km，坡降为 0.6‰～1.5‰，影响本区岸滩的重要动力为潮流、风浪和河流。

北部潮滩宽度 4 km 左右，平均坡降约为 1‰，南部老马棚口与天津临港工业区之间的潮间带地区潮滩宽度最窄，一般在 2.5～3.5 km 之间，平均坡降在 1.1‰～1.5‰。涧河河口以西至大神堂、蓟运河河口、海河河口和独流减河河口以南至歧口潮滩较宽在 5～7 km 之间，平均坡降 0.6‰～0.8‰。

天津市潮间带地形特征主要受控于入海河流沉积物供给以及海洋水动力。宽潮滩一般位于入海河流的河口附近，由于河口附近沉积物供给相对富集，在水动力条件较弱、以潮汐为主的海洋动力作用下，形成宽平的潮间带。窄潮滩则主要分布于与潮流运动方向近垂直的非河口地带。

2）浅海区地形特征

浅海区上界为平均大潮低潮线，是天津市海域的主要组成部分。天津市浅海调查区海底最低海拔约 – 13 m。浅海区地形坡降相对于潮间带较缓，为 0.3‰～0.7‰，但浅海区地形也存在一定差异。中部海河口以及北部地形相对较陡，平均坡降在 0.6‰～0.7‰之间；南部海河口以南至歧口段，以及北部蛏头沽至大神堂段地形较缓，平均坡降在 0.3‰～0.4‰之间。

天津市海域海底地形特征主要受控于浅海底床以下的沉积物类型，中部和北部海底主要为古海河和北部滦河水系的两个三角洲前缘沉积物，因三角洲前缘沉积地形相对较陡所致，南部海底主要是黄河水系前三角洲沉积物，地形平缓。

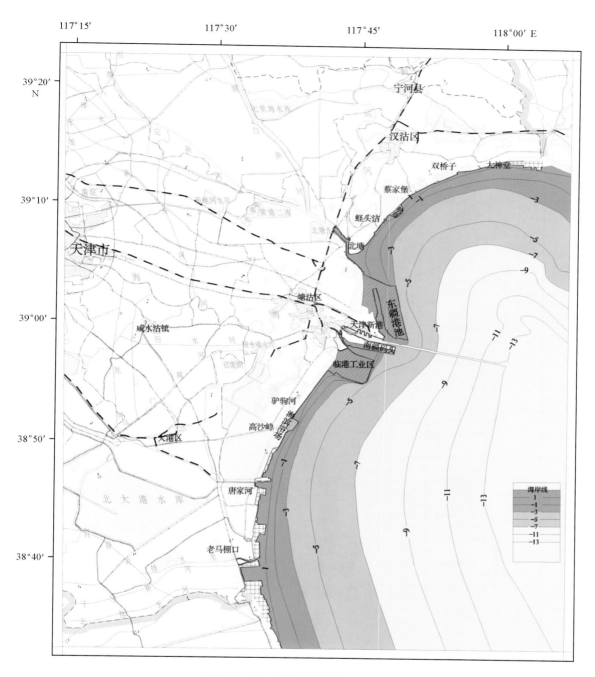

图 2.2 - 19　天津市海域海底地形

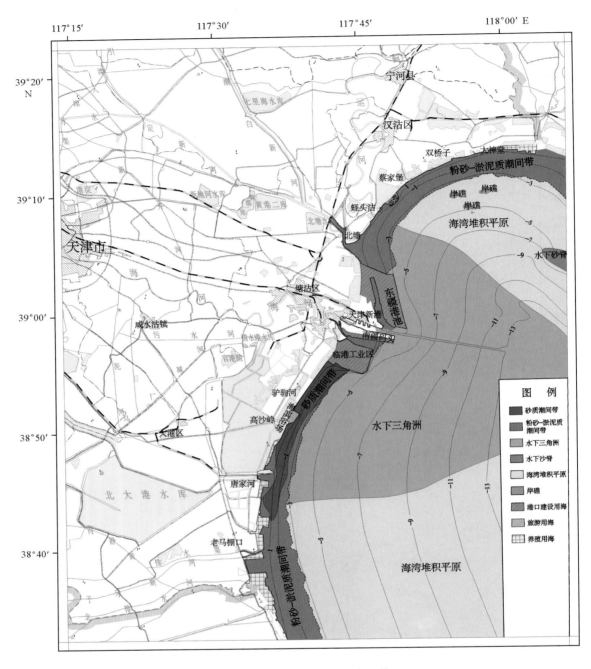

图 2.2 - 20　天津市海域海底地貌

### 2.2.5.2　海域海底地貌特征

1）潮间带地貌特征

天津市潮间带宽度为 2.5 ~ 7.0 km，坡降为 0.6‰ ~ 1.5‰。潮间带地貌根据粒度特征分为砂质潮间带和粉砂—淤泥质潮间带。

（1）砂质潮间带

砂质潮间带潮滩宽度 2.5 ~ 3.5 km，平均坡降一般大于 1‰，主要分布于老马棚口与天津临港工业区之间的潮间带地区。

（2）粉砂—淤泥质潮间带

除砂质潮间带以外，一般均为粉砂—淤泥质潮间带，其潮滩宽度一般为 4 ~ 7 km，平均坡降一般在 0.6‰ ~ 0.9‰，在河流入海口，如蓟运河河口、海河河口等地区潮间带为扇形凸滩，向海突出。

2）水下岸坡地貌特征

水下岸坡是指由低潮线至浪基面之间的浅海区。以水深测量、浅地层剖面调查以及旁侧扫面调查获取的最新数据为基础，将水下岸坡地貌划分为海湾堆积平原、水下三角洲、岸礁、沿岸沙堤等地貌类型。

（1）海湾堆积平原

海湾堆积平原广泛分布于浅海海底，海底表面由北、西、南向中部缓倾，其坡降为 0.3‰ ~ 0.7‰，主要组成物质为黏土质粉砂，北部出现粉砂质砂和砂质粉砂，是南部黄河、东部滦河以及现代海河入海泥沙经潮流搬运沉积形成。

（2）水下三角洲

水下三角洲地貌分布于海河河口外，向东延伸至整个调查区，南部消失于独流减河河口以东海域，北部消失于蓟运河河口以东海域，是历史时期海河入海泥砂沉积形成的水下扇状地带，现今为海湾堆积平原海底表层淤泥质沉积物所覆盖。水下三角洲地貌单元海底坡降 0.6‰ ~ 0.7‰，地层厚度 0 ~ 9 m，水下地层以海河河口为中心，向南北两方向尖灭，向东呈叠瓦状结构堆积（图 2.2 – 21）。

（3）岸礁地貌

天津"908 专项"调查和"大神堂活牡蛎礁调查"中发现大神堂以南、蔡家堡以东 3 ~ 5 m 海域存在大量活牡蛎礁（图 2.2 – 22），高出海底地表 0 ~ 0.5 m，形成岸礁地貌，周围沉积物主要为砂质沉积物。

（4）水下沙脊

水下沙脊位于涧河河口以南 15 km，水深 5 ~ 7 m 的海底表层（图 2.2 – 23），呈 NW—SE 向，纵向与潮流运移方向一致，可能是滦河入海沉积物经潮流搬运形成脊状砂质沉积。

## 2.2.6　海底灾害地质

灾害地质是指自然发生的或人为造成的、对人类生命或财产造成危害或潜在危害的地质条件或地质现象。随着天津市海洋经济的迅猛发展，海洋灾害地质的研究对海底工程、护岸工程都有重要意义。

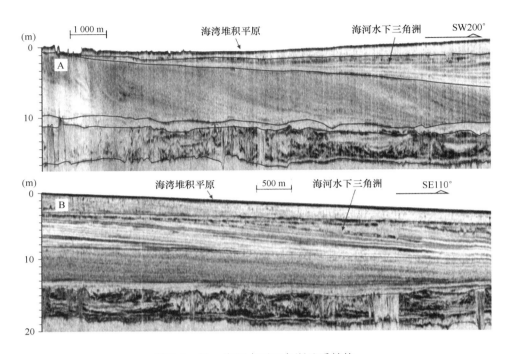

图 2.2 - 21　海河水下三角洲地质结构

A：No. V 剖面，海河水下三角洲向北尖灭，B：No. 5 剖面，海河水下三角洲向东呈叠瓦状堆积

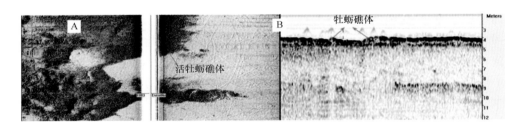

图 2.2 - 22　活牡蛎礁体

A：旁侧扫描图像，B：浅地层剖面图像

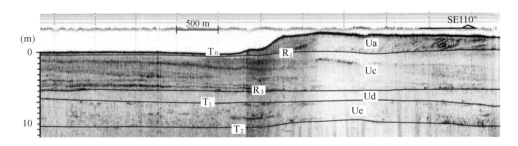

图 2.2 - 23　水下沙脊浅地层剖面图像

No. 8 剖面，水下沙脊 NW—SE 向沉积

### 2.2.6.1 海域灾害地质分类

利用获得的高分辨率浅地层剖面资料，确定天津海域海底发育的主要灾害地质因素种类有：浅层气、活动断层、埋藏三角洲前缘、水下沙脊等（图2.2-24）。

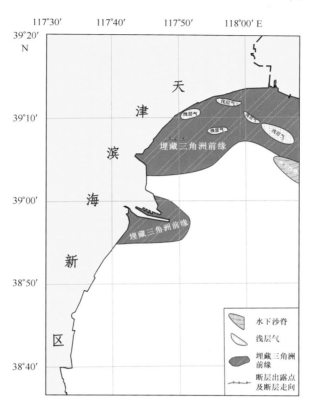

图 2.2-24 天津市海域灾害地质因素分布

### 2.2.6.2 海域灾害地质特征

1）浅层气

天津市北部海域全系统内存在多处浅层气区，主要沿海岸线分布，远离海岸浅层气减少。

从平面分布看，浅层气分布复杂，延展宽度由数十米至数千米不等；从垂向上看，浅层气主要分布于海底下12 m左右的早全新世砂质沉积层内，被上覆细粒沉积物盖层封盖（图2.2-25）。虽然气体未出现海底外溢情况，但从反射强度上分析，富集程度较高，加之其连片数千米，浅层气在长期强大压力下，随着压力的持续作用，可能继续上移，甚至可能发生喷溢，形成极为危险的灾害地质现象。

2）活动断层

本区一级断裂有三条，分别是沧东断裂、宁河—宝坻断裂和埕西断裂；二级断裂有蓟运河断裂、汉沽断裂、茶淀断裂、海河断裂、北大港断裂和歧东断裂等。

　　通过浅地层剖面调查，发现在天津市北蛏头沽东南约2 km存在一条近E—W向的全新世断层，在声学剖面上表现为多个连续性好的反射波组发生系统的错移（图2.2-26）。

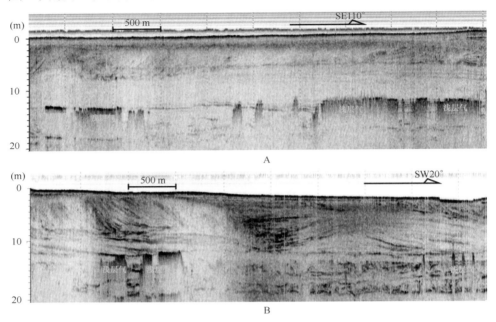

图2.2-25　浅层气浅地层剖面图像

A：No.8剖面，B：No.V剖面

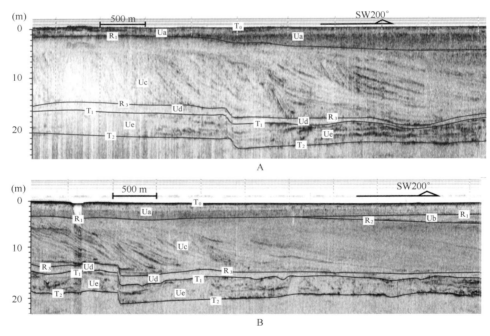

图2.2-26　活动断层浅地层剖面图像

A：No. CJD-1剖面，B：No. III剖面

　　断层整体走向近E—W向，倾角63°~65°，为一高角度正断层，全新统最大断距1.6~2.5 m（表2.2-7），断层向上均通过R₃界面，显示近2 500年内发生活动。

表 2.2 - 7　活动断层全新世地层出露点特征

| 编号 | 所在剖面 | 位置 | 走向 | 倾角 | 全新统最大断距 | 断层性质 |
|---|---|---|---|---|---|---|
| A | No. CJD - 1 | 39°07′31.6″<br>117°48′41.7″ | E—W | 65° | 1.6 m | 正断层 |
| B | No. III | 39°07′20.9″<br>117°50′35.6″ | | 63° | 2.5 m | 正断层 |

活动断层位于北塘凹陷内，其近东西向断层走向与北塘凹陷内断裂带走向基本相符，可能是基岩断层新活动在上覆土层中形成的构造结构面，其特点是时间新、活动性强。

断层对工程土体的破坏可能体现在以下三个方面：一是地震可能引起断层两盘突然错动，对土体和其上构筑物都会产生巨大的破坏；二是断层两盘的不均匀沉降，所产生的位移对横跨断层的建筑物也会产生危害；三是当土体中活动断层处于平静期，也应作为软弱结构面来考虑，这种软弱结构面由于其力学性质软弱，可能对土体的稳定性有不良影响。

受调查程度所限，天津市海域可能有大量的活动断层尚未发现。

3）埋藏三角洲前缘

埋藏三角洲前缘主要分布于海河河口及蓟运河河口以北海域，是三角洲的水下部分，具有大尺度叠瓦状及"S"形前积结构的砂质沉积（图 2.2 - 27），其内含淤泥质夹层，其沉积速率快、沉积构造复杂、沉积结构坡降大且不稳定等特点，造成沉积物抗剪强度低，容易形成滑坡及流动，造成持力不均。

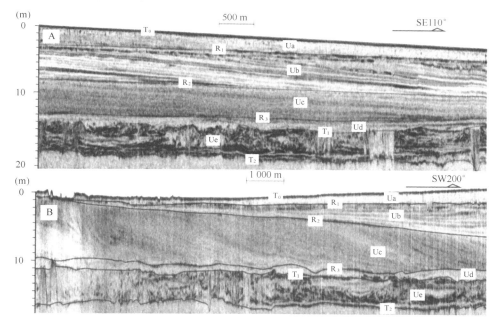

图 2.2 - 27　埋藏三角洲前缘浅地层剖面图象
A：No. 5 剖面，天津中部三角洲前缘—具叠瓦状前积结构的 Ub 地震单元
B：No. V 剖面，天津北部三角洲前缘—具"S"形前积结构的 Uc 地震单元

天津市海域海河河口处埋藏三角洲前缘是海河沉积物入海的结果，具有叠瓦状前积结构的砂质沉积，发育在天津港附近海底以下 1 ~ 2 m，厚 6 ~ 7 m，面积约 100 km²；天津蓟运河河口以北海域的埋藏三角洲前缘是古滦河水系沉积物入海的结果，主要为"S"形前积结构的黏土质沉积与砂质沉积，发育在天津北部海底以下 1 ~ 2 m，厚 6 ~ 10 m，面积约 400 km²。

4）水下沙脊

水下沙脊形态为长轴丘形，内部斜层理清晰，具斜交前积反射结构，斜层理的倾向指向沙脊的迁移方向，沙脊的长轴方向则指向潮流主流向，平面上水下沙脊则呈线状展布。沙脊移动的方向和速度与海流、海浪的运动密切相关，移动性较强的潮流沙脊可造成工程设施的破坏，对输油管线及光缆不利。

水下沙脊发育于涧河河口以南 15 km，水深较浅（5 ~ 7 m）的近岸带指向性非常明显，斜层理倾向显示其西北方向迁移，与潮流运移方向一致，可能是滦河入海沉积物在强潮流作用下搬运沉积形成脊状砂质堆积体。

## 2.3 物理海洋[①]

本研究通过对渤海海流的方向、流速、潮汐及其调和较为详细的调查，掌握了渤海温度和盐度的平面与垂直分布特征，明确了渤海地理位置、径流输入等条件对天津近岸海域的温、盐分布及水文特征的影响。

天津市"908 专项"物理海洋调查站位坐标见表 2.3 – 1 和表 2.3 – 2。

**表 2.3 – 1　天津市"908 专项"物理海洋调查大面观测站及坐标**

| 序号 | 站位代码 | 东经 | 北纬 |
|---|---|---|---|
| 1 | TJX – 1 | 118°02′20″ | 39°09′57″ |
| 2 | ZD – TJ087 | 117°57′00″ | 39°07′30″ |
| 3 | TJ09 | 117°48′20″ | 39°05′00″ |
| 4 | ZD – TJ088 | 118°02′52″ | 39°01′00″ |
| 5 | TJ05 | 117°53′24″ | 38°55′52″ |
| 6 | TJ02 | 117°43′12″ | 38°52′52″ |
| 7 | TJ10 | 117°59′38″ | 38°52′55″ |
| 8 | TJ04 | 117°48′54″ | 38°51′00″ |
| 9 | TJX – 2 | 117°42′00″ | 38°48′25″ |
| 10 | TJ08 | 117°57′50″ | 38°48′25″ |
| 11 | TJ01 | 117°37′10″ | 38°42′30″ |
| 12 | TJX – 4 | 117°46′00″ | 38°42′30″ |
| 13 | TJX – 3 | 117°38′45″ | 38°37′10″ |
| 14 | ZD – TJ097 | 117°44′23″ | 38°37′04″ |
| 15 | ZD – TJ096 | 117°57′00″ | 38°37′04″ |

---

① 国家海洋技术中心，天津市"908 专项"物理海洋调查报告，2008。

表 2.3 – 2　天津市"908 专项"物理海洋调查定点连续观测站及坐标

| 序号 | 站位代码 | 东经 | 北纬 |
|---|---|---|---|
| 1 | TJD – 01（ZD – TJ088） | 118°02′52″ | 39°01′00″ |
|  | *历史站位 JH2003 | 118°03′00″ | 39°01′00″ |
| 2 | TJD – 02（新增） | 118°02′52″ | 38°48′25″ |
| 3 | TJD – 03（新增/拐点） | 118°02′52″ | 38°37′04″ |
| 4 | TJD – 04（ZD – TJ097） | 117°44′22″ | 38°37′04″ |
|  | *历史站位 JH4003 | 117°54′30″ | 38°37′24″ |

## 2.3.1　海流

### 2.3.1.1　各向海流的出现频率

对各站、层实测各向海流的出现频率分析可知：1 号站各层落潮流主要集中在 SE—SSE 各向，其频率和在 46% ~ 51%，涨潮流主要集中在 NW—NNW 各向，其频率和在 39% ~ 40%；2 号站各层落潮流主要集中在 E—ESE 各向，其频率和在 50% ~ 54%，涨潮流主要集中在 W—WNW 各向，其频率和在 37% ~ 41%；3 号站各层落潮流主要集中在 E—ESE 各向，其频率和在 41% ~ 45%，涨潮流主要集中在 W—WNW 各向，其频率和在 37% ~ 39%；4 号站各层落潮流主要集中在 ENE—E 各向，其频率和在 33% ~ 34%，涨潮流流向在 SW—NW 之间比较分散。

### 2.3.1.2　各级海流的出现频率

以 10 cm/s 为一档，即 0 ~ 9 cm/s，10 ~ 19 cm/s 等对各向海流的流速进行分级统计其出现频率可以看出：

1 号站表层流以 40 ~ 49 cm/s、50 ~ 59 cm/s 两级的流速出现较多，频率分别为 22%、24%，最大一级流速是 80 ~ 89 cm/s，频率为 2%；5 m 层流速也是以 40 ~ 49 cm/s、50 ~ 59 cm/s 两级的流速出现较多，频率分别为 26%、21%；底层以 20 ~ 29 cm/s、30 ~ 39 cm/s、40 ~ 49 cm/s 级的流速出现较多，频率分别为 21%、22%、26%。

2 号站表层流以 40 ~ 49 cm/s 级的流速出现最多，频率为 23%，最大一级流速是 90 ~ 100 cm/s，频率为 1%；5 m 层流以 50 ~ 59 cm/s 级的流速出现最多，频率为 22%；底层流以 40 ~ 49 cm/s 级的流速出现最多，频率为 29%。

3 号站表层流以 50 ~ 59 cm/s 级的流速出现最多，频率为 20%，最大一级流速是 90 ~ 100 cm/s，频率为 1%；5 m 层流以 40 ~ 49 cm/s 级的流速出现最多，频率为 24%；底层流以 30 ~ 39 cm/s、40 ~ 49 cm/s 级的流速出现较多，频率分别为 28%、24%。

4 号站表层流以 20 ~ 29 cm/s 级的流速出现最多，频率为 41%，最大一级流速是 40 ~ 49 cm/s，频率为 4%；底层流以 10 ~ 19 cm/s、20 ~ 29 cm/s 两级的流速出现较多，频率分别为 31%、49%。

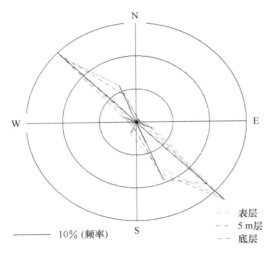

图 2.3 - 1　1 号站各层流向玫瑰图

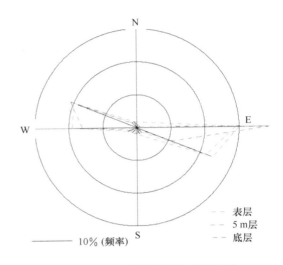

图 2.3 - 2　2 号站各层流向玫瑰图

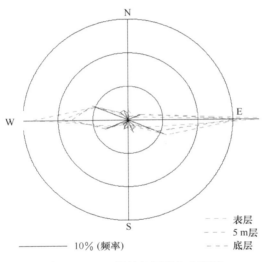

图 2.3 - 3　3 号站各层流向玫瑰图

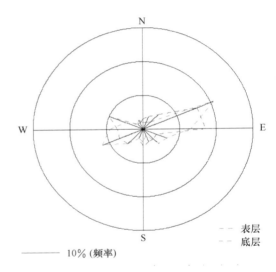

图 2.3 - 4　4 号站各层流向玫瑰图

### 2.3.1.3　各层涨落潮最大流速

对各站最大流速及流向分析可以看出：各站实测表层最大涨潮流流速为 47 ~ 94 cm/s，以 3 号站最大，4 号站最小；表层最大涨潮流的方向为 251° ~ 322°。各站实测表层最大落潮流流速为 39 ~ 79 cm/s，以 3 号站最大，4 号站最小；表层最大落潮流的方向为 93° ~ 142°。调查结果显示最大涨潮流流速明显大于落潮流流速。与历史资料相比，调查海域流速有减弱的趋势，尤其是靠近歧口的 4 号站减弱幅度较大。

### 2.3.1.4　潮流调和分析

（1）潮流性质

潮流通常是指纯由天文潮汐涨、落而导致的海水流动。潮流性质依下式划分：

$$K = (W_{K_1} + W_{O_1})/W_{M_2}$$

如果 $K \leqslant 0.5$，则为正规半日潮流；如果 $0.5 < K \leqslant 2.0$ 则为不正规半日潮流；如果 $K > 2.0$，则视情况不同而为不正规日潮流或正规日潮流。式中 $W_{K_1}$、$W_{O_1}$ 和 $W_{M_2}$ 分别为 $K_1$、$O_1$ 和 $M_2$ 分潮潮流椭圆长半轴之值。据此计算可知 4 个测流站表、中、底层的 $K$ 值，为 $0.10 \sim 0.25$，均小于 0.5，故调查海区潮流性质属正规半日潮流。

（2）潮流的运动形式

潮流的运动形式取决于主要分潮流的椭圆要素。设定潮流运动形式的参量为旋转率（亦称椭圆率）$K'$，其值为该分潮流椭圆短轴与椭圆长轴的比值，$K'$ 的值为正号则表示分潮流为逆时针旋转，负号则为顺时针旋转。调查数据显示，除 1 号站表层外，其余各站、层 $M_2$ 和 $S_2$ 分潮流的 $K'$ 均为正值，即主要分潮流的旋转方向为逆时针。除 4 号站外，各站 $M_2$ 和 $S_2$ 分潮流的 $K'$ 值均不大，其绝对值为 $0.01 \sim 0.08$，说明该海区的潮流主要为往复流动，$1 \sim 3$ 号站的表、中、底层 $M_2$ 和 $S_2$ 分潮流的椭圆长轴方向分别为（$90°$，$144°$）$\sim$（$270°$，$324°$），即潮流往复运动的主流方向大致为 ESE—WNW，涨潮时指向岸边，落潮时则相反，指向湾口。

（3）潮流的平均最大流速和最大可能流速

对半日潮流区平均最大流速矢量公式为：

$$\vec{V}_{M_S} = \vec{W}_{M_2} + \vec{W}_{S_2}$$

$$\vec{V}_{M_m} = \vec{W}_{M_2}$$

$$\vec{V}_{M_n} = \vec{W}_{M_2} - \vec{W}_{S_2}$$

式中：$\vec{V}_{M_S}$、$\vec{V}_{M_m}$ 和 $\vec{V}_{M_n}$ 分别为大、中、小潮平均最大流速矢量；$\vec{W}_{M_2}$、$\vec{W}_{S_2}$、$\vec{W}_{K_1}$ 和 $\vec{W}_{O_1}$ 分别为主太阴半日分潮流、主太阳半日分潮流、太阴太阳赤纬日分潮流和主太阳日分潮流的椭圆长半轴矢量。

规则半日潮流区的最大可能流速 $\vec{V}_{max}$ 按下式计算：

$$\vec{V}_{max} = 1.295\vec{W}_{M_2} + 1.245\vec{W}_{S_2} + \vec{W}_{K_1} + \vec{W}_{O_1} + \vec{W}_{M_4} + \vec{W}_{MS_4}$$

式中：$\vec{W}_{M_4}$ 和 $\vec{W}_{MS_4}$ 分别为太阴 1/4 分潮流和太阴太阳 1/4 分潮流的椭圆长半轴矢量。各站潮流的平均最大流速和最大可能流速见表 2.3 - 3。

表 2.3 - 3　各站潮流平均最大流速和可能最大流速（cm/s）及流向（°）

| 站号 | 潮流 | 平均最大 | | | | | | | | | 最大可能 | | |
| | | 大　潮 | | | 中　潮 | | | 小　潮 | | | | | |
| | 层次 | 表 | 5 m | 底 | 表 | 5 m | 底 | 表 | 5 m | 底 | 表 | 5 m | 底 |
| 1 | 流向 | 143 | 144 | 144 | 143 | 144 | 144 | 143 | 144 | 144 | 144 | 142 | 145 |
| | 流速 | 69 | 64 | 53 | 53 | 50 | 41 | 37 | 35 | 29 | 111 | 99 | 87 |
| 2 | 流向 | 99 | 100 | 100 | 99 | 100 | 100 | 99 | 100 | 100 | 103 | 106 | 101 |
| | 流速 | 69 | 68 | 59 | 53 | 53 | 46 | 37 | 37 | 32 | 110 | 105 | 89 |
| 3 | 流向 | 90 | 93 | 92 | 90 | 93 | 92 | 90 | 93 | 92 | 91 | 97 | 95 |
| | 流速 | 70 | 64 | 53 | 54 | 50 | 41 | 38 | 35 | 29 | 111 | 101 | 79 |
| 4 | 流向 | 77 | — | 79 | 77 | — | 79 | 77 | — | 79 | 65 | — | 106 |
| | 流速 | 40 | — | 33 | 31 | — | 25 | 22 | — | 18 | 67 | — | 55 |

注："—"表示未检出。

（4）潮流水质点的运移距离

对规则半日潮流海区的潮流水质点的运移距离计算公式为：

$$\vec{L}_{M_S} = 142.3\vec{W}_{M_2} + 137.5\vec{W}_{S_2}$$

$$\vec{L}_{M_m} = 142.3\vec{W}_{M_2}$$

$$\vec{L}_{M_n} = 142.3 - 137.5\vec{W}_{S_2}$$

潮流水质点的最大可能运移距离为：

$$\vec{L}_{max} = 184.3\vec{W}_{M_2} + 171.2\vec{W}_{S_2} + 274.3\vec{W}_{K_1} + 295.9\vec{W}_{O_1} + 71.2\vec{W}_{M_4} + 69.9\vec{W}_{MS_4}$$

式中 $\vec{L}$ 代表潮流水质点的运移距离矢量，其他符号的含义同前。代入各分潮流的相应参量，计算各测流点潮流水质的平均最大运移距离及方向，见表 2.3－4。

表 2.3－4　潮流水质点的运移距离（m）及方向（°）

| 站号 | 运移 | 平均最大 | | | | | | | | | 最大可能 | | |
| --- | --- | --- | --- | --- | --- | --- | --- | --- | --- | --- | --- | --- | --- |
| | | 大潮 | | | 中潮 | | | 小潮 | | | | | |
| | | 表 | 5 m | 底 | 表 | 5 m | 底 | 表 | 5 m | 底 | 表 | 5 m | 底 |
| 1 | 距离 | 9 738 | 9 063 | 7 480 | 7 572 | 7 074 | 5 816 | 5 406 | 5 032 | 4 153 | 16 017 | 13 851 | 12 426 |
| | 方向 | 143 | 144 | 144 | 143 | 144 | 144 | 143 | 144 | 144 | 145 | 135 | 138 |
| 2 | 距离 | 9 675 | 9 652 | 8 339 | 7 524 | 7 505 | 6 485 | 5 372 | 5 359 | 4 630 | 16 349 | 15 237 | 12 646 |
| | 方向 | 99 | 100 | 100 | 99 | 100 | 100 | 99 | 100 | 100 | 101 | 110 | 96 |
| 3 | 距离 | 9 841 | 9 073 | 7 448 | 7 653 | 7 055 | 5 792 | 5 464 | 5 037 | 4 135 | 17 016 | 14 875 | 11 281 |
| | 方向 | 91 | 93 | 92 | 91 | 93 | 92 | 91 | 93 | 92 | 88 | 102 | 91 |
| 4 | 距离 | 5 616 | — | 4 659 | 4 367 | — | 3 623 | 3 118 | — | 2 587 | 10 018 | — | 8 815 |
| | 方向 | 78 | — | 79 | 78 | — | 79 | 78 | — | 79 | 47 | — | 117 |

注："—"表示未检出。

（5）余流

所谓余流是指从实测海流中扣除潮流后各种海水流动的总和。从表 2.3－5 中看出，此次观测期间，各站、层的余流值都不大。1 号站表层最大，表层余流为 5.4 cm/s，其余各站均不超过 5 cm/s。

表 2.3－5　定点站余流流速（cm/s）及流向（°）

| 站号 | 1 | | 2 | | 3 | | 4 | |
| --- | --- | --- | --- | --- | --- | --- | --- | --- |
| 层次 | 流速 | 流向 | 流速 | 流向 | 流速 | 流向 | 流速 | 流向 |
| 表层 | 5.4 | 143 | 1.0 | 94 | 3.8 | 93 | 2.5 | 103 |
| 底层 | 0.6 | 221 | 1.1 | 43 | 1.2 | 222 | 2.3 | 104 |

从历史调查资料来看，夏季渤海湾环流由三支海流组成：一支沿山东、河北和天津沿岸北上的沿岸流（简称渤海湾南岸流）；另一支由曹妃甸以南沿海底深槽西上的曹妃甸外海流；第三支是中心轴线位于自大沽灯塔向东南引出的直线上，处于表层至 15 m 水层之间的上层流

（简称渤海湾上层流）。前两支流入湾内，而后者从湾内流出，构成渤海湾夏季水循环（图 2.3 – 5、图 2.3 – 6）。

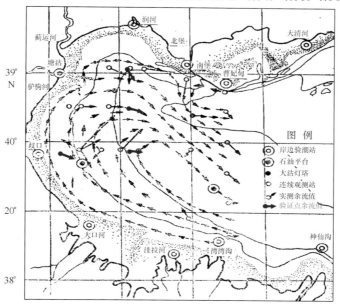

图 2.3 – 5　渤海湾夏季表层余流验证点及历史表层环流示意图

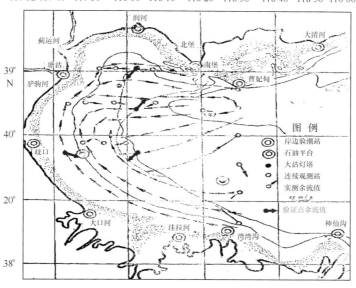

图 2.3 – 6　渤海湾夏季底层余流验证点及历史底层环流示意图

　　调查分析结果显示，TJD – 01 站和 TJD – 02 站夏季表层余流方向分别为 143°和 94°，处于渤海湾上层流影响区域，与历史资料所示基本保持一致，底层余流非常小，余流方向与历史资料对比略有偏差。TJD – 03 站夏季表层余流方向为 93°，这是由于渤海湾南岸流接近自西向东的渤海湾上层流而转向。TJD－03 站底层余流方向为 222°，说明其处于曹妃甸外海流影响区域，与历史资料基本一致。处于歧口外海的 TJD－04 站流向比较紊乱，并且余流很小，不足 3 cm/s，表底层余流方向均为偏东方向。天津近岸海域实测余流普遍较小。从几个验证点来看，反映了渤海湾夏季环流系统中的三支海流，环流整体趋势上还是与历史基本相同。

### 2.3.2 海水温度

#### 2.3.2.1 温度的平面分布

根据中国近海温度分布的特点，可将天津近岸海域的温度特征归纳为冬季型（12 月至翌年 3 月）、夏季型（6—8 月）和过渡型（4—5 月和 9—11 月）三种类型。

1）春季（4 月）

春季水温逐渐升高，水温分布正向夏季型演变。表层水温分布形势为沿岸水温高（11～12℃），外海水温低（7～8℃）的格局。这是由于沿岸海水受陆地热辐射的影响，增温速度比外海快的缘故。高温区主要集中在 TJ09 站和 TJX－3 站的附近海域，调查的最高水温为12.19℃，低温区出现在 ZD－TJ088 站的附近海域，调查的最低水温为 7.41℃。

底层水温分布与表层相似，仍然是沿岸高、外海低的格局，但是在调查区域的南部，高温水区域与表层相比覆盖面积较小。

2）夏季（7 月）

夏季是全年水温最高的季节，表层海水温度分布趋势基本是沿岸高、外海低，但分布较为均匀（25～28℃），平均水温为 26.7℃，普遍比春季升高 16～17℃。高温区集中在 TJ02 站附近海域，调查的最高水温为 28.23℃。底层水温分布与表层相似。

3）秋季（10 月）

秋季和前两个季节相反，水温逐渐下降，水温分布正向冬季的特征转化。这是由于太阳辐射逐渐减弱，气温下降，海水向大气的回辐射加强。近岸由于陆地降温迅速，海水向陆地的热量输送加强，使近岸海水降温较外海快。表层水温又恢复到沿岸低、外海高的格局。平均水温为 14.5℃，普遍比夏季降低 12～14℃。在沿岸低温区中，调查的最低温度为 11.11℃；外海的高温区中，调查的最高温度为 17.46℃。底层水温分布与表层相似。

4）冬季（12 月）

冬季是全年太阳辐射最弱，水温最低的季节。表层水温分布是沿岸水温低，外海水温高，表层水温高于气温，等温线分布大体与岸线平行。平均水温为 4.4℃，在沿岸低温区中，调查的最低温度为 0.16℃。底层水温分布形式基本与表层相同。

#### 2.3.2.2　温度的垂直变化

通常水温的垂直分布是从表层开始随着深度的增加而递减，其递减的情况随季节而变。

调查区域海水表底层温差春季平均为 0.3℃，夏季平均为 0.19℃，秋季平均为 0.08℃，冬季平均为 0.01℃。冬季变化最小，这是由于冬季正值干冷强劲的偏北季风盛行，对流、涡动混合最强，近岸浅水区温度垂直分布呈上下均一状态，垂直变化不大。

### 2.3.3　海水盐度

#### 2.3.3.1　盐度的平面分布

1）春季

春季海水盐度表层分布水平梯度较小，调查区域表层海水平均盐度为 32.10，最高为 32.24，最低为 31.20。底层与表层盐度值基本相同。

2）夏季

夏季是全年降水集中、雨量最多，江河入海径流最大的季节，也是沿岸冲淡水势力最强、扩展范围最大的季节。海水表层盐度为全年最低，调查区域表层海水盐度平均值为 30.86，最低盐度为 29.63。

3）秋季

秋季偏北季风逐渐增强，海面蒸发增大，降水减少，沿岸冲淡水势力大减，海水盐度开始增高。调查区域表层海水盐度平均值为 31.13，比夏季增长 0.5。

4）冬季

冬季海水盐度继续增高，并且表底层分布基本趋于一致，平均盐度均为 31.75 左右。

盐度的分布与变化，主要取决于海区的盐量平衡状况。对于天津近岸海域，江河入海径流的多少起着至关重要的作用。TJ09 站附近海域受沿岸河流影响较大，整年都属于低盐区，而 TJ01 站和 TJX－3 站附近海域在夏季有较大范围的低盐区出现。

#### 2.3.3.2　盐度的垂直变化

通常海水盐度的垂直分布是表层盐度低，深层盐度高，随着深度的增加而增加的。调查的数据资料中的各站各季节底层与表层盐差不是很大，从垂直剖面曲线图上来看，从上到下基本呈一直线趋势。

### 2.3.4　海面气象及波浪

调查期间，海面大气温度春季平均为 14.5℃，夏季平均为 26.7℃，秋季为 14.5℃，冬季为 4.5℃。与同季节海水表层温度相比，秋季基本相同，春、冬两季均相差 2℃左右，夏季相差达 4℃多。

从各季节的波浪大面观测来看，调查期间天津近岸海域主要以风浪为主，最大波高为 2.0 m 左右，出现在 4 月份。春、冬两季有效波高较高，平均为 0.7 m 左右；夏、秋两季有效波高较低，平均在 0.4 m 左右。波向基本与各季节风向一致。

## 2.4 海洋化学

本节主要依据海水化学、海洋生物化学和海洋大气三个方面的调查结果，阐述了天津海域海洋化学的分布、变化趋势等特征，并对调查结果进行了评价。

海水化学调查表明，天津近岸海域水体的主要污染物为无机氮、悬浮颗粒物、活性磷酸盐、重金属汞和锌，是各个站位的首要或次要污染因子。15 个调查站位中多数站位水质达到所在海区功能的环境要求，东南部海域污染程度最轻，港口、河口和浅水区污染较重。

污染物残留量调查评价结果显示，天津近岸海域几种主要经济海洋生物重金属如镉（Cd）、铜（Cu）、锌（Zn）、铅（Pb）、铬（Cr）残留量超过海洋生物质量一类标准，铅、滴滴涕（DDT）、多氯联苯（PCBs）生物体内含量有上升趋势。

大气环境调查表明，大气污染季节性变化较为明显，大气颗粒物污染春夏季较轻，秋、冬季较重；金属铅污染以春季最重，冬季最轻；大气氮氧化物浓度只有夏季超标严重；二氧化碳、甲烷、氧化亚氮三种主要温室气体中，二氧化碳的变暖增温潜能最大。

### 2.4.1 海水化学[①]

海水是海洋这个多相生态体系的主体，海水中化学物质的主要来源是陆源物质通过河流等方式进入海水体系。海洋水环境化学要素含量是衡量环境变化过程的重要指标，调查研究这些要素在水体中的分布与变化是保护海洋资源与环境的基础性工作。

本次调查海洋水环境化学要素共计 22 项。根据要素的性质，划分为四类，即常规化学要素（溶解氧、pH 值、总碱度和悬浮物）、营养盐（硝氮、亚硝氮、氨氮、溶解态氮、溶解态磷、活性磷酸盐、活性硅酸盐、总氮、总磷）、重金属（包括总汞、砷、铜、铅、锌、镉、总铬）、有机污染物（总有机碳、石油类）。

#### 2.4.1.1 近海海水化学调查的数据结果简介

1）无机氮计算

无机氮是对海水污染状况进行评价的重要指标，但并非本次海洋化学调查的直接检测要素。

无机氮是硝酸盐氮、亚硝酸盐氮和氨氮溶解态无机氮的总和，无机氮也称溶解无机氮，"活性氮"，或简称"三氮"。水样中的硝酸盐、亚硝酸盐和氨的浓度是以氮（N）计，用 µg/L 表示。计算公式为：

$$DIN = c(NO_3 - N) + c(NO_2 - N) + c(NH_3 - N)$$

---

① 天津科技大学，天津市"908 专项"天津市近岸海域海水化学调查报告，2008。

式中：DIN 为无机氮浓度，以 N 计，μg/L；

　　$c(NO_3-N)$ 为用监测方法测出的水样中硝酸盐的浓度，μg/L；

　　$c(NO_2-N)$ 为用监测方法测出的水样中亚硝酸盐的浓度，μg/L；

　　$c(NH_3-N)$ 为用监测方法测出的水样中氨的浓度，μg/L。

2）近海海水化学调查的数据结果简介

2006 年和 2007 年两年在天津开展了夏、冬、春、秋四季调查。调查海域海水中各种环境要素测定后果的数理统计，见表 2.4 – 1 至表 2.4 – 5。

表 2.4 – 1　各季节海水中常规要素含量结果统计

| 要素<br>单位 | | 溶解氧/（mg · L⁻¹） | | | | pH 值 | | | |
|---|---|---|---|---|---|---|---|---|---|
| 范围 | | 5.799 ~ 11.339 | | | | 7.92 ~ 8.28 | | | |
| 航次 | | 夏 | 冬 | 春 | 秋 | 夏 | 冬 | 春 | 秋 |
| 季节均值 | | 7.345 | 9.989 | 9.166 | 7.831 | 8.05 | 8.18 | 8.07 | 8.06 |
| 表层 | 均值 | 7.636 | 10.062 | 9.083 | 7.896 | 8.04 | 8.17 | 8.07 | 8.05 |
| | 最大值 | 10.272 | 11.339 | 9.737 | 8.473 | 8.28 | 8.25 | 8.11 | 8.10 |
| | 最小值 | 6.424 | 9.501 | 8.262 | 7.425 | 7.86 | 8.13 | 8.04 | 7.99 |
| 底层 | 均值 | 7.041 | 9.889 | 9.237 | 7.742 | 8.06 | 8.20 | 8.08 | 8.06 |
| | 最大值 | 8.454 | 10.238 | 9.709 | 7.976 | 8.18 | 8.25 | 8.13 | 8.12 |
| | 最小值 | 5.799 | 9.415 | 8.912 | 7.394 | 7.92 | 8.14 | 8.04 | 8.00 |

| 要素<br>单位 | | 总碱度/（mmol · L⁻¹） | | | | 悬浮物/（mg · L⁻¹） | | | |
|---|---|---|---|---|---|---|---|---|---|
| 范围 | | 2.32 ~ 3.85 | | | | 0.2 ~ 700.8 | | | |
| 航次 | | 夏 | 冬 | 春 | 秋 | 夏 | 冬 | 春 | 秋 |
| 季节均值 | | 2.65 | 2.58 | 2.54 | 2.46 | 32.4 | 151.4 | 87.6 | 116.7 |
| 表层 | 均值 | 2.65 | 2.58 | 2.57 | 2.47 | 16.3 | 164.0 | 94.8 | 146.9 |
| | 最大值 | 3.07 | 2.84 | 2.92 | 2.70 | 53.0 | 700.8 | 192.9 | 579.1 |
| | 最小值 | 2.46 | 2.50 | 2.46 | 2.32 | 0.2 | 26.9 | 4.3 | 0.6 |
| 底层 | 均值 | 2.66 | 2.57 | 2.52 | 2.45 | 56.1 | 134.1 | 85.5 | 75.5 |
| | 最大值 | 3.85 | 2.69 | 2.66 | 2.60 | 564.0 | 211.8 | 205.4 | 182.0 |
| | 最小值 | 2.43 | 2.48 | 2.24 | 2.32 | 0.7 | 77.0 | 16.2 | 12.4 |

注：均值为各站位浓度的算术平均值。

**表 2.4-2　各季海水中营养盐要素含量结果统计**

单位：μg/L

| 要素 | 总氮 | | | | 总磷 | | | | 硝酸盐 | | | | 亚硝酸盐 | | | | 铵盐 | | | |
|---|---|---|---|---|---|---|---|---|---|---|---|---|---|---|---|---|---|---|---|---|
| 范围 | 236.2~1572 | | | | 31.12~152.9 | | | | 144.8~905.0 | | | | 0.44~329.3 | | | | 3.29~256 | | | |
| 航次 | 夏 | 冬 | 春 | 秋 | 夏 | 冬 | 春 | 秋 | 夏 | 冬 | 春 | 秋 | 夏 | 冬 | 春 | 秋 | 夏 | 冬 | 春 | 秋 |
| 季节均值 | 703.5 | 487.2 | 819.6 | 711.7 | 55.35 | 73.91 | 62.50 | 58.63 | 446.7 | 254.5 | 499.3 | 343.8 | 122.57 | 9.61 | 17.25 | 21.56 | 56.99 | 68.67 | 184.83 | 37.90 |
| 表层 均值 | 732.6 | 550.4 | 918.1 | 726.2 | 53.72 | 73.61 | 66.08 | 59.46 | 464.2 | 267.8 | 521.6 | 370.4 | 135.57 | 10.90 | 19.58 | 26.12 | 62.73 | 74.34 | 186.05 | 43.69 |
| 表层 最大值 | 1 010.0 | 688.0 | 1 161.0 | 1 548.0 | 87.79 | 152.90 | 111.60 | 108.60 | 822.7 | 395.0 | 787.6 | 905.0 | 329.30 | 30.96 | 53.59 | 77.00 | 132.90 | 176.70 | 256.20 | 195.30 |
| 表层 最小值 | 409.7 | 374.4 | 497.5 | 236.2 | 31.12 | 41.42 | 39.98 | 37.16 | 161.7 | 144.8 | 188.6 | 163.0 | 50.26 | 2.06 | 0.68 | 0.44 | 19.30 | 11.94 | 77.72 | 3.29 |
| 底层 均值 | 674.3 | 424.0 | 721.1 | 697.2 | 56.97 | 74.21 | 58.92 | 57.79 | 429.0 | 236.3 | 475.7 | 307.7 | 110.97 | 7.86 | 14.90 | 15.33 | 49.04 | 60.94 | 179.34 | 30.00 |
| 底层 最大值 | 1 105.0 | 674.8 | 982.7 | 1 572.0 | 114.00 | 123.60 | 103.30 | 131.80 | 821.4 | 331.9 | 709.7 | 488.7 | 225.60 | 18.08 | 45.15 | 50.19 | 98.00 | 175.60 | 252.10 | 79.23 |
| 底层 最小值 | 415.8 | 388.4 | 519.3 | 392.2 | 31.44 | 61.09 | 47.39 | 33.62 | 192.7 | 164.1 | 197.4 | 163.6 | 32.81 | 1.50 | 1.24 | 0.96 | 16.62 | 9.94 | 77.15 | 3.95 |

| 要素 | 活性磷酸盐 | | | | 溶解态磷 | | | | 溶解态氮 | | | | 活性硅酸盐 | | | |
|---|---|---|---|---|---|---|---|---|---|---|---|---|---|---|---|---|
| 范围 | 4.57~91.26 | | | | 3.3~118.7 | | | | 254.4~1 206 | | | | 54.3~4 677 | | | |
| 航次 | 夏 | 冬 | 春 | 秋 | 夏 | 冬 | 春 | 秋 | 夏 | 冬 | 春 | 秋 | 夏 | 冬 | 春 | 秋 |
| 季节均值 | 19.76 | 24.69 | 28.96 | 36.10 | 24.81 | 29.64 | 31.54 | 39.24 | 696.3 | 378.9 | 740.1 | 470.1 | 1 414.8 | 180.5 | 546.0 | 561.1 |
| 表层 均值 | 20.38 | 25.34 | 29.51 | 35.92 | 27.75 | 30.15 | 32.30 | 39.20 | 730.4 | 400.4 | 757.7 | 519.8 | 1 961.2 | 204.4 | 551.7 | 613.6 |
| 表层 最大值 | 46.41 | 36.73 | 51.10 | 91.26 | 118.70 | 40.27 | 53.85 | 96.37 | 1 205.0 | 601.0 | 1 080.0 | 1 206.0 | 4 676.9 | 348.3 | 724.6 | 1 570.8 |
| 表层 最小值 | 4.57 | 16.50 | 23.27 | 21.59 | 3.36 | 21.75 | 27.05 | 23.80 | 360.9 | 272.5 | 421.8 | 213.8 | 285.3 | 63.0 | 371.0 | 385.3 |
| 底层 均值 | 19.40 | 23.81 | 28.15 | 36.35 | 21.36 | 28.94 | 30.42 | 39.28 | 658.6 | 349.5 | 720.0 | 402.4 | 768.1 | 147.9 | 542.0 | 489.6 |
| 底层 最大值 | 37.80 | 31.37 | 39.45 | 81.55 | 51.77 | 36.80 | 34.07 | 94.73 | 1 082.0 | 514.0 | 1 056.0 | 626.4 | 2 483.9 | 287.0 | 749.0 | 694.1 |
| 底层 最小值 | 6.55 | 14.55 | 23.00 | 23.46 | 4.32 | 23.30 | 26.42 | 25.12 | 389.9 | 254.4 | 444.4 | 223.9 | 252.3 | 54.3 | 407.4 | 193.5 |

注：均值为各站位浓度的算术平均值。

表 2.4 - 3　各季节海水中无机氮和非离子氨含量结果统计　　　　　单位：μg/L

| 要素 | 无机氮 | | | | 非离子氨 | | | |
|---|---|---|---|---|---|---|---|---|
| 范围 | 191.4 ~ 1 176.4 | | | | 0.082 ~ 6.837 | | | |
| 航次 | 夏 | 冬 | 春 | 秋 | 夏 | 冬 | 春 | 秋 |
| 季节均值 | 626.6 | 332.8 | 701.3 | 403.3 | 3.158 | 0.993 8 | 3.163 6 | 0.864 8 |
| 表层　均值 | 662.5 | 353.0 | 727.3 | 440.2 | 3.503 | 1.015 3 | 3.268 7 | 0.958 7 |
| 表层　最大值 | 1 176.4 | 585.5 | 1 045.1 | 1 086.3 | 6.837 | 2.675 | 4.754 1 | 4.077 1 |
| 表层　最小值 | 313.0 | 191.4 | 337.4 | 187.0 | 1.023 | 0.212 3 | 1.315 1 | 0.082 |
| 底层　均值 | 588.1 | 305.1 | 670.0 | 353.0 | 2.695 | 0.964 5 | 3.009 1 | 0.736 8 |
| 底层　最大值 | 763.6 | 518.9 | 904.5 | 597.7 | 4.491 | 2.689 3 | 4.430 7 | 1.752 5 |
| 底层　最小值 | 313.5 | 222.7 | 340.7 | 186.8 | 0.992 | 0.152 1 | 1.304 5 | 0.105 7 |

注：均值为各站位浓度的算术平均值。

表 2.4 - 4　各季节表层海水中重金属要素含量结果统计　　　　　单位：μg/L

| 要素 | 砷 | | | | 汞 | | | |
|---|---|---|---|---|---|---|---|---|
| 范围 | 0.803 ~ 2.404 | | | | 0.026 ~ 0.467 | | | |
| 航次 | 夏 | 冬 | 春 | 秋 | 夏 | 冬 | 春 | 秋 |
| 各季均值 | 1.673 | 1.464 | 0.903 | 2.060 | 0.101 | 0.077 | 0.098 | 0.193 |
| 最大值 | 1.950 | 2.404 | 1.007 | 2.326 | 0.184 | 0.234 | 0.209 | 0.467 |
| 最小值 | 1.240 | 0.803 | 0.844 | 1.794 | 0.053 | 0.026 | 0.035 | 0.096 |
| 要素 | 铜 | | | | 铅 | | | |
| 范围 | 0.813 ~ 3.761 | | | | 0.072 ~ 2.779 | | | |
| 航次 | 夏 | 冬 | 春 | 秋 | 夏 | 冬 | 春 | 秋 |
| 各季均值 | 2.435 | 1.637 | 2.694 | 1.782 | 0.160 | 0.567 | 0.242 | 0.381 |
| 最大值 | 3.761 | 3.821 | 3.360 | 3.556 | 0.312 | 2.779 | 0.337 | 0.501 |
| 最小值 | 1.781 | 0.813 | 1.967 | 1.101 | 0.072 | 0.098 | 0.104 | 0.240 |
| 要素 | 镉 | | | | 锌 | | | |
| 范围 | 0.008 ~ 0.104 | | | | 7.3 ~ 34.0 | | | |
| 航次 | 夏 | 冬 | 春 | 秋 | 夏 | 冬 | 春 | 秋 |
| 各季均值 | 0.097 | 0.021 | 0.010 7 | 0.081 4 | 26.3 | 39.7 | 56.0 | 54.9 |
| 最大值 | 0.105 | 0.032 | 0.014 | 0.096 3 | 21.8 | 30.7 | 33.0 | 34.0 |
| 最小值 | 0.085 | 0.018 | 0.008 | 0.064 4 | 7.3 | 8.3 | 23.7 | 19.2 |
| 要素 | 总铬 | | | | | | | |
| 范围 | 未检出 ~ 1.188 | | | | | | | |
| 航次 | 夏 | 冬 | 春 | 秋 | | | | |
| 各季均值 | 0.539 | 0.585 | 0.927 | 0.186 | | | | |
| 最大值 | 0.912 | 0.732 | 1.188 | 0.515 | | | | |
| 最小值 | 0.233 | 0.403 | 0.732 | 未检出 | | | | |

注：均值为各站位浓度的算术平均值。

表 2.4 – 5    各季节海水中有机污染要素含量结果统计

| 要素 | 总有机碳/（mg·L⁻¹） | | | | 石油类/（μg·L⁻¹） | | | |
|---|---|---|---|---|---|---|---|---|
| 范围 | 1.414 ~ 7.93 | | | | 5.024 ~ 92.44 | | | |
| 航次 | 夏 | 冬 | 春 | 秋 | 夏 | 冬 | 春 | 秋 |
| 季节均值 | 3.361 | 5.270 | 6.904 | 2.890 | | | | |
| 表层 均值 | 3.436 | 5.347 | 6.916 | 3.285 | 20.749 | 40.924 | 23.649 | 39.598 |
| 表层 最大值 | 5.872 | 5.938 | 7.639 | 4.784 | 32.02 | 85.71 | 92.44 | 72.75 |
| 表层 最小值 | 1.721 | 4.765 | 6.176 | 1.414 | 5.426 | 40.924 | 5.042 | 28.14 |
| 底层 均值 | 3.277 | 5.183 | 6.891 | 2.447 | | | | |
| 底层 最大值 | 5.141 | 5.373 | 7.930 | 2.963 | | | | |
| 底层 最小值 | 1.565 | 4.852 | 6.365 | 1.637 | | | | |

注：均值为各站位浓度的算术平均值。

### 2.4.1.2  海水化学要素的时空变化特征

1）常规要素的季节变化与垂直分布特征

（1）溶解氧（DO）

天津近海海水中溶解氧浓度夏季均值最小，冬季均值最大，各季温度变化主导了这种季节差异；另外，渤海海域冬季风力大于夏季造成海空交换剧烈溶入空气较多，也是造成这种季节差异的原因。

低温季节海水容易形成逆温结构，导致上下水层交换剧烈，表底层水体溶解氧含量接近，而高温季节上下水层交换不畅，同时底层光合作用微弱，海洋生物呼吸耗氧较表层更大，表层溶解氧明显大于底层。

（2）pH 值

夏季均值最小，冬季均值最大，由于温度与海水酸度的反变关系，各季温度变化与 pH 值这种季节差异相符。各季底层 pH 值都大于表层。天津近海水深很浅，静水压力对海水 pH 值的影响可以忽略，底层、表层 pH 值的差异也受温度的制约。

（3）悬浮物

夏季均值最小，冬季均值最大。低温季节海水容易形成逆温结构，导致水体垂直混合作用强，底层沉积物再悬浮剧烈，而高温季节上下水层交换不畅；同时，低温季节天津近海表层海水受西北季风影响明显，除夏季外表层海水悬浮物浓度大于底层水体中的浓度。

另外，悬浮物的测定结果受采样操作的影响较大。在浅水站位，由于调查船自身的扰动常常会造成测定结果偏大，如冬季航次在 TJ09 站位测到的 700.8 mg/L，秋季航次在 TJX – 3 站位测到的 579.1 mg/L 就属于这种情况；在进行底层水样采集时，采水器的扰动也会造成沉积物人为再悬浮，致使结果偏大，如夏季航次在 ZD – TJ088 站位调查时遭遇恶劣海况，采水器控制难度很大，测到底层水悬浮物浓度达 2 464.0 mg/L。以上两种情况，造成所得数据并

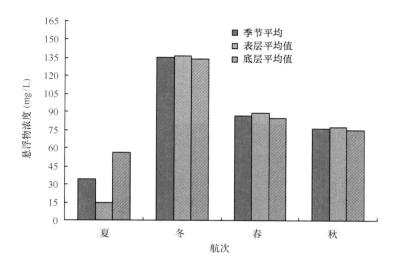

图 2.4 - 1　各航次海水悬浮物的浓度

未客观反映自然状态下海水中悬浮物的浓度。

2）营养盐要素的季节变化与垂直分布特征

（1）无机氮（DIN）

海水中无机氮含量大小依次为：春季、夏季、秋季、冬季。而且，各季均表现出表层大于深层的规律，见图 2.4 - 2。

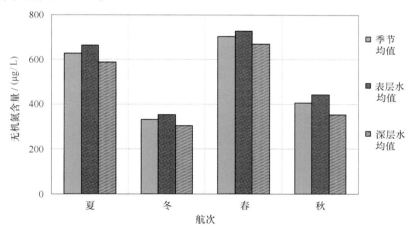

图 2.4 - 2　各航次海水无机氮含量

在无机氮的构成中，硝氮所占比例最多，71% ~ 85%；铵氮次之，9% ~ 25%；亚硝氮最少，3% ~ 20%，见图 2.4 - 3。

（2）溶解态氮（DN）与总氮（TN）

溶解态氮包括溶解态无机氮（DIN）和溶解态有机氮（DON）。溶解态氮与无机氮呈现了相同的季节变化和垂直分布特点。同时溶解态氮中，无机氮所占比例达到 85% ~ 95%，而有机氮只占 5% ~ 10%。

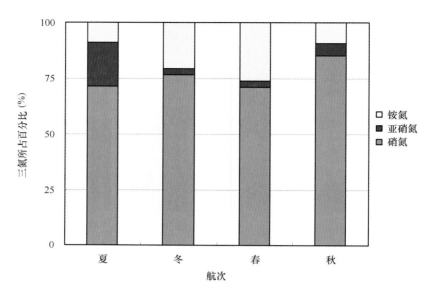

图 2.4 - 3 各航次海水无机氮的构成

（由航次平均值计算得到）

总氮包含溶解态氮（TDN）和颗粒态氮（PN）。总氮呈现与无机氮、溶解态氮相同的季节变化和垂直分布特点。同时，总氮中以溶解态氮为主，一般占 2/3。

（3）活性磷酸盐（DIP）、溶解态磷（DP）与总磷（TP）

活性磷酸盐与溶解无机磷（DIP）的含量相当。溶解态磷（DP）包括溶解态无机磷和溶解态有机磷（DOP）。而总磷则是溶解态磷（DP）和颗粒态磷（PP）的总和。

活性磷酸盐和溶解态磷呈现相同的垂直分布和季节变化特点。浓度均值具体表现为：表层水体中浓度大于深层水体中的浓度，季节变化从大到小依次呈现为夏季、冬季、春季、秋季（图 2.4 - 4），数据表明在本次调查期间（2006 年 7 月至 2007 年 10 月）天津近岸海域水体中的活性磷酸盐和溶解态磷含量呈现逐渐增加态势。溶解态磷中 80% 以上是活性磷酸盐。

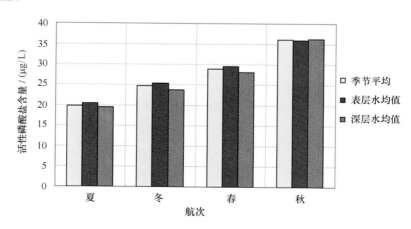

图 2.4 - 4 各航次海水活性磷酸盐平均含量

总磷的季节变化不同于活性磷酸盐和溶解态磷，冬季浓度最大，夏季最小。总磷中溶解态磷的比例占 45% ～67%。

（4）活性硅酸盐（DISi）

冬季海水中活性硅酸盐含量偏小，而夏季偏大。

### 3）有机污染要素的季节变化与垂直分布特征

有机污染相关要素包括石油类和总有机碳（TOC）两个指标。表层海水中石油类含量呈现冬季最大、夏季最小的变化态势。4 个季节石油类含量最大值只出现在两个南部海域站位（ZD - TJ097 和 TJX - 4），显示该海域存在一定程度的石油类污染。

总有机碳含量冬、春两季偏大，尤其是春季。4 个季节的表层水有机碳含量都大于底层水，见图 2.4 - 5。

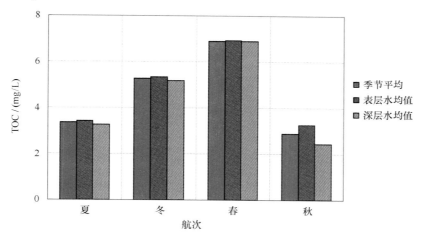

图 2.4 - 5　各航次海水中有机碳含量

### 4）重金属要素的季节变化与垂直分布特征

对重金属的调查只取表层水样，结果表明：7 种重金属的季节变化规律并不一致，铜、锌、总铬春季最高，砷、汞秋季最高，铅和镉分别在冬季和夏季最高。各重金属的最低值出现的季节分散，浓度的季节变化规律不尽相同。

### 5）各要素季节的水平分布特征

（1）常规要素的水平分布

溶解氧、悬浮物、总碱度和 pH 值基本呈现随离岸距离增加而减小的趋势。

（2）营养盐要素的水平分布

营养盐要素基本呈现近岸大于远岸的规律。活性磷酸盐、溶解态磷、硝氮、亚硝氮、溶解态氮、总氮、活性硅酸盐在北塘河口或歧口—马棚口附近海域存在明显的高值区。活性磷酸盐、溶解态磷在北塘河口海域四季存在的高值区最为明显。

（3）重金属要素的水平分布

重金属要素规律性不明显，高值点均分布在南部或北部海区。

（4）有机污染要素的水平分布

南部海区石油类浓度明显偏高。有机碳的高值区也出现于中南部海区。

### 2.4.1.3 海水环境质量分析与评价

1）评价方法

（1）单因子污染指数评价法

主要采用单因子污染指数评价法对水体是否受到某污染要素的污染及污染程度进行评价。除溶解氧和pH值之外的要素的单因子污染指数定义为：

$$P_i = C_i / S_i$$

式中：$P_i$——某要素$i$的单因子污染指数；

$C_i$——水样中要素$i$的实测值；

$S_i$——水样所在海区要素$i$的标准值，该标准值根据水样所在海区功能类别依据国标GB 3097—1997确定。

单因子污染指数表达水样中某一要素的实际浓度相对于标准值的大小，有时也称为超标倍数。

根据水样所在海区功能类别，依据国标GB 3097—1997判断溶解氧和pH值的超标情况，只区分超标和未超标。

（2）综合污染指数评价法

某一水体是否被污染，不能仅依据一个要素的单因子污染指数判断。影响水体环境质量的化学要素很多，水体环境质量是这些化学要素综合作用的结果。通常用综合污染指数反映众多化学要素作用下的水体是否受到污染及污染程度。在考察各个站位污染程度差异时，也采用综合污染指数进行分析。综合污染指数定义为：

$$\overline{P}_N = \frac{1}{N} \sum_{i=1}^{N} P_i$$

式中：$\overline{P}_N$——某水体的综合污染指数；

$P_i$——该水体中要素$i$的单因子污染指数；

$N$——该水体计入综合污染指数的要素总数。

显然，综合污染指数是水体所有参评要素单因子污染指数$P_i$的算术平均值。如果某站位多层采样检测，既会出现同一水层不同要素的多个$P_i$；也会出现同一要素在不同水层多次检测所得到的多个$P_i$。在用综合污染指数考察该站位污染程度时，该站位所有要素在所有水层的$P_i$的算术平均值即为该站位的$\overline{P}_N$。

（3）超标率

超标率用于衡量所采集样品中超标样品的多少。某要素的超标率可以表征调查海区该要素超标的普遍性，称为要素超标率；根据要素超标率的差异可以确定该海区的主要污染物；某站位的超标率则可以表征该站位不同要素超标的普遍性，称为站位超标率；根据站位超标率的差异可以比较不同站位污染物构成。超标率用下式计算：

$$EP_i = \frac{\sum n_i(C_i > S_i)}{n_i} \times 100\%$$

式中：$EP_i$——$i$ 要素的超标率；$n_i$——$i$ 要素样品采集个数；

$n_i(C_i > S_i)$——$i$ 要素监测值超过标准的样品个数；

$S_i$——$i$ 要素水质评价标准值。

2）评价标准

根据调查站位所处海洋功能区类不同，水质评价标准也不相同。

表 2.4 - 6　站位海区类别对应表

| 海区类别 | 一类 | 二类 | 三类 | 四类 |
|---|---|---|---|---|
| 站位 | ZD - TJ087、ZD - TJ088、ZD - TJ096、TJ01、TJ08、TJ10 TJX - 4 | TJ02 TJ09 | ZD - TJ097、TJ04 TJX - 1、TJX - 2、TJX - 3 | TJ05 |

水体环境的评价标准采用《中华人民共和国国家标准——海水水质标准》（GB 3097—1997）。

表 2.4 - 7　海水水质标准（GB 3097—1997）节录　单位：mg/L（pH 值除外）

| 项目 | 第一类 | 第二类 | 第三类 | 第四类 |
|---|---|---|---|---|
| 悬浮物质 | 人为增加的量 ≤10 | 人为增加的量 ≤10 | 人为增加的量 ≤100 | 人为增加的量 ≤150 |
| pH 值 | 7.8～8.5 | 7.8～8.5 | 6.8～8.8 | 6.8～8.8 |
| 溶解氧 > | 6 | 5 | 4 | 3 |
| 无机氮 ≤（以 N 计） | 0.20 | 0.30 | 0.40 | 0.50 |
| 非离子氨 ≤（以 N 计） | 0.020 | | | |
| 活性磷酸盐 ≤（以 P 计） | 0.015 | 0.030 | 0.030 | 0.045 |
| 铅 ≤ | 0.001 | 0.005 | 0.010 | 0.050 |
| 铜 ≤ | 0.005 | 0.010 | 0.050 | 0.050 |
| 汞 ≤ | 0.000 05 | 0.000 2 | 0.000 2 | 0.000 5 |
| 砷 ≤ | 0.020 | 0.030 | 0.050 | 0.050 |
| 锌 ≤ | 0.020 | 0.050 | 0.10 | 0.50 |
| 镉 ≤ | 0.001 | 0.005 | 0.01 | 0.01 |
| 总铬 ≤ | 0.05 | 0.10 | 0.20 | 0.50 |
| 石油类 ≤ | 0.05 | 0.05 | 0.30 | 0.50 |

3）评价结果

根据要素的样品超标率（要素超标的普遍性）确定了天津近海水体中的 5 种主要污染物；根据要素的单因子污染指数（又称超标倍数，或称超标程度）筛选出影响各站位水质首要、次要污染因子，进而确定了对各站位水质影响程度居前四位的污染物；并根据海水水质国家标准对各站位水质清洁程度进行了评价。

（1）天津近海主要污染物

表 2.4 - 8　常规要素的单因子污染指数

| 站位 | 水层 | 悬浮物 | | | | 无机氮 | | | |
|---|---|---|---|---|---|---|---|---|---|
| | | 夏 | 冬 | 春 | 秋 | 夏 | 冬 | 春 | 秋 |
| ZD - TJ088 | 表 | 0.650 | 11.93 | 16.21 | 8.375 | 3.118 | 1.323 | 2.072 | 1.406 |
| | 底 | 1.817 | 12.24 | 16.26 | 4.735 | 3.080 | 1.142 | 2.244 | 1.824 |
| ZD - TJ087 | 表 | 2.300 | 13.90 | 11.35 | 11.16 | 3.554 | 1.728 | 3.819 | 1.934 |
| | 底 | 2.800 | 15.31 | 9.449 | 10.71 | 3.607 | 1.738 | 1.704 | 1.615 |
| TJX - 1 | 表 | 0.203 | 1.605 | 1.620 | 5.261 | 1.578 | 0.885 | 0.844 | 0.874 |
| TJ09 | 表 | 0.475 | 70.08 | 9.781 | 13.67 | 3.533 | 1.531 | 2.767 | 1.647 |
| ZD - TJ096 | 表 | 1.171 | 11.00 | 1.417 | 16.05 | 1.621 | 1.204 | 5.183 | 1.753 |
| | 底 | 1.425 | 10.07 | 2.604 | 18.20 | 1.968 | 1.160 | 4.101 | 1.651 |
| ZD - TJ097 | 表 | 0.246 | 1.546 | 0.393 | 2.200 | 1.791 | 0.713 | 1.937 | 0.944 |
| | 底 | 0.074 | 0.996 | 0.359 | 1.780 | 2.688 | 0.657 | 2.051 | 0.903 |
| TJX - 3 | 表 | 0.112 | 0.653 | 1.045 | 5.791 | 2.295 | 1.289 | 2.613 | 2.716 |
| TJ01 | 表 | 4.615 | 2.690 | 7.569 | 10.76 | 5.882 | 2.928 | 2.939 | 4.221 |
| TJ08 | 表 | 0.083 | 8.540 | 8.092 | 3.529 | 1.565 | 0.957 | 3.880 | 0.935 |
| | 底 | 0.067 | 12.03 | 6.985 | 2.800 | 1.568 | 1.398 | 3.958 | 0.934 |
| TJX - 4 | 表 | 0.020 | 9.170 | 4.257 | 6.254 | 3.333 | 1.412 | 3.960 | 1.689 |
| | 底 | 0.220 | 11.78 | 3.108 | 7.127 | | 1.215 | 4.523 | 1.532 |
| TJX - 2 | 表 | 0.245 | 0.704 | 1.794 | 0.410 | 1.725 | 0.786 | 1.771 | 0.782 |
| | 底 | 0.005 | 0.770 | 1.739 | 0.459 | 1.451 | 0.746 | 1.546 | 0.734 |
| TJ02 | 表 | 0.650 | 24.18 | 19.29 | 7.463 | 2.488 | 1.518 | 2.338 | 1.773 |
| | 底 | 0.100 | 18.47 | 20.54 | 6.269 | 2.545 | 1.631 | 1.789 | 1.992 |
| TJ04 | 表 | 0.024 | 1.496 | 1.140 | 0.317 | 0.869 | 0.539 | 1.776 | 0.683 |
| | 底 | 0.136 | 2.118 | 0.973 | 0.624 | 1.002 | 0.557 | 1.789 | 0.743 |
| TJ05 | 表 | 0.143 | 1.496 | 0.258 | 0.216 | 1.111 | 1.029 | 1.529 | 1.105 |
| | 底 | 0.148 | 0.994 | 0.189 | 0.226 | 0.994 | 1.038 | 1.593 | 1.133 |
| TJ10 | 表 | 0.445 | 12.10 | 0.433 | 0.060 | 2.350 | 1.355 | 3.336 | 1.190 |
| | 中 | 0.409 | 13.87 | 0.233 | 1.240 | 2.376 | 1.174 | 3.287 | 1.279 |
| | 底 | 0.157 | | 1.617 | | 2.288 | | 2.884 | |
| ZD - TJ088 | 表 | 5.300 | | | | 3.255 | | | |
| | 底 | 56.40 | | | | 3.250 | | | |
| 超标率% | | 27.59 | 80.77 | 74.07 | 73.08 | 92.86 | 69.23 | 96.30 | 65.38 |

注：溶解氧和 pH 值不适于用单因子污染指数法评价，本节采用超标与否评价，超标者谓之"超"，未超标者谓之"未"；
其余因子均采用单因子污染指数评价。

表2.4-9 营养盐要素的单因子污染指数

| 站位 | 水层 | 活性磷酸盐 | | | | 非离子氨 | | | |
|---|---|---|---|---|---|---|---|---|---|
| | | 夏 | 冬 | 春 | 秋 | 夏 | 冬 | 春 | 秋 |
| ZD-TJ088 | 表 | 1.613 | 1.612 | 1.646 | 2.023 | 0.210 | 0.020 | 0.152 | 0.008 |
| | 底 | 2.072 | 1.468 | 1.837 | 1.847 | 0.216 | 0.011 | 0.151 | 0.007 |
| ZD-TJ087 | 表 | 3.094 | 1.840 | 2.045 | 3.457 | 0.070 | 0.011 | 0.125 | 0.008 |
| | 底 | 2.520 | 1.840 | 1.937 | 3.753 | 0.087 | 0.008 | 0.118 | 0.007 |
| TJX-1 | 表 | 0.466 | 0.920 | 0.923 | 1.775 | 0.070 | 0.014 | 0.110 | 0.021 |
| TJ09 | 表 | 1.269 | 1.224 | 1.703 | 3.042 | 0.216 | 0.038 | 0.234 | 0.011 |
| ZD-TJ096 | 表 | 0.666 | 1.100 | 1.733 | 1.439 | 0.100 | 0.027 | 0.180 | 0.004 |
| | 底 | 0.685 | 0.970 | 1.697 | 5.437 | 0.050 | 0.022 | 0.150 | 0.005 |
| ZD-TJ097 | 表 | 0.755 | 0.550 | 0.921 | 0.923 | 0.111 | 0.025 | 0.184 | 0.008 |
| | 底 | 1.120 | 0.559 | 0.939 | 1.164 | 0.079 | 0.013 | 0.190 | 0.007 |
| TJX-3 | 表 | 0.736 | 0.764 | 0.998 | 1.358 | 0.051 | 0.093 | 0.198 | 0.086 |
| TJ01 | 表 | 2.316 | 2.047 | 1.751 | 1.564 | 0.055 | 0.088 | 0.172 | 0.204 |
| TJ08 | 表 | 0.569 | 1.201 | 1.907 | 1.489 | 0.241 | 0.041 | 0.066 | 0.033 |
| | 底 | 0.700 | 1.201 | 1.781 | 1.564 | 0.127 | 0.037 | 0.065 | 0.031 |
| TJX-4 | 表 | 1.566 | 1.691 | 1.551 | 1.564 | 0.217 | 0.044 | 0.174 | 0.041 |
| | 底 | 1.717 | 1.746 | 1.533 | 1.621 | 0.123 | 0.045 | 0.163 | 0.049 |
| TJX-2 | 表 | 0.538 | 0.873 | 0.872 | 0.839 | 0.342 | 0.097 | 0.194 | 0.057 |
| | 底 | 0.491 | 1.046 | 0.881 | 0.791 | 0.109 | 0.095 | 0.181 | 0.046 |
| TJ02 | 表 | 0.152 | 1.000 | 0.845 | 1.065 | 0.288 | 0.134 | 0.162 | 0.071 |
| | 底 | 0.218 | 1.009 | 0.908 | 1.112 | 0.214 | 0.130 | 0.141 | 0.078 |
| TJ04 | 表 | 0.261 | 0.864 | 0.863 | 0.806 | 0.222 | 0.011 | 0.079 | 0.038 |
| | 底 | 0.317 | 0.832 | 0.913 | 0.815 | 0.121 | 0.011 | 0.087 | 0.041 |
| TJ05 | 表 | 0.184 | 0.697 | 0.871 | 1.062 | 0.261 | 0.103 | 0.238 | 0.086 |
| | 底 | 0.184 | 0.673 | 0.877 | 1.018 | 0.182 | 0.134 | 0.222 | 0.088 |
| TJ10 | 表 | 1.082 | 1.364 | 2.015 | 1.583 | 0.232 | 0.016 | 0.183 | 0.044 |
| | 中 | 0.949 | 1.327 | 1.979 | 1.621 | 0.159 | 0.026 | 0.164 | 0.048 |
| | 底 | 0.949 | | 1.943 | | 0.225 | | 0.189 | |
| ZD-TJ088 | 表 | 1.927 | | | | 0.116 | | | |
| | 底 | 2.031 | | | | 0.085 | | | |
| 样品超标率% | | 41.38 | 61.54 | 51.85 | 80.77 | 0 | 0 | 0 | 0 |

14项评价指标中，悬浮物、无机氮、活性磷酸盐、汞、锌5项指标各个季节都存在超标情况；冬季有2个样品的石油类出现超标情况，溶解氧和铅分别只有1个样品超标。

表 2.4 – 10　重金属要素和石油类的单因子污染指数

| 要素 | 砷 | | | | 汞 | | | | 总铬 | | | |
|---|---|---|---|---|---|---|---|---|---|---|---|---|
| 航次 | 夏 | 冬 | 春 | 秋 | 夏 | 冬 | 春 | 秋 | 夏 | 冬 | 春 | 秋 |
| ZD – TJ088 | 0.098 | 0.047 | 0.043 | 0.105 | 1.060 | 1.820 | 2.174 | 3.386 | 0.007 | 0.012 | 0.024 | 0.000 |
| ZD – TJ087 | 0.067 | 0.040 | 0.042 | 0.116 | 2.480 | 0.780 | 1.488 | 4.510 | 0.018 | 0.011 | 0.023 | 0.000 |
| ZD – TJ096 | 0.092 | 0.050 | 0.047 | 0.101 | 1.540 | 0.520 | 0.792 | 1.960 | 0.011 | 0.010 | 0.018 | 0.006 |
| ZD – TJ097 | 0.025 | 0.027 | 0.020 | 0.041 | 0.405 | 0.280 | 0.285 | 2.333 | 0.005 | 0.004 | 0.004 | 0.000 |
| TJ08 | 0.087 | 0.106 | 0.045 | 0.090 | 1.420 | 1.520 | 2.536 | 2.610 | 0.009 | 0.008 | 0.015 | 0.007 |
| TJX – 4 | 0.091 | 0.120 | 0.044 | 0.103 | 1.760 | 4.680 | 2.696 | 1.910 | 0.005 | 0.012 | 0.015 | 0.000 |
| TJ04 | 0.032 | 0.045 | 0.018 | 0.039 | 0.920 | 0.325 | 1.043 | 0.948 | 0.001 | 0.003 | 0.006 | 0.003 |
| TJ05 | 0.037 | 0.017 | 0.018 | 0.043 | 0.252 | 0.056 | 0.069 | 0.335 | 0.001 | 0.001 | 0.002 | 0.001 |
| 样品超标率% | 0 | 0 | 0 | 0 | 62.50 | 37.50 | 62.50 | 75.00 | 0 | 0 | 0 | 0 |

| 要素 | 铜 | | | | 铅 | | | | 镉 | | | |
|---|---|---|---|---|---|---|---|---|---|---|---|---|
| 航次 | 夏 | 冬 | 春 | 秋 | 夏 | 冬 | 春 | 秋 | 夏 | 冬 | 春 | 秋 |
| ZD – TJ088 | 0.462 | 0.548 | 0.492 | 0.248 | 0.312 | 0.206 | 0.265 | 0.365 | 0.105 | 0.024 | 0.014 | 0.084 |
| ZD – TJ087 | 0.430 | 0.764 | 0.584 | 0.363 | 0.100 | 2.779 | 0.166 | 0.501 | 0.098 | 0.019 | 0.011 | 0.092 |
| ZD – TJ096 | 0.494 | 0.180 | 0.571 | 0.711 | 0.194 | 0.120 | 0.234 | 0.240 | 0.085 | 0.018 | 0.009 | 0.092 |
| ZD – TJ097 | 0.075 | 0.022 | 0.063 | 0.053 | 0.014 | 0.015 | 0.027 | 0.041 | 0.009 | 0.002 | 0.001 | 0.010 |
| TJ08 | 0.576 | 0.271 | 0.393 | 0.242 | 0.204 | 0.273 | 0.264 | 0.365 | 0.103 | 0.020 | 0.013 | 0.071 |
| TJX – 4 | 0.441 | 0.252 | 0.528 | 0.220 | 0.072 | 0.098 | 0.296 | 0.360 | 0.096 | 0.018 | 0.008 | 0.080 |
| TJ04 | 0.036 | 0.022 | 0.067 | 0.027 | 0.013 | 0.021 | 0.034 | 0.042 | 0.009 | 0.002 | 0.001 | 0.007 |
| TJ05 | 0.038 | 0.016 | 0.044 | 0.027 | 0.003 | 0.014 | 0.002 | 0.008 | 0.010 | 0.003 | 0.001 | 0.006 |
| 样品超标率% | 0 | 0 | 0 | 0 | 0 | 12.5 | 0 | 0 | 0 | 0 | 0 | 0 |

| 要素 | 锌 | | | | 石油类 | | | | | | | |
|---|---|---|---|---|---|---|---|---|---|---|---|---|
| 航次 | 夏 | 冬 | 春 | 秋 | 夏 | 冬 | 春 | 秋 | | | | |
| ZD – TJ088 | 0.484 | 1.290 | 1.390 | 0.960 | 0.475 | 0.822 | — | 0.592 | | | | |
| ZD – TJ087 | 0.363 | 1.445 | 1.185 | 1.330 | 0.109 | 0.643 | 0.101 | 0.690 | | | | |
| ZD – TJ096 | 1.088 | 1.000 | 1.260 | 1.620 | 0.470 | 0.214 | 0.269 | 0.573 | | | | |
| ZD – TJ097 | 0.101 | 0.307 | 0.295 | 0.260 | 0.103 | 0.024 | 0.308 | 0.243 | | | | |
| TJ08 | 0.817 | 0.415 | 1.260 | 1.510 | 0.449 | 1.262 | 0.605 | 0.671 | | | | |
| TJX – 4 | 0.921 | 0.575 | 1.535 | 1.535 | 0.640 | 1.714 | 0.101 | 0.651 | | | | |
| TJ04 | 0.084 | 0.216 | 0.289 | 0.206 | 0.068 | 0.141 | 0.034 | 0.094 | | | | |
| TJ05 | 0.027 | 0.024 | 0.066 | 0.068 | 0.015 | 0.090 | 0.018 | 0.114 | | | | |
| 样品超标率% | 12.50 | 37.50 | 62.50 | 62.50 | 0 | 25 | 0 | 0 | | | | |

　　样品总超标率最大的是无机氮，为 81.31%；其次是悬浮物，为 62.96%；活性磷酸盐，为 60.19%；汞，为 59.38%；锌，为 43.75%。因此，就超标现象存在的普遍性而言，天津近岸海域水体的主要污染物为无机氮、悬浮颗粒物、活性磷酸盐、重金属汞和锌。

表 2.4-11 14 项评价指标样品超标率一览表

| 序号 | | 1 | 2 | 3 | 4 | 5 | 6 | 7 |
|---|---|---|---|---|---|---|---|---|
| 指标 | | 溶解氧 | pH 值 | 悬浮物 | 无机氮 | 非离子氨 | 活性磷酸盐 | 石油类 |
| 样品超标率% | 夏季 | 3.45 | 0 | 27.59 | 92.86 | 0 | 41.38 | 0 |
| | 冬季 | 0 | 0 | 80.77 | 69.23 | 0 | 61.54 | 25.00 |
| | 春季 | 0 | 0 | 74.07 | 96.30 | 0 | 55.56 | 0 |
| | 秋季 | 0 | 0 | 73.08 | 65.38 | 0 | 80.77 | 0 |
| | 平均 | 0.81 | 0 | 62.96 | 81.31 | 0 | 60.19 | 6.25 |
| 序号 | | 8 | 9 | 10 | 11 | 12 | 13 | 14 |
| 指标 | | 汞 | 砷 | 铜 | 铅 | 锌 | 镉 | 总铬 |
| 样品超标率% | 夏季 | 62.50 | 0 | 0 | 0 | 12.50 | 0 | 0 |
| | 冬季 | 37.50 | 0 | 0 | 12.50 | 37.50 | 0 | 0 |
| | 春季 | 62.50 | 0 | 0 | 0 | 62.50 | 0 | 0 |
| | 秋季 | 75.50 | 0 | 0 | 0 | 62.50 | 0 | 0 |
| | 平均 | 59.38 | 0 | 0 | 3.13 | 43.75 | 0 | 0 |

无机氮 2006 年和 2007 年，所得无机氮和活性磷酸盐的四季平均含量分别为 516.0 μg/L 和 27.38 μg/L，从样品超标率、平均含量和 $P_i$ 看，无机氮和活性磷酸盐仍然是天津近岸海域的主要污染物。

悬浮物 天津近岸海域水体悬浮物的超标程度较大，基本反映了该海域海水较为混浊的事实。造成海水悬浮物较大的原因有自然的原因也有人为的因素。天津沿岸海水潮汐类型为半日潮型，与全日潮型相比，海水涨落更频繁；与深海水体相比，浅水区水体受昼夜温度变化影响大，这种温度变化会促进水体垂直方向混合；更剧烈的水平和垂直运动会扰动水底沉积物，强化再悬浮过程，造成水体中悬浮颗粒物含量增加。与远海相比，近岸水体受陆源风沙、尘埃影响更大，加之此地低温季节盛行的西北季风及东北风风力强大会将大量的陆源沙尘带进海水。天津海岸属典型的低平粉沙淤泥质岸滩，岸滩和底质松软易浮，悬浮物源丰富。

重金属汞和锌 重金属要素调查只采集表层水样品，结果表明汞和锌超标较多。将 1998 年第二次全国海洋污染基线调查（天津市）与本调查的相近调查期比较发现：两次调查均值、最大值和最小值均呈现春季低于秋季的相同规律；但本次调查结果汞的平均浓度稍高于二级，显示汞污染有增加的趋向（表 2.4-12）。

表 2.4-12 本次调查汞含量与 1998 年值的比较

| 调查类别 | | 第二次污染基线调查（天津市） | | 本次调查 | |
|---|---|---|---|---|---|
| 调查时间 | | 1998.5（枯水期） | 1998.9（丰水期） | 2007.4（春季） | 2007.10（秋季） |
| 平均值 | μg/L | 0.0642 | 0.1652 | 0.098 | 0.1928 |
| 最大值 | μg/L | 0.1240 | 0.8850 | 0.209 | 0.4665 |
| 最小值 | μg/L | 0.0050 | 0.0310 | 0.035 | 0.0955 |
| 超标率 | % | 78 | 43 | 62.5 | 75.5 |
| 最大超标倍数 | | 2.5 | 17.7 | 4.2 * | 9.3 * |

注：* 超标倍数计算时使用与二基调查相同的标准值 0.05 μg/L。

溶解氧　本次调查中只有 1 个样品的溶解氧超标。根据现场调查的具体情况分析，该样品的溶解氧偏低是缘于采样时海况恶劣造成船体摆荡剧烈，调查员难以控制采样器的下降速度和深度，致使采样器对水底沉积物造成扰动，影响了样品中溶解氧的含量。

（2）站位水质超标程度

①站位水质超标程度评价方法

通过考察站位水质的超标程度评价该站位水质。表达站位水质的超标程度有两个指标：一是该站位各个参评调查要素的综合污染指数 $\overline{P}_N$，二是该站位样品超标率 $EP_i$。由于各个站位调查要素不尽相同，站位综合污染指数计算时参评调查要素种类数目也不相同，使存在这种差异的站位间可比性下降。

**表 2.4 – 13　各站位调查水层、调查要素数和参与评价的要素数对照表**

| 站位号 | | ZD – TJ087 | ZD – TJ088 | ZD – TJ096 | ZD – TJ097 | TJ04 | TJ05 | TJ08 | TJX – 4 | TJ01 | TJ02 | TJ09 | TJ10 | TJX – 1 | TJX – 2 | TJX – 3 |
|---|---|---|---|---|---|---|---|---|---|---|---|---|---|---|---|---|
| 调查水层 | 表层 | + | + | + | + | + | + | + | + | + | + | + | + | + | + | + |
| | 底层 | + | + | + | + | + | + | + | + | — | + | — | + | — | + | — |
| 常规要素 | 调查 | 4 | 4 | 4 | 4 | 4 | 4 | 4 | 4 | 4 | 4 | 4 | 4 | 4 | 4 | 4 |
| | 参评 | 3 | 3 | 3 | 3 | 3 | 3 | 3 | 3 | 3 | 3 | 3 | 3 | 3 | 3 | 3 |
| 营养盐要素 | 调查 | 9 | 9 | 9 | 9 | 9 | 9 | 9 | 9 | 7 | 7 | 7 | 7 | 7 | 7 | 9 |
| | 参评 | 3 | 3 | 3 | 3 | 3 | 3 | 3 | 3 | 3 | 3 | 3 | 3 | 3 | 3 | 3 |
| 重金属要素 | 调查 | 7 | 7 | 7 | 7 | 7 | 7 | 7 | 7 | | | | | | | |
| | 参评* | 7 | 7 | 7 | 7 | 7 | 7 | 7 | 7 | | | | | | | |
| 有机污染要素 | 调查 | 2 | 2 | 2 | 2 | 2 | 2 | 2 | 2 | | | | | | | 1 |
| | 参评* | 1 | 1 | 1 | 1 | 1 | 1 | 1 | 1 | — | — | — | — | — | — | 0 |
| 总计 | 调查 | 22 | 22 | 22 | 22 | 22 | 22 | 22 | 22 | 11 | 11 | 11 | 11 | 11 | 11 | 14 |
| | 参评 | 14 | 14 | 14 | 14 | 14 | 14 | 14 | 14 | 6 | 6 | 6 | 6 | 6 | 6 | 6 |

注：表中"＋"表示有调查任务，"—"表示无调查任务。

②各站位单因子污染指数图示

由于溶解氧和 pH 值不适于用单因子污染指数评价，所以图示中未包含这两项要素。事实上，根据海水水质标准，所有站位的溶解氧只出现 1 个样本超标（2006 年夏季航次在 ZD – TJ088 底层水样），而在所有站位 pH 值均未出现超标现象。

此处，仅在 15 个调查站位中列出分属于四类海洋功能区的 4 个站位的污染指数图示（图 2.4 – 6 至图 2.4 – 9），其他图示详见《天津近岸海域海水化学调查报告》（天津科技大学，2008）。

③站位水质超标程度评价结果的分析

根据站位所处的海区类别不同，选择不同的评价标准对站位水质进行的评价有其合理性，又有其局限性。

合理性在于：评价方法确定了各个站位水质能否为实现所在海区的功能提供水环境保障，即确定了各个站位的水质与所在海区水质要求符合与否。结果表明 15 个站位中，有 6 个站位完全满足所在海区功能的环境要求；有 3 个站位不满足所在海区功能的环境要求；如果忽略

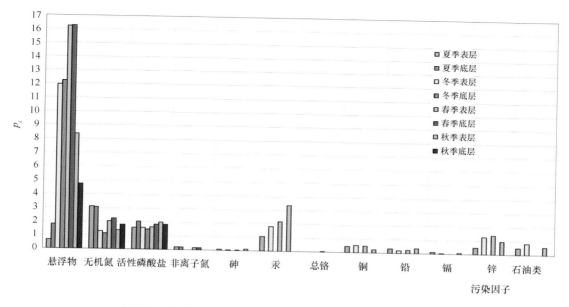

图 2.4 - 6　ZD - TJ088 站位（一类海区）各污染因子超标倍数

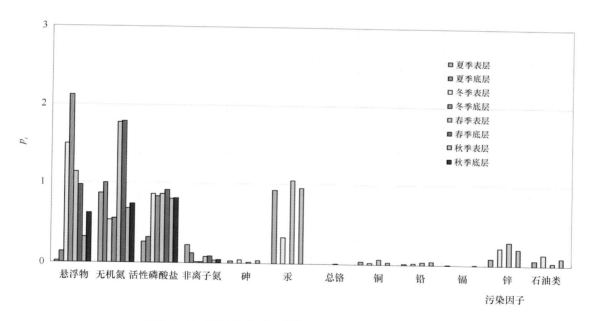

图 2.4 - 7　TJ04 站位（三类海区）各污染因子超标倍数

悬浮物因素，另外 6 个站位也能满足所在海区功能的环境要求。

局限性在于：评价方法未用统一的标准评价海水的环境质量，不能反映海水真实的洁净程度。有鉴于此，对各站位水质进行洁净程度的评价是有必要的。

（3）站位水质洁净程度

参考国家海洋局年度中国海洋环境质量公报的水质洁净等级划分方法，利用国标 GB 3097—1997 对海区类别的界定，将海水的洁净程度划分为 5 个等级（表 2.4 - 14）。

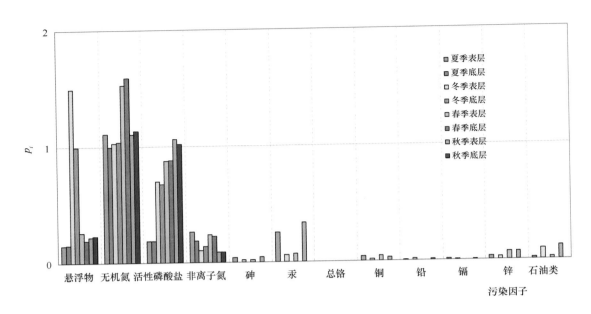

图 2.4 – 8    TJ05 站位（四类海区）各污染因子超标倍数

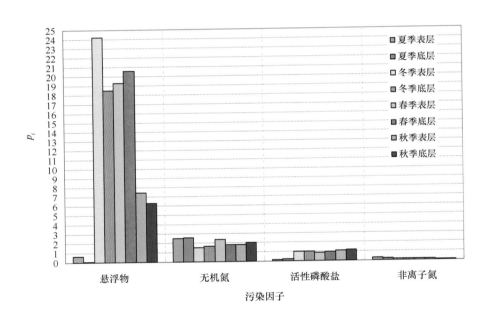

图 2.4 – 9    TJ02 站位（二类海区）各污染因子超标倍数

表 2.4 – 14    海水洁净程度等级划分对应表

| 洁净程度 | 清洁 | 较清洁 | 轻度污染 | 中度污染 | 严重污染 |
|---|---|---|---|---|---|
| 普通要素含量 $C$ | $C < C_1$ | $C_1 < C < C_2$ | $C_2 < C < C_3$ | $C_3 < C < C_4$ | $C > C_4$ |
| 溶解氧含量 $C$ | $C > C_1$ | $C_2 < C < C_1$ | $C_3 < C < C_2$ | $C_4 < C < C_3$ | $C < C_4$ |

注：pH 值和非离子氨参照该表，可划分成未污染、污染、严重污染 3 个等级。

①根据单一要素评价站位水质洁净程度

根据 14 个参评要素的检测结果，就单一要素影响下水体的清洁程度归纳如下：

a. pH 值、非离子氨、铜、砷、镉和总铬 6 个要素在各个季节各个站位均处于清洁或未污染水质。

b. 溶解氧和铅两个要素除有一样次属于较清洁水平外，其余均处于清洁水质。

c. 锌全部处于较清洁水质。

d. 石油类全部处于轻度污染水质。

e. 汞除有一样次属于中度污染外，其余均处于轻度污染水质。

f. 活性磷酸盐严重污染的水质频次近 8.7%，出现在 5 个站位；6 个站位出现中度污染水质，其余 4 个站位频次不同地出现轻度污染或较清洁水质；但也有 8 个站位的活性磷酸盐频次不同地出现了清洁水质。严重污染水质多出现在秋季，清洁水质多出现在夏季。

g. 悬浮物严重污染的水质频次近 38.5%，出现在 11 个站位，其余 4 个站位都出现中度污染水质。严重污染水质多出现在冬季；夏季是悬浮物污染最轻的季节，所有被检测样品都为轻度污染水平，超过 46% 处于较清洁水平。

h. 无机氮在所有站位都出现严重污染水质，出现频次近 47.6%。其中 TJ01、TJ05 和 TJX－3 站位所检测水样全部属于严重污染等级；清洁水质只在 TJ08 站位出现 3 个样次，是无机氮污染最轻的站位。春、夏季是无机氮污染最重的季节，严重污染频次分别达到 69% 和 64%；冬季较清洁水平的频次近 58%，是无机氮污染最轻的季节。

②单一要素否决法评价站位水质洁净程度

按照"水桶原理"若某站位某季水体只要有 1 个评价要素达到严重污染等级，就判定该季该站位水体被严重污染。依据该判定方法，整个调查海区 4 季没有清洁和较清洁水质站位；ZD－TJ087、TJ01、TJ02、TJ05、TJ09、TJX－1、TJX－3 7 个站位 4 个季节检测水质全部为劣四类；春季 15 个站位水质全部为劣四类；冬季劣四类水质站位比例最少；达到轻度污染站位最多的季节是秋季（表 2.4－15 和图 2.4－10）。

**表 2.4－15　各季站位水质清洁程度比较（之一）**

| 航次 | | 清洁 | 较清洁 | 轻度污染 | 中度污染 | 严重污染 |
|---|---|---|---|---|---|---|
| 夏季 | 站数 | 0 | 0 | 3 | 1 | 11 |
| | 站位 | 无 | 无 | ZD－TJ096、TJ04、TJ08 | TJ10 | ZD－TJ087、ZD－TJ088、ZD－TJ097、TJ01、TJ02、TJ05、TJ09、TJX－1、TJX－3、TJX－2、TJX－4 |
| 冬季 | 站数 | 0 | 0 | 1 | 6 | 8 |
| | 站位 | 无 | 无 | TJX－2 | ZD－TJ088、ZD－TJ096、ZD－TJ097、TJ08 TJ10、TJX－4 | ZD－TJ087、TJ01、TJ02、TJ04、TJ05、TJ09、TJX－1、TJX－3 |
| 春季 | 站数 | 0 | 0 | 0 | 0 | 15 |
| | 站位 | 无 | 无 | 无 | 无 | 全部 15 个站位 |

| 航次 | | 清洁 | 较清洁 | 轻度污染 | 中度污染 | 严重污染 | | |
|---|---|---|---|---|---|---|---|---|
| 秋季 | 站数 | 0 | 0 | 5 | 1 | 9 | | |
| | 站位 | 无 | 无 | TJ04、TJ08、TJ10、TJX－2、TJX－4 | ZD－TJ088 | ZD－TJ087、TJ05、TJ01、TJ02、TJ09、TJX－1、TJX－3、ZD－TJ096、ZD－TJ097 | | |

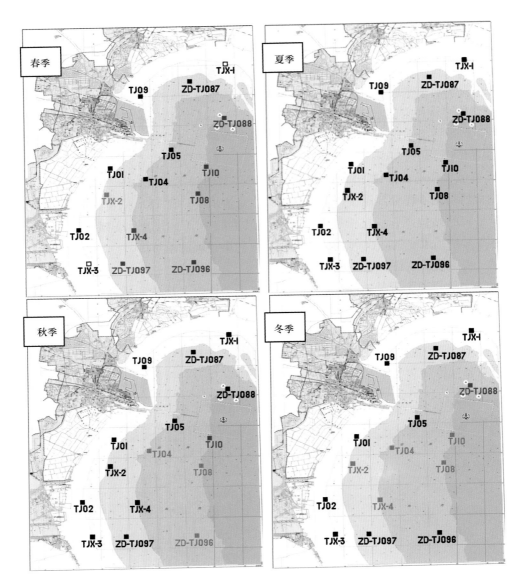

图 2.4－10　本次调查站位水质清洁程度比较

［黑色表示严重污染（即劣四类）、紫色表示中度污染、粉色表示轻度污染］

③根据所有要素综合评价站位水质洁净程度

本次调查的 15 个站位中，有 8 个站位参评要素有 14 个，另外 7 个站位参评要素为 6 个。

调查发现，7 个重金属要素和石油类的污染状况总体较低，所以，根据所有要素综合评价站位水质洁净程度时，以上两类站位分别讨论。

从表 2.4 - 16 可见，参评要素为 14 个的 8 个站位中，清洁和较清洁频次百分比合计最高的站位是 TJ08，合计 80.4%，TJX - 4 和 TJ04 也较高；中度与严重污染频次百分比合计最高的是 TJ05 站，合计 20.3%，ZD - TJ087 站和 ZD - TJ097 站也较高。

参评要素为 6 个的 7 个站位中，清洁和较清洁频次百分比合计最高的站位是 TJ10，合计 75.1%，TJX - 2 也较高；中度与严重污染频次百分比合计最高的是 TJ09，合计 41.6%，TJ01 也较高（表 2.4 - 17）。

综上所述，水质整体清洁程度最高的站位有：TJ08、TJX - 4、TJ04、TJ10 和 TJX - 2；这些站位都集中在调查海区的东南部海域。水质整体清洁程度最低的站位有：TJ05、ZD - TJ087、ZD - TJ097、TJ09 和 TJ01；这些站位分布在港口、浅水区和河口。

表 2.4 - 16　各站位不同清洁等级水质出现频次统计

| 清洁等级 | 清洁 | 较清洁 | 轻度污染 | 中度污染 | 严重污染 | 清洁 | 较清洁 | 轻度污染 | 中度污染 | 严重污染 | 清洁 | 较清洁 | 轻度污染 | 中度污染 | 严重污染 |
|---|---|---|---|---|---|---|---|---|---|---|---|---|---|---|---|
| 站位 | TJ08 | | | | | TJX - 4 | | | | | TJ01 | | | | |
| 溶解氧 | 8 | 0 | 0 | 0 | 0 | 8 | 0 | 0 | 0 | 0 | 4 | 0 | 0 | 0 | 0 |
| pH 值 | 8 | 0 | 0 | 0 | 0 | 8 | 0 | 0 | 0 | 0 | 4 | 0 | 0 | 0 | 0 |
| 悬浮物 | 1 | 1 | 5 | 1 | 0 | 1 | 1 | 5 | 1 | 0 | 0 | 0 | 3 | 1 | 0 |
| 无机氮 | 3 | 1 | 2 | 0 | 2 | 0 | 2 | 2 | 0 | 3 | 0 | 0 | 0 | 0 | 4 |
| 活性磷酸盐 | 2 | 3 | 3 | 0 | 0 | 0 | 4 | 4 | 0 | 0 | 0 | 1 | 1 | 2 | 0 |
| 非离子氨 | 8 | 0 | 0 | 0 | 0 | 8 | 0 | 0 | 0 | 0 | 4 | 0 | 0 | 0 | 0 |
| 铅 | 4 | 0 | 0 | 0 | 0 | 4 | 0 | 0 | 0 | 0 | | | | | |
| 铜 | 4 | 0 | 0 | 0 | 0 | 4 | 0 | 0 | 0 | 0 | | | | | |
| 汞 | 0 | 2 | 2 | 0 | 0 | 0 | 1.5 | 1.5 | 1 | 0 | | | | | |
| 砷 | 4 | 0 | 0 | 0 | 0 | 4 | 0 | 0 | 0 | 0 | | | | | |
| 锌 | 2 | 2 | 0 | 0 | 0 | 2 | 2 | 0 | 0 | 0 | | | | | |
| 镉 | 4 | 0 | 0 | 0 | 0 | 4 | 0 | 0 | 0 | 0 | | | | | |
| 总铬 | 4 | 0 | 0 | 0 | 0 | 4 | 0 | 0 | 0 | 0 | | | | | |
| 石油类 | 1.5 | 1.5 | 1 | 0 | 0 | 1.5 | 1.5 | 1 | 0 | 0 | | | | | |
| 总计 | 53.5 | 10.5 | 13 | 1 | 2 | 48.5 | 12 | 13.5 | 2 | 3 | 12 | 1 | 4 | 3 | 4 |
| 频次百分比 | 66.9 | 13.1 | 16.3 | 1.3 | 2.5 | 61.4 | 15.2 | 17.1 | 2.5 | 3.8 | 50.0 | 4.2 | 16.7 | 12.5 | 16.7 |
| 站位 | TJ02 | | | | | TJ09 | | | | | TJ10 | | | | |
| 溶解氧 | 8 | 0 | 0 | 0 | 0 | 4 | 0 | 0 | 0 | 0 | 8 | 0 | 0 | 0 | 0 |
| pH 值 | 8 | 0 | 0 | 0 | 0 | 4 | 0 | 0 | 0 | 0 | 8 | 0 | 0 | 0 | 0 |
| 悬浮物 | 1 | 1 | 2 | 0 | 4 | 0.5 | 0.5 | 1 | 1 | 1 | 2 | 2 | 2 | 2 | 0 |
| 无机氮 | 0 | 0 | 0 | 2 | 6 | 0 | 0 | 0 | 2 | 2 | 0 | 4 | 0 | 2 | 2 |
| 活性磷酸盐 | 2 | 1.5 | 1.5 | 3 | 0 | 0 | 0 | 0 | 2 | 2 | 1 | 3 | 3 | 0 | 0 |
| 非离子氨 | 8 | 0 | 0 | 0 | 0 | 4 | 0 | 0 | 0 | 0 | 8 | 0 | 0 | 0 | 0 |
| 总计 | 27 | 2.5 | 3.5 | 5 | 10 | 13 | 0.5 | 1 | 5 | 5 | 27 | 9 | 5 | 5 | 2 |
| 频次百分比 | 56.3 | 5.2 | 7.3 | 10.4 | 20.8 | 52.1 | 2.1 | 4.2 | 20.8 | 20.8 | 56.3 | 18.8 | 10.4 | 10.4 | 4.2 |

续表 2.4 - 16

| 清洁等级 | 清洁 | 较清洁 | 轻度污染 | 中度污染 | 严重污染 | 清洁 | 较清洁 | 轻度污染 | 中度污染 | 严重污染 | 清洁 | 较清洁 | 轻度污染 | 中度污染 | 严重污染 |
|---|---|---|---|---|---|---|---|---|---|---|---|---|---|---|---|
| 站位 | TJX - 1 | | | | | TJX - 2 | | | | | TJX - 3 | | | | |
| 溶解氧 | 4 | 0 | 0 | 0 | 0 | 8 | 0 | 0 | 0 | 0 | 4 | 0 | 0 | 0 | 0 |
| pH 值 | 4 | 0 | 0 | 0 | 0 | 8 | 0 | 0 | 0 | 0 | 4 | 0 | 0 | 0 | 0 |
| 悬浮物 | 0 | 0 | 1 | 0 | 3 | 0.5 | 0.5 | 5 | 0 | 2 | 0 | 0 | 2 | 1 | 1 |
| 无机氮 | 0 | 0 | 3 | 0 | 1 | 0 | 2 | 2 | 0 | 4 | 0 | 0 | 0 | 0 | 4 |
| 活性磷酸盐 | 1 | 1 | 1 | 0 | 1 | 1 | 3 | 3 | 1 | 0 | 0 | 1.5 | 1.5 | 1 | 0 |
| 非离子氨 | 4 | 0 | 0 | 0 | 0 | 8 | 0 | 0 | 0 | 0 | 4 | 0 | 0 | 0 | 0 |
| 总计 | 13 | 1 | 5 | 0 | 5 | 26 | 5.5 | 10 | 1 | 6 | 12 | 1.5 | 3.5 | 2 | 5 |
| 频次百分比 | 54.2 | 4.2 | 20.8 | 0.0 | 20.8 | 53.1 | 11.5 | 20.8 | 2.1 | 12.5 | 50.0 | 6.3 | 14.6 | 8.3 | 20.8 |

注：两种水质等级在水质标准中标准值相同的，共有的频次作等分处理；而在四类海水中非离子氨的标准均为 0.02 mg/L，本调查检测结果均远远低于此值，频次均统计为清洁等级。

### 表 2.4 - 17 站位清洁程度比较（之二）

| | 站位 | ZD - TJ087 | ZD - TJ088 | ZD - TJ096 | ZD - TJ097 | TJ04 | TJ05 | TJ08 | TJX - 4 |
|---|---|---|---|---|---|---|---|---|---|
| 参评要素为14个的站位 | 清洁与较清洁频次百分比合计/% | 69.4 | 76.0 | 77.5 | 71.9 | 79.4 | 70.0 | 80.0 | 76.6 |
| | 中度与严重污染频次百分比合计/% | 17.6 | 12.7 | 8.8 | 13.8 | 8.8 | 20.0 | 3.8 | 6.3 |
| | 清洁/污染百分比/% | 3.94 | 5.98 | 8.81 | 5.21 | 9.02 | 3.50 | 21.1 | 12.2 |
| | 清洁/污染百分比排序 | 7 | 5 | 4 | 6 | 3 | 8 | 1 | 2 |
| | 站位 | TJ01 | TJ02 | TJ09 | TJ10 | TJX - 1 | TJX - 2 | TJX - 3 | |
| 参评要素为6个的站位 | 清洁与较清洁频次百分比合计/% | 54.2 | 61.5 | 54.2 | 75.1 | 58.4 | 64.6 | 56.3 | |
| | 中度与严重污染频次百分比合计/% | 29.2 | 31.2 | 41.6 | 14.6 | 20.8 | 14.6 | 29.1 | |
| | 清洁/污染百分比/% | 1.856 | 1.971 | 1.303 | 5.144 | 2.808 | 4.425 | 1.935 | |
| | 清洁/污染百分比排序 | 6 | 4 | 7 | 1 | 3 | 2 | 5 | |

## 2.4.2  海洋沉积化学①

本节主要从沉积物质量角度分析了沉积物化学要素的分布情况及变化趋势。海洋沉积物是海洋多相生态系统的主要组成部分，是海洋环境污染物在广泛空间和长时间内的聚集处。沉积物中各类污染物与周围水溶液间复杂的界面反应过程，对水质状况具有决定性作用，沉积物的质量状况直接关系到水质的优劣。沉积物中蓄积的污染物主要有四大类：重金属、营养元素、有机污染物及难降解有机污染物。

"908 专项" 调查海洋沉积环境化学要素共计 17 项。根据污染物的性质，将该 17 项污染物分为五类，即重金属类（包括总汞、砷、铜、铅、锌、镉、总铬）、有机污染物类（石油类和有机质）、营养元素类（总氮和总磷）、难降解有机污染物类（有机氯农药、多氯联苯、多环芳烃）和其他类（氧化还原电位和硫化物）。

### 2.4.2.1  海洋沉积化学调查的数据结果简介

（1）各站位沉积物监测结果统计

2007 年开展了春季和秋季沉积化学调查，调查海域沉积物中各种环境化学要素测定结果的数理统计见表 2.4 – 18。

表 2.4 – 18  天津市近岸海域沉积物中各种环境化学要素测定结果的数据结果

| 项目 | 含量范围（$\times 10^{-6}$） | | 平均值（$\times 10^{-6}$） | | 最高值出现站位 | |
|---|---|---|---|---|---|---|
| | 春季 | 秋季 | 春季 | 秋季 | 春季 | 秋季 |
| 总汞 | 0.020 11 ~ 0.061 95 | 0.024 19 ~ 0.082 88 | 0.031 24 | 0.049 48 | TJ02 | TJ05 |
| 砷 | 14.76 ~ 21.56 | 18.15 ~ 40.67 | 18.14 | 30.03 | ZD – TJ096 | TJX – 4 |
| 镉 | 0.042 9 ~ 0.072 7 | 0.023 7 ~ 0.056 2 | 0.063 8 | 0.041 4 | ZD – TJ097 | ZD – TJ097 |
| 铅 | 6.356 ~ 8.824 | 3.759 ~ 7.491 | 8.158 4 | 5.866 | ZD – TJ096 | TJ08 |
| 锌 | 37.52 ~ 46.39 | 27.03 ~ 66.60 | 42.86 | 45.88 | ZD – TJ096 | TJ05 |
| 总铬 | 3.862 ~ 5.236 | 8.171 ~ 12.210 | 4.763 | 10.22 | TJ01 | TJ08 |
| 铜 | 12.542 ~ 19.464 | 11.09 ~ 20.68 | 17.11 | 15.61 | TJX – 4 | TJ08 |
| 总氮 | 372.2 ~ 594.1 | 487.8 ~ 690.8 | 526.3 | 588.1 | TJX – 4 | TJ08 |
| 总磷 | 355.3 ~ 490.9 | 153.5 ~ 213.3 | 396.1 | 178.1 | TJ05 | TJ01 |
| 有机质 | 0.769 9 ~ 1.030 8 | 0.805 1 ~ 1.181 | 0.921 6 | 1.046 | TJ05 | TJ05 |
| 石油 | 7.46 ~ 80.04 | 2.011 ~ 132.4 | 36.83 | 48.89 | TJ01 | TJ01 |
| 硫化物 | 9.48 ~ 39.56 | 15.74 ~ 155.7 | 21.90 | 52.82 | ZD – TJ097 | TJ08 |
| DDT | 0.000 846 ~ 0.004 724 | 0.000 324 ~ 0.001 114 | 0.002 438 | 0.000 557 2 | TJ02 | TJ02 |
| 六六六 | 未 | 未 ~ 0.005 303 | 未 | 0.003 015 | ○ | ZD – TJ096 |
| PAHs | 0.018 798 ~ 0.160 314 | 0.115 3 ~ 0.566 2 | 0.068 37 | 0.305 9 | TJ05 | ZD – TJ087 |
| PCBs | 未 ~ 0.019 35 | 未 | 0.003 869 | 未 | TJ01 | ○ |
| Eh | 53.7 ~ 225.9 | 116.1 ~ 227.4 | 155.8 | 162.9 | TJ01 | ZD – TJ087 |

---

① 国土资源部天津地质矿产研究所，天津市 "908 专项" 天津市海域地质地貌调查报告，2008。

续表 2.4－18

| 项目 | 含量范围（×10$^{-6}$） | | 平均值（×10$^{-6}$） | | 最高值出现站位 | |
|---|---|---|---|---|---|---|
| | 春季 | 秋季 | 春季 | 秋季 | 春季 | 秋季 |
| α－六六六 | 未 | 未～0.730 | 未 | 0.146 | ○ | ZD－TJ096 |
| β－六六六 | 未 | 未 | 未 | 未 | ○ | ○ |
| γ－六六六 | 未 | 未～2.817 | 未 | 1.716 | ○ | TJ01 |
| δ－六六六 | 未 | 未～2.428 | 未 | 1.153 | ○ | TJ02 |
| p$^{p'}$－DDE | 未～0.504 | 0.104～0.281 | 0.271 | 0.170 6 | TJ01 | TJ02 |
| o$^{p'}$－DDT p$^{p'}$－DDD | 0.846～1.655 | 0.176～0.362 | 1.114 | 0.243 2 | TJ05 | TJ02 |
| p$^{p'}$－DDT | 未～3.264 | 未～0.471 | 1.053 | 0.143 6 | TJ02 | TJ02 |
| PCB28 | 未 | 未 | 未 | 未 | ○ | ○ |
| PCB52 | 未 | 未 | 未 | 未 | ○ | ○ |
| PCB155 | 未～1.115 | 未 | 0.223 0 | 未 | TJ01 | ○ |
| PCB101 | 未 | 未 | 未 | 未 | ○ | ○ |
| PCB112 | 未 | 未 | 未 | 未 | ○ | ○ |
| PCB118 | 未～8.397 | 未 | 1.679 | 未 | TJ01 | ○ |
| PCB153 | 未～1.782 | 未 | 0.356 4 | 未 | TJ01 | ○ |
| PCB138 | 未～8.052 | 未 | 1.610 4 | 未 | TJ01 | ○ |
| PCB180 | 未 | 未 | 未 | 未 | ○ | ○ |
| PCB198 | 未 | 未 | 未 | 未 | ○ | ○ |
| 萘 | 7.991～69.708 | 未～63.20 | 31.703 4 | 21.942 4 | TJ05 | ZD－TJ087 |
| 芴 | 未～16.314 | 54.00～199.7 | 3.262 8 | 112.982 | TJ05 | ZD－TJ087 |
| 菲 | 4.059～70.225 | 54.35～263.4 | 30.276 8 | 145.112 | TJ05 | ZD－TJ087 |
| 蒽 | 未～4.067 | 未 | 0.813 4 | 未 | TJ05 | ○ |
| 荧蒽 | 未～2.998 | 未～26.74 | 0.599 6 | 12.034 8 | TJ02 | ZD－TJ096 |
| 芘 | 未～8.574 | 未～18.24 | 1.714 8 | 9.011 8 | TJ02 | ZD－TJ096 |
| 屈 | 未 | 未～2.700 | 未 | 1.574 4 | ○ | ZD－TJ087 |
| 苯并［a］蒽 | 未 | 未～4.382 | 未 | 1.250 6 | ○ | ZD－TJ096 |
| 苯并［a］芘 | 未 | 未 | 未 | 未 | ○ | ○ |
| 苯并［e］芘 | 未 | 1.570～3.935 | 未 | 2.521 | ○ | ZD－TJ096 |

注：1. 有机质含量单位为×10$^{-2}$，Eh 单位为 mV。

2. 最高值出现站位中的"○"表示没有检出站位。

3. 表中"未"表示未检出，"无"表示无监测任务。

（2）天津市近岸海域各类海区沉积物中污染物超标率统计

依据海洋沉积物质量标准（GB 18668—2002），并参照海水水质标准（GB 3097—1997）中超标率的计算方法，分别对五类污染物在 8 个沉积物调查站位中的超标率情况进行统计。

超标率：$EP_i = \dfrac{\sum n_i(C_i > C_{i0})}{n} \times 100\%$

式中：$EP_i$——$i$ 项目超标率；

$n_i$（$C_i > C_{i0}$）——$i$ 项目监测值超过标准的样品个数；

$n$——$i$ 项目样品个数；

$C_{i0}$——$i$ 项目沉积物评价标准值。

总氮、总磷及多环芳烃的 10 个单体采用《第二次全国海洋污染基线调查技术规程（第二分册）》提供的沉积物评价标准，其余项目均采用海洋沉积物质量标准（GB 18668—2002）中的第一类沉积物标准值。通过对 8 个站位 25 种污染物及单体的统计分析，结果表明：总汞、砷、铜、铅、锌、铬、镉、有机质、石油类、硫化物、滴滴涕在春、秋两季的检出率为100%；六六六春季检出率为 0，而秋季检出率为 80%；多氯联苯（PCBs）春季检出率为20%，秋季检出率为 0；多环芳烃（PAHs）10 个单体的监测中，春季萘、菲的检出率为100%，芴、蒽、荧蒽、芘的检出率均为 20%，屈、苯并［a］蒽、苯并［a］芘和苯并［e］芘的检出率均为 0，秋季芴、菲和苯并［e］芘的检出率为 100%，萘、荧蒽、芘、屈和苯并［a］蒽的检出率分别为 80%、80%、60%、60% 和 60%，蒽和苯并［a］芘的检出率均为 0。

调查海域沉积物中，超标污染物共 2 种，为砷和总氮。其中，砷在春、秋两季均有超标，超标率分别为 12.5% 和 87.5%，最大值超标倍数分别为 1.08 倍和 2.03 倍。总氮在春、秋两季中均有超标，超标率均为 62.5%，最大值超标倍数分别为 1.08 倍和 1.26 倍。沉积物中总汞、砷、铜、铅、锌、铬、镉、有机质、石油类、硫化物、滴滴涕、六六六、多氯联苯和多环芳烃等均符合一类海洋沉积物质量标准。

## 2.4.2.2 海洋沉积化学要素的时空变化特征

通过对春季和秋季沉积物中各种环境化学要素含量的空间分布分析，结果表明：

（1）重金属类污染物的分布特征

沉积物中总汞、铜、铅、锌、镉和总铬在调查区域的含量变化较小；砷的含量分布特征在春季和秋季中基本相同，分布呈现北低南高由西向东递增的趋势。最大值出现在东南部的ZD – TJ96 测站，最小值出现在最北部的 ZD – TJ87。

（2）有机污染物类的分布特征

有机质的含量分布均呈现南北两端低、中部高、由西向东递增的趋势，最小值均出现在最北部测站 ZD – TJ87。石油类物质含量最低值均出现在邻港产业区的填海造地区，即近岸的TJ02 测站，而最高值均出现在大港油气区东缘，独流减河口与马棚口间 0 m 等深线处的 TJ01测站。

（3）营养元素类的分布特征

通过对春季和秋季的沉积物调查，沉积物中总氮和总磷在调查区域的含量分布均匀，含量变化较小。

（4）难降解有机污染物类的分布特征

沉积物中有机氯农药（六六六和滴滴涕）、多氯联苯的含量在调查区域各站位间变化较小；多环芳烃春季呈现北部和岸边含量低、南部和中部含量高的特点；秋季呈现南北两端低、中部高的特点。多环芳烃的各个单体还呈现秋季沉积物中含量明显高于春季沉积物中含量的分布特征。

（5）其他类污染物的分布特征

春季和秋季的沉积物中硫化物含量在调查区域变化较小。

春季沉积物中氧化还原电位大于 200 mV、呈较强氧化环境的站位共计 2 个，占 25.0%；氧化还原电位在 100～200 mV、呈弱氧化环境的站位共计 4 个，占 50.0%；氧化还原电位在 0～100 mV、呈弱还原环境的站位共计 2 个，占 25.0%。

秋季沉积物中氧化还原电位大于 200 mV、呈较强氧化环境的站位共计 1 个，占 12.5%；氧化还原电位在 100～200 mV、呈弱氧化环境的站位共计 7 个，占 87.5%；没有出现氧化还原电位在 0～100 mV、呈弱还原环境的站位。

表 2.4－19　天津市近岸海域沉积物中各种环境化学要素的年度监测结果统计

| 项目 | 含量范围（$\times 10^{-6}$） | 平均值（$\times 10^{-6}$） | 标准值（$\times 10^{-6}$） |
|---|---|---|---|
| 总汞 | 0.020 11～0.082 88 | 0.040 36 | 0.20 |
| 砷 | 14.76～40.67 | 24.09 | 20.0 |
| 镉 | 0.023 7～0.072 7 | 0.052 6 | 0.50 |
| 铅 | 3.759～8.824 | 7.012 | 60.0 |
| 锌 | 27.03～66.60 | 44.37 | 150.0 |
| 总铬 | 3.862～12.210 | 7.492 | 80.0 |
| 铜 | 11.09～20.68 | 16.36 | 35.0 |
| 总氮 | 372.2～690.8 | 557.2 | 550.0 |
| 总磷 | 153.5～490.9 | 287.1 | 600.0 |
| 有机质 | 0.769 9～1.181 | 0.983 8 | 3.448 |
| 石油类 | 2.011～132.4 | 42.86 | 500.0 |
| 硫化物 | 9.48～155.7 | 37.36 | 300.0 |
| DDT | 0.000 324～0.004 7 | 0.001 498 | 0.020 |
| 六六六 | 未～0.005 303 | 0.001 507 | 0.50 |
| PAHs | 0.018 798～0.566 2 | 0.187 1 | 20.2 |
| 多氯联苯 | 未～0.019 35 | 0.001 935 | 0.020 |
| 氧化还原电位 | 53.7～227.4 | 159.4 | — |

注：1. 有机质含量单位为 $\times 10^{-2}$，氧化还原电位单位为 mV。"—"表示无标准值。

2. PAHs 为以下 10 个单体含量的总和：萘、芴、菲、蒽、荧蒽、芘、䓛、苯并［a］蒽、苯并［a］芘和苯并［e］芘。

3. 有机质的标准值 = 有机碳的标准值（2.0%）×1.724。

### 2.4.2.3　海洋沉积物质量评价

（1）评价方法与评价标准

沉积物的评价方法采用单因子污染指数评价法和污染物质量指数综合评价法；同时结合环境质量标准和海域功能区划的要求，综合评价各监测项目对沉积环境的影响范围和影响程度。

单因子污染指数公式：$P_i = \dfrac{C_i}{S}$

$P_i$——污染物 $i$ 的污染指数；

$C_i$——污染物 $i$ 的实测值；

$S_i$——污染物 $i$ 的标准值。

污染物综合质量指数：$p_{综合} = \sum\limits_{i=1}^{N} \dfrac{p_i}{N}$

式中：$p_{综合}$——污染物综合质量指数；

$\quad\quad p_i$——污染物 $i$ 的单因子污染指数；

$\quad\quad N$——评价的环境因子数。

评价指标：以单因子污染指数 1.0 作为该因子是否对环境产生污染的基本分界线。污染物污染程度分级见表 2.4 – 20，分类评价污染物见表 2.4 – 21。

表 2.4 – 20　污染物污染程度分级

| 质量指数范围 | ≤0.50 | 0.50 ~ 1.0 | 1.0 ~ 1.5 | 1.5 ~ 2.0 | >2.0 |
|---|---|---|---|---|---|
| 污染程度 | 清洁 | 影响 | 轻污染 | 中污染 | 重污染 |

表 2.4 – 21　参加沉积物分类评价的污染物及分类

| 污染物分类 | 重金属类 | 有机污染物类 | 营养盐类 | 难降解有机污染物类 | 其他类 |
|---|---|---|---|---|---|
| 污染物项目 | 总汞、砷、铜、铅、锌、镉、总铬 | 有机质油类 | 总氮、总磷 | 有机氯农药多氯联苯多环芳烃 | 硫化物 |

（2）单因子污染指数评价

通过对沉积物中各种环境化学要素的单因子污染指数的数据统计（表 2.4 – 22），得到如下结论：

——重金属污染：春季砷的单因子污染指数为 0.907，砷的污染程度属于影响级，其余重金属的单因子污染指数均小于 0.5，污染程度均为清洁；秋季只有砷的单因子污染指数大于 1.0，为 1.501 5，污染程度属于轻污染，其余重金属的单因子污染指数均小于 0.5，污染程度均为清洁。

表 2.4 – 22　天津市近岸海域沉积物中各种环境化学要素单因子污染指数统计

| 项目 | 春季污染指数 | 秋季污染指数 | 平均污染指数 | 评价标准 |
|---|---|---|---|---|
| 总汞 | 0.156 | 0.247 | 0.202 | $0.20 \times 10^{-6}$ |
| 砷 | 0.907 | 1.50 | 1.20 | $20.0 \times 10^{-6}$ |
| 镉 | 0.128 | 0.082 8 | 0.105 | $0.50 \times 10^{-6}$ |
| 铅 | 0.136 | 0.097 8 | 0.117 | $60.0 \times 10^{-6}$ |
| 锌 | 0.286 | 0.306 | 0.296 | $150.0 \times 10^{-6}$ |
| 总铬 | 0.059 5 | 0.128 | 0.093 7 | $80.0 \times 10^{-6}$ |
| 铜 | 0.489 | 0.446 | 0.468 | $35.0 \times 10^{-6}$ |
| 总氮 | 0.957 | 1.07 | 1.01 | $550.0 \times 10^{-6}$ |
| 总磷 | 0.660 | 0.297 | 0.479 | $600.0 \times 10^{-6}$ |
| 有机质 | 0.267 | 0.303 | 0.285 | 3.448% |
| 石油类 | 0.073 7 | 0.097 8 | 0.085 7 | $500.0 \times 10^{-6}$ |
| 硫化物 | 0.073 0 | 0.176 | 0.125 | $300.0 \times 10^{-6}$ |
| DDT | 0.122 | 0.027 9 | 0.074 9 | $0.020 \times 10^{-6}$ |

续表 2.4 – 22

| 项目 | 春季污染指数 | 秋季污染指数 | 平均污染指数 | 评价标准 |
|---|---|---|---|---|
| 六六六 | 未 | 0.006 03 | 0.003 02 | $0.50 \times 10^{-6}$ |
| 多氯联苯 | 0.194 | 未 | 0.096 8 | $0.020 \times 10^{-6}$ |
| 萘 | 0.032 0 | 0.022 2 | 0.027 1 | $0.99 \times 10^{-6}$ |
| 芴 | 0.014 2 | 0.491 | 0.253 | $0.23 \times 10^{-6}$ |
| 菲 | 0.030 3 | 0.145 | 0.087 7 | $1.00 \times 10^{-6}$ |
| 蒽 | 0.000 370 | 未 | 0.000 185 | $2.20 \times 10^{-6}$ |
| 荧蒽 | 0.000 375 | 0.007 52 | 0.003 95 | $1.60 \times 10^{-6}$ |
| 芘 | 0.000 172 | 0.000 901 | 0.000 536 | $10.0 \times 10^{-6}$ |
| 屈 | 未 | 0.001 43 | 0.000 716 | $1.10 \times 10^{-6}$ |
| 苯并［a］蒽 | 未 | 0.001 14 | 0.000 569 | $1.10 \times 10^{-6}$ |
| 苯并［a］芘 | 未 | 未 | 未 | $0.99 \times 10^{-6}$ |
| 苯并［e］芘 | 未 | 0.002 57 | 0.001 28 | $0.99 \times 10^{-6}$ |
| PAHs | 0.003 39 | 0.015 3 | 0.009 28 | $20.2 \times 10^{-6}$ |

注：表中"未"表示未检出，有机质标准值 = 有机碳标准值（2.0%）×1.724。

——营养盐污染：春季总氮和总磷的单因子污染指数分别为 0.956 9 和 0.660 2，污染程度均为影响级；秋季只有总氮的单因子污染指数大于 1.0，为 1.069 3，污染程度属于轻污染。

——有机污染物及硫化物：春、秋两季的调查结果中，有机质、石油类和硫化物含量都很低，均未超标，各项的单因子污染指数均小于 0.50，污染程度属于清洁。

——难降解有机污染物类：在春、秋两季各 5 个站位的调查中，所有沉积物中三类难降解有机污染物（滴滴涕、六六六、多氯联苯和多环芳烃）及多环芳烃中的 10 个单体（萘、芴、菲、蒽、荧蒽、芘、屈、苯并［a］蒽、苯并［a］芘和苯并［e］芘）含量都很低，均未超标，所有检出项目的单因子污染指数小于 0.50，污染程度属于清洁。

（3）污染物质量指数综合评价

结合环境质量标准和海域功能区划的要求，采用污染物质量指数综合评价法，综合评价各监测项目对沉积环境的影响范围和影响程度。

依据海洋沉积物质量标准（GB 18668—2002）的规定，按照海域的不同使用功能和环境保护目标，海洋沉积物质量分为三类（表2.4 – 23）。

表 2.4 – 23　海洋沉积物质量标准（GB 18668—2002）

| 序号 | 项目 | 指标 | | |
|---|---|---|---|---|
| | | 第一类 | 第二类 | 第三类 |
| 1 | 总汞（$\times 10^{-6}$） | 0.2 | 0.5 | 1.0 |
| 2 | 砷（$\times 10^{-6}$） | 20.0 | 65.0 | 93.0 |
| 3 | 镉（$\times 10^{-6}$） | 0.5 | 1.5 | 5.0 |
| 4 | 铅（$\times 10^{-6}$） | 60.0 | 130.0 | 250.0 |
| 5 | 锌（$\times 10^{-6}$） | 150.0 | 350.0 | 600.0 |

| 序号 | 项目 | 指标 | | |
|---|---|---|---|---|
| | | 第一类 | 第二类 | 第三类 |
| 6 | 铬（$\times 10^{-6}$） | 80.0 | 150.0 | 270.0 |
| 7 | 铜（$\times 10^{-6}$） | 35.0 | 100.0 | 200.0 |
| 8 | 总氮（$\times 10^{-6}$） | 550.0 | — | — |
| 9 | 总磷（$\times 10^{-6}$） | 600.0 | — | — |
| 10 | 有机碳（$\times 10^{-2}$） | 2.0 | 3.0 | 4.0 |
| 11 | 石油（$\times 10^{-6}$） | 500.0 | 1 000.0 | 1 500.0 |
| 12 | 硫化物（$\times 10^{-6}$） | 300.0 | 500.0 | 600.0 |
| 13 | DDT（$\times 10^{-6}$） | 0.02 | 0.05 | 1.0 |
| 14 | 六六六（$\times 10^{-6}$） | 0.50 | 1.00 | 1.50 |
| 15 | 多氯联苯（$\times 10^{-6}$） | 0.02 | 0.20 | 0.60 |
| 16 | 萘（$\times 10^{-6}$） | 0.99 | — | — |
| 17 | 苊（$\times 10^{-6}$） | 0.23 | — | — |
| 18 | 菲（$\times 10^{-6}$） | 1.00 | — | — |
| 19 | 蒽（$\times 10^{-6}$） | 2.20 | — | — |
| 20 | 荧蒽（$\times 10^{-6}$） | 1.60 | — | — |
| 21 | 芘（$\times 10^{-6}$） | 10.00 | — | — |
| 22 | 屈（$\times 10^{-6}$） | 1.10 | — | — |
| 23 | 苯并［a］蒽（$\times 10^{-6}$） | 1.10 | — | — |
| 24 | 苯并［a］芘（$\times 10^{-6}$） | 0.99 | — | — |
| 25 | 苯并［e］芘（$\times 10^{-6}$） | 0.99 | — | — |

注：1. 表中"—"表示目前暂无标准值。

2. 总氮、总磷及多环芳烃的 10 个单体采用《第二次全国海洋污染基线调查技术规程（第二分册）》提供的沉积物评价标准。

表 2.4 – 24　天津海域海洋沉积化学调查站位分类汇总一览表

| 海区分类 | 一类海区 | 二类海区 | 三类海区 |
|---|---|---|---|
| 调查站位 | ZD – TJ087、ZD – TJ096 TJ01、TJ08 TJX – 4 | TJ02 | ZD – TJ097 TJ05 |

表 2.4 – 25　天津市近岸海域各类海区沉积物综合评价结果

| 海区 | 一类海区 | 二类海区 | 三类海区 |
|---|---|---|---|
| 综合质量指数 | 0.228 | 0.081 6 | 0.060 7 |
| 污染程度 | 清洁 | 清洁 | 清洁 |

表2.4–26　天津市近岸海域各类海区沉积物污染物与相应标准符合程度评价

| 污染指标 | 总汞 | 砷 | 镉 | 铅 | 锌 | 铬 | 铜 | 有机质 | 石油类 | 硫化物 | 六六六 | 滴滴涕 | 多环芳烃 | 多氯联苯 | 总氮 | 总磷 |
|---|---|---|---|---|---|---|---|---|---|---|---|---|---|---|---|---|
| 一类海区 | I | II | I | I | I | I | I | I | I | I | I | I | I | I | II | I |
| 二类海区 | I | II | I | I | I | I | I | I | I | I | I | I | I | I | II | I |
| 三类海区 | I | II | I | I | I | I | I | I | I | I | I | I | I | I | I | I |

通过上述对天津市近岸海域各类海区沉积物污染物质量指数综合评价，结果表明：

——各类海区沉积物的综合污染物质量指数均小于0.5，属清洁水平。

——春季的8个调查站位中，ZD–TJ096测站的砷超过一类沉积物质量标准，符合二类沉积物质量标准，其余7个站位的砷均符合一类沉积物质量标准，超标率为12.5%；ZD–TJ087、ZD–TJ096、ZD–TJ097、TJX–4和TJ02 5个测站的总氮超过一类沉积物质量标准，其余3个站位的总氮均符合一类沉积物质量标准，超标率为62.5%。春季总汞、砷、铜、铅、锌、镉、总铬、有机质、硫化物、总磷、有机氯农药、多氯联苯、多环芳烃、氧化还原电位和石油类物质等调查项目均未超标，均符合一类沉积物质量标准。

——秋季的8个调查站位中，ZD–TJ096、ZD–TJ097、TJ01、TJ08、TJX–4、TJ02和TJ05 7个站位的砷超过一类沉积物质量标准，符合二类沉积物质量标准，只有ZD–TJ087一个测站的砷符合一类沉积物质量标准，超标率为87.5%；ZD–TJ096、TJ08、TJX–4、TJ02和TJ05 5个测站的总氮超过一类沉积物质量标准，其余3个站位的总氮均符合一类沉积物质量标准，超标率为62.5%。秋季总汞、砷、铜、铅、锌、镉、总铬、有机质、硫化物、总磷、有机氯农药、多氯联苯、多环芳烃、氧化还原电位和石油类物质等调查项目均未超标，均符合一类沉积物质量标准。

——从海洋沉积物中难降解有机物的调查结果看：目前天津市近岸海域各类海区沉积物中难降解有机物（六六六、滴滴涕、多氯联苯、萘、芴、菲、蒽、荧蒽、芘、屈、苯并［a］蒽、苯并［a］芘和苯并［e］芘）的含量都很低，均未超标。因此，沉积物还未受到难降解有机物污染。但部分单体的检出率很高，特别是秋季的检出率明显高于春季。

### 2.4.2.4　沉积物中主要污染物污染发展趋势分析

为了更加客观、科学地分析天津海域沉积物污染状况，充分反映海洋污染变化趋势，引用1983年"全国海岸带和海涂资源综合调查"中的天津市海岸带海区底质中各种物质含量检测结果以及1998年"第二次全国海洋污染基线调查（天津市）报告"中的相关数据，作为分析的背景资料。

通过对天津海域沉积物中重金属类、有机污染物类和硫化物及难降解有机污染物类的年际变化趋势分析，结果表明：

——沉积物中重金属污染总体趋势趋缓。从历史数据的结果比较来看，只有砷含量表现为本次调查结果高于1998年调查结果，并且超出了一类沉积物标准值。其余各项重金属含量均呈现保持或降低的趋势。

——沉积物中有机质、石油类和硫化物含量变化为降低趋势。特别是沉积物中石油类物质含量降低明显。

——沉积物中难降解有机污染物类的年际变化趋势为，六六六含量明显降低，滴滴涕和多氯联苯含量变化不大，多环芳烃含量尽管远远低于沉积物标准值，但从历史数据的比较结果看，出现明显增加的趋势。

## 2.4.3 海洋生物质量[①]

### 2.4.3.1 海洋生物质量调查的数据结果简介

2007 年春季在 5 个采样点共采集海洋经济生物 7 种，分别为四角蛤蜊、泥螺、长蛸、红螺、牡蛎、口虾蛄、蓝点马鲛；秋季在 5 个采样点共采集海洋经济生物 11 种，分别为四角蛤蜊、毛蚶、广大扁玉螺、长蛸、红螺、牡蛎、口虾蛄、日本鲟、矛尾复鰕虎鱼、鲈鱼、红狼牙鰕虎鱼，其中 TJ02、TJ05 站位均采到矛尾复鰕虎鱼（表 2.4 – 27）。海洋生物污染物残留量水平，其中铅、镉、汞、砷、铜、铬、锌、石油类残留量单位均为湿重（$\times 10^{-6}$），难降解有机物残留量均为湿重（$\times 10^{-9}$）。

表 2.4 – 27　海洋生物质量采样记录

| 样品编号 | 采样地点 | 样品种名 | 采样时间 | 个体重 /g | 壳高 /mm | 体长 /mm | 渔获物总量/kg | 备注 |
|---|---|---|---|---|---|---|---|---|
| C – 01 | ZD – TJ087 | 口虾蛄（Oratosquilla oratoria） | 5.9 | 30.5 | — | 113.5 | 6.15 | |
| C – 02 | ZD – TJ087 | 牡蛎（Saccostrea cucullata） | 5.9 | 45.6 | 25 | — | 15 | |
| C – 03 | ZD – TJ087 | 红螺（Rapana venosa） | 5.9 | 5.0 ~57.8 | 18 ~45 | — | 5 | |
| C – 04 | TJ05 | 长蛸（Octopus variabilis） | 5.29 | 11.0 ~16.0 | 30 ~35 | — | 3.6 | |
| C – 05 | ZD – TJ096 | 蓝点马鲛（Scomberomorus niphonius） | 5.23 | 667 | — | 350 | 16 | 天津市水产研究所代采 |
| C – 06 | TJ02 | 四角蛤蜊（Mactra quadrangularis） | 5.30 | 9.03 | 1.93 | — | 2 | |
| C – 07 | TJ01 | 泥螺（Bullacta exarata） | 5.30 | 9.4 ~11.8 | 18 ~20 | — | 1.5 | |
| TJ01 – 1 | TJ01 | 四角蛤蜊（Mactra quadrangularis） | 11.5 | 9.3 | 2.81 | — | | |
| TJ01 – 2 | TJ01 | 广大扁玉螺（Neverita didyma） | 11.5 | 4.5 | 2.27 | — | | |
| TJ02 – 1 | TJ02 | 矛尾复鰕虎鱼（Synechogobius hasta） | 11.5 | 156 | — | 32 | 3 | |
| TJ05 – 1 | TJ05 | 红螺（Rapana venosa） | 11.5 | 76.8 | 68.10 | — | 4 | |
| TJ05 – 2 | TJ05 | 日本鲟（Charybdis japonica） | 11.5 | 123.1 | 59.5（壳宽） | — | 4 | |
| TJ05 – 3 | TJ05 | 矛尾复鰕虎鱼（Synechogobius hasta） | 11.5 | 153.8 | | 31.7 | 3 | |
| 087 – 1 | ZD – TJ087 | 毛蚶（Scapharca subcrenata） | 11.6 | 22.5 | 34.6 | | 5 | |

---

① 天津科技大学，天津市"908 专项"天津市近岸海域海水化学调查报告，2008。

| 样品编号 | 采样地点 | 样品种名 | 采样时间 | 个体重/g | 壳高/mm) | 体长/mm | 渔获物总量/kg | 备注 |
|---|---|---|---|---|---|---|---|---|
| 087 – 2 | ZD – TJ087 | 红狼牙鰕虎鱼（Odontamblyopus rubicundus） | 11.6 | 44 | — | 30.8 | 1.5 | |
| 087 – 3 | ZD – TJ087 | 牡蛎（Saccostrea cucullata） | 11.6 | 48 | 27 | — | 15 | |
| 087 – 4 | ZD – TJ087 | 长蛸（Octopus variabilis） | 11.6 | 144.4 | | — | 3 | |
| TJ096 – 1 | ZD – TJ096 | 鲈鱼（Lateolabrax japonicus） | 11.5 | 361.9 | | 299.2 | 2 | |
| TJ096 – 2 | ZD – TJ096 | 口虾蛄（Oratosquilla oratoria） | 11.5 | 34.5 | | 143.5 | 13 | |

注：贝类、蟹测体重、壳高，鱼、虾类测体重、体长，长蛸测体重、酮体长。

调查海区所有生物样品均检测出铅、镉、汞、砷、铜、锌、铬、石油类、六六六、滴滴涕、多氯联苯、多环芳烃，由于不同种类生物的生活习性不同，其体内所累积的污染物残留量也大不相同。

（1）春季调查结果及分析

重金属类：

铅（Pb）

长蛸含量为 $0.301\ 8 \times 10^{-6}$、红螺含量为 $0.049\ 1 \times 10^{-6}$、口虾蛄含量为 $0.121\ 4 \times 10^{-6}$、牡蛎含量为 $0.049\ 8 \times 10^{-6}$、四角蛤蜊含量为 $0.576\ 4 \times 10^{-6}$、泥螺含量为 $0.035\ 9 \times 10^{-6}$、蓝点马鲛含量为 $0.370\ 5 \times 10^{-6}$。生物体内铅最大残留量是四角蛤蜊，其次是蓝点马鲛和长蛸，最小残留量是脉红螺。

铜（Cu）

长蛸含量为 $46.72 \times 10^{-6}$、红螺含量为 $36.91 \times 10^{-6}$、口虾蛄含量为 $48.36 \times 10^{-6}$、牡蛎含量为 $89.05 \times 10^{-6}$、四角蛤蜊含量为 $8.040 \times 10^{-6}$、泥螺含量为 $22.97 \times 10^{-6}$、蓝点马鲛含量为 $11.77 \times 10^{-6}$。生物体内铜最大残留量是牡蛎，其次是口虾蛄和长蛸，最小残留量是四角蛤蜊。

锌（Zn）

长蛸含量为 $22.73 \times 10^{-6}$、红螺含量为 $74.00 \times 10^{-6}$、口虾蛄含量为 $7.283 \times 10^{-6}$、牡蛎含量为 $71.38 \times 10^{-6}$、四角蛤蜊含量为 $2.291 \times 10^{-6}$、泥螺含量为 $3.242 \times 10^{-6}$、蓝点马鲛含量未检出。生物体内锌最大残留量是红螺，其次是牡蛎，最小残留量是四角蛤蜊。

总铬（Cr）

长蛸含量为 $0.679\ 9 \times 10^{-6}$、红螺含量为 $0.561\ 4 \times 10^{-6}$、口虾蛄含量为 $0.544\ 3 \times 10^{-6}$、牡蛎含量为 $0.645\ 3 \times 10^{-6}$、四角蛤蜊含量为 $1.654 \times 10^{-6}$、泥螺含量为 $0.875\ 4 \times 10^{-6}$、蓝点马鲛含量为 $1.797 \times 10^{-6}$。生物体内总铬最大残留量是蓝点马鲛，其次是四角蛤蜊，最小残留量是红螺和口虾蛄。

总汞（Hg）

长蛸含量为 $0.004\ 0 \times 10^{-6}$、红螺含量为 $0.010\ 2 \times 10^{-6}$、口虾蛄含量为 $0.005\ 7 \times 10^{-6}$、

牡蛎含量为 $0.001\ 7 \times 10^{-6}$、四角蛤蜊未检出、泥螺含量为 $0.001\ 3 \times 10^{-6}$、蓝点马鲛含量为 $0.011\ 7 \times 10^{-6}$。生物体内汞最大残留量是蓝点马鲛，其次是红螺，最小残留量是四角蛤蜊。

砷（As）

长蛸含量为 $0.010\ 8 \times 10^{-6}$、红螺含量为 $0.094\ 4 \times 10^{-6}$、口虾蛄含量为 $0.029\ 9 \times 10^{-6}$、牡蛎含量为 $0.050\ 3 \times 10^{-6}$、四角蛤蜊含量为 $0.140\ 3 \times 10^{-6}$、泥螺含量为 $0.077\ 5 \times 10^{-6}$、蓝点马鲛未检出。生物体内砷最大残留量是四角蛤蜊，其次是红螺和泥螺，最小残留量是蓝点马鲛。

镉（Cd）

长蛸含量 $1.623 \times 10^{-6}$、红螺含量为 $3.289 \times 10^{-6}$、口虾蛄含量为 $2.815 \times 10^{-6}$、牡蛎含量为 $1.466 \times 10^{-6}$、四角蛤蜊含量为 $0.290\ 8 \times 10^{-6}$、泥螺含量为 $0.115\ 3 \times 10^{-6}$、蓝点马鲛含量为 $0.231\ 1 \times 10^{-6}$。生物体内镉最大残留量是红螺，其次是口虾蛄，最小残留量是泥螺。

石油类

长蛸含量为 $3.419 \times 10^{-6}$、红螺含量为 $4.298 \times 10^{-6}$、口虾蛄含量为 $2.040 \times 10^{-6}$、牡蛎含量为 $3.881 \times 10^{-6}$、四角蛤蜊 $4.720 \times 10^{-6}$、泥螺含量为 $1.010 \times 10^{-6}$、蓝点马鲛含量为 $0.999\ 7 \times 10^{-6}$。生物体内石油类最大残留量是四角蛤蜊，其次是红螺、牡蛎，最小残留量是蓝点马鲛和泥螺。

六六六（666）

长蛸含量为 $12.73 \times 10^{-6}$、脉红螺含量为 $4.570 \times 10^{-6}$、口虾蛄含量为 $1.748 \times 10^{-6}$、牡蛎含量为 $1.683 \times 10^{-6}$、四角蛤蜊含量为 $3.196 \times 10^{-6}$、泥螺含量为 $7.562 \times 10^{-6}$、蓝点马鲛含量为 $4.242 \times 10^{-6}$。生物体内六六六最大残留量是长蛸，其次是泥螺，最小残留量是口虾蛄。

滴滴涕（DDT）

红螺含量为 $11.17 \times 10^{-9}$、口虾蛄含量为 $3.699 \times 10^{-9}$、牡蛎含量为 $4.583 \times 10^{-9}$、泥螺含量为 $5.400 \times 10^{-9}$，长蛸、四角蛤蜊、蓝点马鲛未检出。生物体内滴滴涕最大残留量是红螺，其次是泥螺、牡蛎，最小残留量是长蛸、四角蛤蜊、蓝点马鲛。

多氯联苯（PCBs）

红螺含量为 $0.591\ 4 \times 10^{-6}$、牡蛎含量为 $0.013\ 0 \times 10^{-6}$、四角蛤蜊为 $5.936 \times 10^{-6}$、泥螺含量为 $0.178\ 9 \times 10^{-6}$、蓝点马鲛含量为 $0.092\ 0 \times 10^{-6}$；长蛸、口虾蛄未检出。生物体内多氯联苯（PCBs）最大残留量是四角蛤蜊，最小残留量是长蛸、口虾蛄、牡蛎。

多环芳烃（PAHs）

长蛸含量为 $45.29 \times 10^{-6}$、红螺含量为 $71.28 \times 10^{-6}$、口虾蛄含量为 $93.56 \times 10^{-6}$、牡蛎含量为 $21.54 \times 10^{-6}$、四角蛤蜊含量为 $62.76 \times 10^{-6}$、泥螺含量为 $135.32 \times 10^{-6}$、蓝点马鲛含量为 $90.79 \times 10^{-6}$。生物体内最大残留量是泥螺，其次是蓝点马鲛、口虾蛄，最小残留量是牡蛎。

（2）秋季调查结果及分析

重金属类：

铅

红螺含量为 $0.143\ 1 \times 10^{-6}$、牡蛎含量为 $0.111\ 3 \times 10^{-6}$、四角蛤蜊含量为 $0.236\ 1 \times 10^{-6}$、毛蚶含量为 $0.119\ 6 \times 10^{-6}$、广大扁玉螺含量为 $0.307\ 3 \times 10^{-6}$、长蛸含量为 $0.059\ 9 \times 10^{-6}$、

日本鲟含量为 $0.237\,9 \times 10^{-6}$、口虾蛄含量为 $0.087\,1 \times 10^{-6}$、红狼牙鰕虎鱼含量为 $0.096\,4 \times 10^{-6}$、矛尾复鰕虎鱼05 含量为 $0.017\,8 \times 10^{-6}$、矛尾复鰕虎鱼02 含量为 $0.016\,5 \times 10^{-6}$、鲈鱼含量为 $0.070\,6 \times 10^{-6}$。生物体内铅最大残留量是广大扁玉螺，其次是四角蛤蜊和日本鲟，最小残留量是矛尾复鰕虎鱼。

铜

红螺含量为 $162.4 \times 10^{-6}$、牡蛎含量为 $64.06 \times 10^{-6}$、四角蛤蜊含量为 $3.320 \times 10^{-6}$、广大扁玉螺含量为 $37.26 \times 10^{-6}$、毛蚶含量为 $2.959 \times 10^{-6}$、长蛸含量为 $22.26 \times 10^{-6}$、日本鲟含量为 $41.29 \times 10^{-6}$、口虾蛄含量为 $25.92 \times 10^{-6}$、红狼牙鰕虎鱼含量为 $2.032 \times 10^{-6}$、矛尾复鰕虎鱼05 含量为 $1.891 \times 10^{-6}$、矛尾复鰕虎鱼02 含量为 $1.396 \times 10^{-6}$、鲈鱼含量为 $2.961 \times 10^{-6}$。生物体内铜最大残留量是红螺，其次是牡蛎，最小残留量是矛尾复鰕虎鱼、红狼牙鰕虎鱼。

锌

红螺含量为 $155.1 \times 10^{-6}$、牡蛎含量为 $95.81 \times 10^{-6}$、四角蛤蜊含量为 $7.776 \times 10^{-6}$，毛蚶含量为 $8.729 \times 10^{-6}$、广大扁玉螺含量为 $19.53 \times 10^{-6}$、长蛸含量为 $22.36 \times 10^{-6}$、日本鲟含量为 $41.28 \times 10^{-6}$、口虾蛄含量为 $25.11 \times 10^{-6}$、红狼鰕虎鱼含量为 $2.970\,7 \times 10^{-6}$、矛尾复鰕虎鱼05 含量为 $2.640 \times 10^{-6}$、矛尾复鰕虎鱼02 含量为 $3.525 \times 10^{-6}$、鲈鱼含量为 $4.944 \times 10^{-6}$。生物体内锌最大残留量是红螺，其次是牡蛎，最小残留量是矛尾复鰕虎鱼05、红狼牙鰕虎鱼。

总汞

红螺含量为 $0.001\,7 \times 10^{-6}$、牡蛎含量为 $0.001\,4 \times 10^{-6}$、四角蛤蜊 $0.002\,8 \times 10^{-6}$、毛蚶含量为 $0.000\,2 \times 10^{-6}$、广大扁玉螺含量为 $0.003\,8 \times 10^{-6}$、长蛸含量为 $0.003\,9 \times 10^{-6}$、日本鲟含量为 $0.003\,7 \times 10^{-6}$、口虾蛄含量为 $0.017\,9 \times 10^{-6}$、红狼牙鰕虎鱼含量为 $0.009\,8 \times 10^{-6}$、矛尾复鰕虎鱼05 含量为 $0.054\,5 \times 10^{-6}$、矛尾复鰕虎鱼02 含量为 $0.002\,4 \times 10^{-6}$、鲈鱼含量为 $0.031\,6 \times 10^{-6}$。生物体内汞最大残留量是矛尾复鰕虎鱼05，其次是鲈鱼，最小残留量是毛蚶。

砷

红螺含量为 $0.095\,4 \times 10^{-6}$、牡蛎含量为 $0.049\,4 \times 10^{-6}$、四角蛤蜊 $0.043\,6 \times 10^{-6}$、毛蚶含量为 $0.030\,8 \times 10^{-6}$、广大扁玉螺含量为 $0.038\,8 \times 10^{-6}$、长蛸含量为 $0.009\,9 \times 10^{-6}$、日本鲟含量为 $0.043\,1 \times 10^{-6}$、口虾蛄含量为 $0.036\,7 \times 10^{-6}$、红狼牙鰕虎鱼含量为 $0.001\,0 \times 10^{-6}$、矛尾复鰕虎鱼05 含量为 $0.000\,3 \times 10^{-6}$、鲈鱼含量为 $0.006\,1 \times 10^{-6}$，矛尾复鰕虎鱼02 未检出。生物体内砷最大残留量是红螺，最小残留量是矛尾复鰕虎鱼。

镉

红螺含量为 $11.92 \times 10^{-6}$、牡蛎含量为 $2.30 \times 10^{-5}$、四角蛤蜊 $0.434\,0 \times 10^{-6}$、毛蚶含量为 $2.502 \times 10^{-6}$、广大扁玉螺含量为 $1.157 \times 10^{-6}$、长蛸含量为 $0.897\,7 \times 10^{-6}$、日本鲟含量为 $2.577 \times 10^{-6}$、口虾蛄含量为 $4.006 \times 10^{-6}$、红狼牙鰕虎鱼含量为 $0.025\,7 \times 10^{-6}$、矛尾复鰕虎鱼05 含量为 $0.035\,6 \times 10^{-6}$、矛尾复鰕虎鱼02 含量为 $0.023\,0 \times 10^{-6}$、鲈鱼含量为 $0.023\,6 \times 10^{-6}$。生物体内镉最大残留量是红螺，最小残留量是鲈鱼、红狼牙鰕虎鱼。

总铬

生物体内铬最大残留量是四角蛤蜊，最小残留量是红狼牙鰕虎鱼。

石油类

生物体内石油类最大残留量是四角蛤蜊，其次是牡蛎，最小残留量是鲈鱼。

六六六

生物体内六六六（666）最大残留量是四角蛤蜊，最小残留量是红狼鰕虎鱼、矛尾复鰕虎鱼。

滴滴涕

红螺含量为 $15.19 \times 10^{-9}$、牡蛎含量为 $9.304 \times 10^{-9}$、毛蚶含量为 $4.014 \times 10^{-9}$、四角蛤蜊 $1.292 \times 10^{-9}$、广大扁玉螺 $2.095 \times 10^{-9}$、长蛸含量为 $18.70 \times 10^{-9}$、日本鲟含量为 $6.193 \times 10^{-9}$、口虾蛄含量为 $2.206 \times 10^{-9}$、红狼牙鰕虎鱼含量为 $0.753\,0 \times 10^{-9}$、矛尾复鰕虎鱼 05 含量为 $2.513 \times 10^{-9}$、矛尾复鰕虎鱼 02 含量为 $1.073 \times 10^{-9}$、鲈鱼含量为 $17.56 \times 10^{-9}$。生物体内滴滴涕最大残留量是长蛸，其次是鲈鱼、红螺，最小残留量是红狼牙鰕虎鱼。

多氯联苯

红螺含量为 $3.656 \times 10^{-9}$、四角蛤蜊含量为 $5.899 \times 10^{-9}$、毛蚶含量为 $3.564 \times 10^{-9}$、广大扁玉螺 $2.183 \times 10^{-9}$、长蛸含量为 $3.682 \times 10^{-9}$、日本鲟含量为 $2.377 \times 10^{-9}$、口虾蛄含量为 $1.791 \times 10^{-9}$、红狼牙鰕虎鱼含量为 $0.909\,0 \times 10^{-9}$、矛尾复鰕虎鱼 05 含量为 $1.789 \times 10^{-9}$、矛尾复鰕虎鱼 02 含量为 $1.479 \times 10^{-9}$、鲈鱼含量为 $6.097 \times 10^{-9}$、牡蛎含量未检出。生物体内最大多氯联苯（PCBs）残留量是鲈鱼，其次是四角蛤蜊，最小残留量是牡蛎。

多环芳烃

红螺的含量为 $193.7 \times 10^{-9}$、牡蛎的含量为 $390.1 \times 10^{-9}$、四角蛤蜊含量为 $173.1 \times 10^{-9}$、毛蚶的含量为 $81.03 \times 10^{-9}$、广大扁玉螺含量为 $69.90 \times 10^{-9}$、长蛸含量为 $97.96 \times 10^{-9}$、日本鲟含量为 $89.62 \times 10^{-9}$、口虾蛄含量为 $80.28 \times 10^{-9}$、红狼牙鰕虎鱼含量为 $145.33 \times 10^{-9}$、矛尾复鰕虎鱼 05 含量为 $238.4 \times 10^{-9}$、矛尾复鰕虎鱼 02 含量为 $145.3 \times 10^{-9}$、鲈鱼含量为 $109.2 \times 10^{-9}$。生物体内多环芳烃最大残留量是牡蛎，最小残留量是广大扁玉螺、毛蚶。

### 2.4.3.2　海洋生物质量要素的平面分布变化特征

通过对 5 个采样站位春、秋季两次采样，比较分析海洋生物样品污染物残留量，表征不同海区海洋生物质量要素的平面分布特征。

（1）海洋生物质量要素的站位变化特征

石油类

石油类在生物体内含量春季变化范围为 $0.999\,7 \times 10^{-6} \sim 4.720 \times 10^{-6}$，含量最高值出现在 TJ02 站位，最低值出现在 ZD – TJ096 站位，检出率为 100%。

石油类在生物体内含量秋季变化范围为 $2.081 \times 10^{-6} \sim 4.865 \times 10^{-6}$，含量最高值出现在 TJ01 站位，最低值出现在 TJ02 站位，检出率为 100%。

总汞

总汞在生物体内含量春季变化范围为 $0.000\,0 \times 10^{-6} \sim 0.011\,7 \times 10^{-6}$，含量最高值出现在 ZD – TJ096 站位，最低值出现在 TJ02 站位，检出率为 80%。TJ02 站位所采优势种为四角蛤蜊，未检出。检出率为 80%。

总汞在生物体内含量秋季变化范围为 $0.003\,3 \times 10^{-6} \sim 0.024\,8 \times 10^{-6}$，含量最高值出现在 ZD – TJ096 站位，最低值出现在 TJ01、TJ02 站位，检出率为 100%。

铜

铜在生物体内含量春季变化范围为 $8.040 \times 10^{-6} \sim 58.11 \times 10^{-6}$，含量最高值出现在 ZD – TJ087 站位，最低值出现在 TJ02 站位，检出率为 100%。

铜在生物体内含量秋季变化范围为 $1.883 \times 10^{-6} \sim 68.38 \times 10^{-6}$，含量最高值出现在 TJ05 站位，最低值出现在 TJ02 站位，检出率为 100%。

铅

铅在生物体内含量春季变化范围为 $0.035\,9 \times 10^{-6} \sim 0.576\,4 \times 10^{-6}$，含量最高值出现在 TJ02 站位，最低值出现在 TJ01 站位，检出率为 100%。

铅在生物体内含量秋季变化范围为 $0.022\,2 \times 10^{-6} \sim 0.131\,4 \times 10^{-6}$，含量最高值出现在 TJ01 站位，最低值出现在 TJ02 站位，检出率为 100%。

锌

锌在生物体内含量春季变化范围为 $0.000\,0 \times 10^{-6} \sim 50.87 \times 10^{-6}$，含量最高值出现在 ZD – TJ087 站位，最低值出现在 ZD – TJ096 站位，ZD – TJ096 站位未检出，检出率为 80%。

锌在生物体内含量秋季变化范围为 $4.756 \times 10^{-6} \sim 66.10 \times 10^{-6}$，含量最高值出现在 TJ05 站位，最低值出现在 TJ02 站位，检出率为 100%。

镉

镉在生物体内含量春季变化范围为 $0.115\,3 \times 10^{-6} \sim 2.523 \times 10^{-6}$，含量最高值出现在 ZD – TJ087 站位，最低值出现在 TJ01 站位，检出率为 100%。

镉在生物体内含量秋季变化范围为 $0.031\,1 \times 10^{-6} \sim 4.839 \times 10^{-6}$，含量最高值出现在 TJ05 站位，最低值出现在 TJ02 站位，检出率为 100%。

总铬

铬在生物体内含量春季变化范围为 $0.583\,7 \times 10^{-6} \sim 1.797 \times 10^{-6}$，含量最高值出现在 ZD – TJ096 站位，最低值出现在 ZD – TJ087 站位，检出率为 100%。

铬在生物体内含量秋季变化范围为 $0.173\,6 \times 10^{-6} \sim 0.564\,0 \times 10^{-6}$，含量最高值出现在 TJ01 站位，最低值出现在 ZD – TJ087 站位，检出率为 100%。

砷

砷在生物体内含量春季变化范围为 $0.000\,0 \times 10^{-6} \sim 0.140\,3 \times 10^{-6}$，含量最高值出现在 TJ02 站位，最低值出现在 ZD – TJ096 站位，ZD – TJ096 站位未检出，检出率为 80%。

砷在生物体内含量秋季变化范围为 $0.000\,0 \times 10^{-6} \sim 0.046\,3 \times 10^{-6}$，含量最高值出现在 TJ05 站位，最低值出现在 TJ02 站位，TJ02 站位未检出，检出率为 80%。

六六六总量

六六六在生物体内含量春季变化范围为 $2.667 \times 10^{-9} \sim 12.73 \times 10^{-9}$，含量最高值出现在 TJ05 站位，最低值出现在 ZD – TJ087 站位，检出率为 100%。

六六六在生物体内含量秋季变化范围为 $0.000 \times 10^{-9} \sim 3.669 \times 10^{-9}$，含量最高值出现在 TJ01 站位，最低值出现在 TJ02 站位，TJ02、TJ05、ZD – TJ087 站位未检出，检出率为 75%。

滴滴涕总量

滴滴涕在生物体内含量春季变化范围为 $0.000 \times 10^{-9} \sim 6.483 \times 10^{-9}$，含量最高值出现在 ZD – TJ087 站位，最低值出现在 TJ02、TJ05、ZD – TJ096 站位，TJ02、TJ05、ZD – TJ096 站位均未检出，检出率为 57.1%。

滴滴涕在生物体内含量秋季变化范围为 $1.447 \times 10^{-9} \sim 18.70 \times 10^{-9}$，含量最高值出现在 ZD – TJ087 站位，最低值出现在 TJ02 站位，检出率为 100%。

多氯联苯

多氯联苯在生物体内含量春季变化范围为 $0 \sim 5.936 \times 10^{-9}$，含量最高值出现在 TJ02 站位，最低值出现在 TJ05 站位，TJ05 站位、ZD – TJ087 站位未检出，检出率为 71.5%。

多氯联苯在生物体内含量秋季变化范围为 $1.995 \times 10^{-9} \sim 4.041 \times 10^{-9}$，含量最高值出现在 TJ01 站位，最低值出现在 TJ02 站位，ZD – TJ087 站位未检出，检出率为 91.7%。

多环芳烃

多环芳烃在生物体内含量春季变化范围为 $45.29 \times 10^{-9} \sim 135.3 \times 10^{-9}$，含量最高值出现在 TJ01 站位，最低值出现在 TJ05 站位，检出率为 100%。

多环芳烃在生物体内含量秋季变化范围为 $94.75 \times 10^{-9} \sim 196.0 \times 10^{-9}$，含量最高值出现在 TJ02 站位，最低值出现在 ZD – TJ096 站位，检出率为 100%。

（2）海洋生物质量要素水平分布特征

TJ02 站位秋季生物中石油类、铜、铬、汞、镉、铅、砷、六六六、滴滴涕、多氯联苯含量较其他站位低。

### 2.4.3.3　海洋生物质量评价

在《海洋生物质量》（GB 18421）标准中，规定了海洋贝类的生物质量标准，没有列出适用于海洋鱼类、甲壳类生物的标准，为了便于各采样站位统一比较，海洋鱼类、甲壳类也采用贝类标准评价；至今为止，国内还没有多环芳烃类（PAHs）统一评价标准，下面仅就采集到的海洋生物对石油类、铜、铬、汞、镉、铅、锌、砷、六六六、滴滴涕、多氯联苯进行评价。

本次调查采样，春季在 5 个站位采集 7 种海洋生物，TJ01 站位为泥螺，TJ02 站位为四角蛤蜊，TJ05 站位为长蛸，ZD – TJ087 站位为红螺、牡蛎和口虾蛄，ZD – TJ096 站位为蓝点马鲛；秋季 5 个站位采集 11 种海洋生物，TJ01 站位为四角蛤蜊和广大扁玉螺，TJ02 站位为矛尾复鰕虎鱼，TJ05 站位为红螺、日本鲟、矛尾复鰕虎鱼，ZD – TJ087 站位为毛蚶、红狼牙鰕虎鱼、牡蛎和长蛸，ZD – TJ096 站位为口虾蛄、鲈鱼。

通过对样品污染物残留量超标比较分析，表征不同站位海洋生物质量的分布特征。

（1）海洋生物质量单因子评价

铜

春季海洋生物铜平均残留量 5 个站位有 4 个超过铜一类标准，超标率 80%，超标倍数为 1.18 ~ 5.81，最高超标站位为 ZD – TJ087，最高超标生物是牡蛎，超标 8.91 倍。

秋季海洋生物铜平均残留量 5 个站位有 4 个超过铜一类标准，超标率 80%，超标倍数为 1.45 ~ 6.86，最高超标站位为 TJ05，最高超标生物是红螺，超标倍数为 16.24 倍。

锌

春季海洋生物锌平均残留量 5 个站位有 2 个超过锌一类标准，超标率 40%，超标倍数为 1.14 ~ 2.54，最高超标站位为 ZD – TJ087，最高超标生物是红螺，超标 3.7 倍。

秋季海洋生物锌平均残留量 5 个站位有 2 个超过锌一类标准，超标率 40%，超标倍数为 1.61 ~ 3.3，最高超标站位为 TJ05，最高超标生物是红螺，超标倍数为 7.75 倍。

铅

春季海洋生物铅平均残留量 5 个站位有 2 个超过铅一类标准，超标率 40%，超标倍数为 3.02~5.76，最高超标站位为 TJ02；最高超标生物是四角蛤蜊，超标 5.76 倍。

秋季海洋生物铅平均残留量 5 个站位有 2 个超过铅一类标准，超标率 40%，超标倍数为 1.31~2.72，最高超标站位为 TJ01，最大超标样本是 TJ01 站位的广大扁玉螺，超出标准值 3.07 倍。

镉

春季海洋生物镉平均残留量 5 个站位有 4 个超过镉一类标准，超标率 80%，超标倍数为 1.16~12.63，最高超标站位为 ZD－TJ087，最高超标生物是红螺，超标 16.45 倍。

秋季海洋生物镉平均残留量 5 个站位均超过镉一类标准，超标率 100%，超标倍数为 3.98~24.2，最高超标站位为 TJ05，最大超标样本是红螺，超出标准值 59.58 倍。

总铬

春季海洋生物铬平均残留量 5 个站位皆超过铬一类标准，超标率 100%，超标倍数为 1.17~3.59，最高超标站位为 ZD－TJ096，最高超标生物是蓝点马鲛，超标 3.59 倍。

秋季海洋生物铬平均残留量 5 个站位有 1 个超过铬一类标准，超标率 20%，超标倍数为 1.13，最高超标站位为 TJ01，最大超标样本是四角蛤蜊，超出标准值 1.55 倍。

砷

春、秋季生物体内砷平均残留量均未超一类标准。

滴滴涕

春秋季生物体内滴滴涕平均残留量 5 个站位皆未超一类标准。

总汞

春、秋季海洋生物体内汞平均残留量均未超一类标准。

石油类

春、秋季海洋生物体内石油类平均残留量均未超一类标准。

六六六

春秋季海洋生物体内六六六平均残留量均未超一类标准。

多氯联苯

春秋季海洋生物体内多氯联苯平均残留量均未超一类标准。

综上所述，5 个站位石油类、汞、砷、六六六、滴滴涕、多氯联苯皆未超一类海洋生物标准。5 个站位其余重金属超标较严重，超标从大到小的顺序为镉、铜、铅、铬、锌。

（2）站位超标重金属综合评价

由于 5 个站位重金属超标较严重，所以对 5 个站位的超标重金属镉、铜、铅、铬、锌的超标率进行分析比较，以确定污染程度的高低顺序。

春季评价结果如图 2.4－11 所示，从图中可看出，5 个站位重金属污染的高低顺序为：TJ05 > TJ02 = ZD－TJ096 > ZD－TJ087 > TJ01。

秋季评价结果如图 2.4－12 所示，从图中可看出，5 个站位重金属污染的高低顺序为：TJ05 = TJ01 > ZD－TJ087 > ZD－TJ096 > TJ02，TJ02 站位未超标。

从春秋季 5 个站位重金属生物残留量状况看，TJ05 站位超标最严重，这与该区域位于天津港海域区有关。ZD－TJ087 站位位于汉沽浅海贝类资源恢复增殖区范围内，系海洋特别保护区南缘，重金属镉、铜、锌超标也较严重。TJ01、TJ02 站位春、秋季变化幅度较大，这可能与采集的生物种类有关。

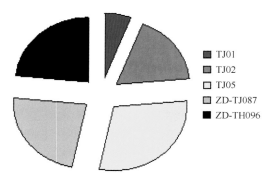

图 2.4 – 11　春季站位重金属超标统计

超标指数为各个站位超标率占总超标率的百分比

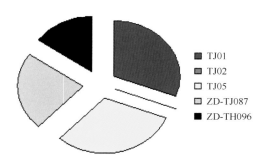

图 2.4 – 12　秋季站位重金属超标统计

超标指数为各个站位超标率占总超标率的百分比

（3）海洋生物质量时间变化趋势

本次调查结果与 2004 年河北省调查结果和 1997 年第二次全国海洋污染基线调查天津海域调查结果相比较，石油类、汞、镉、砷生物体内残留量呈降低趋势，铅、滴滴涕、多氯联苯略有升高（表 2.4 – 28）。

表 2.4 – 28　不同时期海洋经济生物平均残留量分析

| 采样<br>时间 | 石油类<br>（×10⁻⁶） | 汞<br>（×10⁻⁶） | 铅<br>（×10⁻⁶） | 锌<br>（×10⁻⁶） | 镉<br>（×10⁻⁶） | 砷<br>（×10⁻⁶） | 六六六总量<br>（×10⁻⁹） | DDT 总量<br>（×10⁻⁹） | PCBs<br>（×10⁻⁹） |
|---|---|---|---|---|---|---|---|---|---|
| 2007 年春 | 2.910 | 0.004 9 | 0.215 0 | 25.84 | 1.404 | 0.057 6 | 5.105 | 3.550 | 0.973 0 |
| 2007 年秋 | 3.791 | 0.010 | 0.125 4 | 32.53 | 2.158 | 0.029 6 | 2.018 | 6.718 | 2.790 |
| 河北省<br>（2004 年） | 0.96 | 0.010 | 0.290 | 12.00 | 0.350 | 0.010 | 9.520 | 6.680 | 9.350 |
| 二基调查<br>（1997 年） | 11.28 | 0.010 | 0.130 | — | 3.330 | 0.390 | — | 2.010 | 1.710 |

注：以上数值均为采样站位的平均值。

（4）海洋生物质量卫生安全评价

采用国家水产品卫生标准对本次春、秋季海洋生物检测结果进行评价，春季5个站位镉均超标，ZD–TJ087站位铜、锌略超标；秋季镉只有TJ02站位未超标，其他4个站位均超标，TJ05站位铜、锌超标（表2.4–29）。

表2.4–29 海洋生物体内残留量与国家卫生标准比较（×10⁻⁶）

| 项目 | TJ01 | | TJ02 | | TJ05 | | ZD–TJ087 | | ZD–TJ096 | | 水产品卫生标准* |
| | 春季 | 秋季 | 春季 | 秋季 | 春季 | 秋季 | 春季 | 秋季 | 春季 | 秋季 | |
| --- | --- | --- | --- | --- | --- | --- | --- | --- | --- | --- | --- |
| 汞 | 0.001 3 | 0.003 3 | 0.000 0 | 0.003 3 | 0.004 0 | 0.015 3 | 0.005 9 | 0.003 8 | 0.011 7 | 0.024 8 | 0.3 |
| 铜 | 22.97 | 20.29 | 8.040 3 | 1.883 | 46.70 | 68.38 | 58.11 | 22.83 | 11.77 | 14.44 | 50 |
| 铅 | 0.035 9 | 0.271 7 | 0.576 4 | 0.022 2 | 0.301 8 | 0.131 4 | 0.073 4 | 0.096 8 | 0.370 5 | 0.078 9 | 0.5 |
| 锌 | 3.241 7 | 13.65 | 2.291 | 4.756 | 22.73 | 66.10 | 50.87 | 32.47 | 0.000 0 | 15.03 | 50 |
| 镉 | 0.115 3 | 0.795 4 | 0.290 8 | 0.031 1 | 1.623 | 4.839 | 2.523 | 1.431 | 0.231 1 | 2.015 | 0.1 |
| 总铬 | 0.875 4 | 0.564 0 | 1.654 | 0.173 6 | 0.679 9 | 0.219 8 | 0.583 7 | 0.241 7 | 1.797 | 0.268 6 | 2.0 |
| 砷 | 0.077 5 | 0.041 2 | 0.140 3 | 0.000 0 | 0.010 8 | 0.046 3 | 0.058 2 | 0.022 8 | 0.000 0 | 0.021 4 | 0.5 |

注：*《GB 2733—2005 鲜、冻动物性水产品卫生标准》。

## 2.4.4 海洋大气化学[①]

### 2.4.4.1 气象要素分析

（1）各点位气象要素汇总

表2.4–30 大气化学调查各点位气象要素汇总（以到站时所测数据为准）

| 点位 | 地理坐标 | 季节 | 风速/m·s⁻¹ | 风向 | 温度/℃ | 湿度/% | 气压/kPa |
| --- | --- | --- | --- | --- | --- | --- | --- |
| TJ01 | 39°07′30.0″N 117°57′00.0″E | 夏季 | 3.3 | 南南东 | 32.5 | 58.6 | 100.54 |
| | | 冬季 | 3.5 | 西南西 | −2.3 | 81.0 | 103.16 |
| | | 春季 | 3.0 | 西南西 | 17.3 | 60.0 | 100.90 |
| | | 秋季 | 2.1 | 西南 | 10.5 | 80.5 | 102.12 |
| TJ02 | 38°37′04.0″N 117°57′00.0″E | 夏季 | 4.5 | 南 | 28.4 | 79.1 | 100.46 |
| | | 冬季 | 4.3 | 西南西 | 0.5 | 64.0 | 103.49 |
| | | 春季 | 4.2 | 南南西 | 20.3 | 44.7 | 100.80 |
| | | 秋季 | 4.2 | 南南西 | 11.1 | 72.8 | 102.75 |
| TJ05 | 38°42′30.0″N 117°37′10.0″E | 夏季 | 5.6 | 西北西 | 26.2 | 73.4 | 100.59 |
| | | 冬季 | 3.0 | 西北西 | 1.2 | 41.0 | 103.41 |
| | | 春季 | 2.0 | 南 | 19.8 | 42.8 | 101.00 |
| | | 秋季 | 5.2 | 南南西 | 10.8 | 79.8 | 102.95 |

① 南开大学环境科学与工程学院等，天津市"908专项"天津市渤海海域海洋大气化学调查报告，2008。

续表 2.4 – 30

| 点位 | 地理坐标 | 季节 | 风速（m/s） | 风向 | 温度（℃） | 湿度（%） | 气压（kPa） |
|---|---|---|---|---|---|---|---|
| ZD – TJ087 | 38°52′51.6″N 117°43′12.0″E | 夏季 | 1.7 | 西北西 | 25.6 | 72.6 | 100.37 |
| | | 冬季 | 5.2 | 西南 | 3.9 | 67.0 | 102.63 |
| | | 春季 | 3.6 | 南南西 | 14.5 | 80.3 | 101.30 |
| | | 秋季 | 1.1 | 北 | 9.5 | 81.4 | 102.20 |
| ZD – TJ096 | 38°55′51.6″N 117°53′24.0″E | 夏季 | 2.6 | 西 | 30.0 | 47.9 | 100.73 |
| | | 冬季 | 6.3 | 西西南 | 0.8 | 85.0 | 103.09 |
| | | 春季 | 3.6 | 西南西 | 14.1 | 67.6 | 101.05 |
| | | 秋季 | 4.3 | 西南 | 11.5 | 83.1 | 102.12 |

（2）调查期间渤海天津近海海域气象要素分析

所选中心点位坐标为 38.90°N，117.90°E。

采样期间的风向以西风和西南风为主，风可以将沿海地区的污染物吹向近海海域，采集到的大气颗粒物及其他污染物主要来自陆源。

（3）调查期间后轨迹模型分析

所选中心点位坐标为 38.90°N，117.90°E。在采样结束前48 h 内的轨迹分析中可以看出，气团的轨迹主要是从陆地向近海海域运动。

### 2.4.4.2 大气颗粒物

（1）浓度

表 2.4 – 31 "908 专项"大气化学大气颗粒物浓度　　　单位：mg/m³

| 季节 | 夏季 | 冬季 | 春季 | 秋季 |
|---|---|---|---|---|
| 浓度 | 0.144 8 ± 0.004 7 | 0.344 08 ± 0.003 4 | 0.250 4 ± 0.002 6 | 0.440 6 ± 0.005 1 |

4 个季度调查中，秋季颗粒物浓度最高，冬季次之，春季较低，夏季污染最轻。考虑到秋季采样时间正处于北方的采暖期开始阶段，而冬季采样时间则正处于采暖期，因此这两个季节污染比较严重。春季采样期间天气状况较好，采暖已经结束，其他污染源污染影响较小，加之处于休渔期，海面上的船只影响也比较小。

在冬、春、秋 3 个季节，调查使用了 TH – 25A 型空气颗粒物浓度监测仪在线监测空气中的 PM10 浓度。监测结果如图 2.4 – 13 至图 2.4 – 16。

（2）金属元素分析

——大气颗粒物载带的主要金属元素浓度值（表2.4 – 32）。

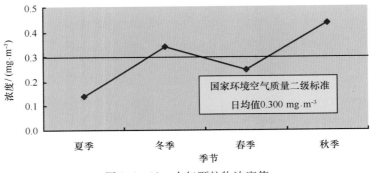

图 2.4 - 13　大气颗粒物浓度值

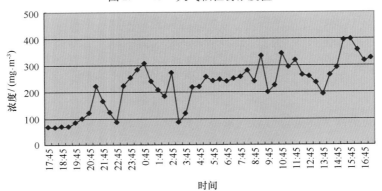

图 2.4 - 14　2006 年冬季 PM10 浓度监测值

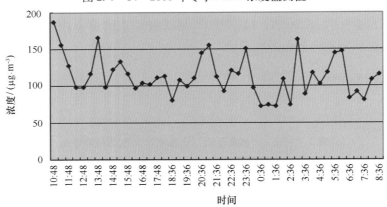

图 2.4 - 15　2007 年春季 PM10 浓度监测值

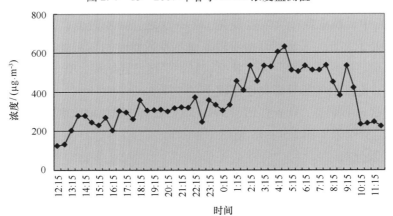

图 2.4 - 16　2007 年秋季 PM10 浓度监测值

表 2.4 – 32  天津近海海域大气颗粒物载带的主要金属浓度　　　单位：μg/m³

| 季节 | V | Fe | Zn | Cd | Pb | Cu | Al |
|---|---|---|---|---|---|---|---|
| 夏季 | 0.006 6 | 1.548 2 | 1.300 6 | 0.008 7 | 0.364 6 | 0.034 3 | 1.212 3 |
| 冬季 | 0.003 9 | 1.047 9 | 0.573 8 | 0.003 9 | 0.160 2 | 0.017 0 | 6.121 5 |
| 春季 | 0.015 4 | 4.765 3 | 2.132 2 | 0.015 2 | 0.937 2 | 0.204 1 | 2.464 9 |
| 秋季 | 0.003 5 | 1.076 1 | 0.415 9 | 0.003 3 | 0.215 4 | 0.041 9 | 4.357 5 |

——与其他研究的比较

通过比较可以看出，本次调查的主要金属浓度均较高，且纵向对比也高于 1984 年和 2000 年在渤海开展研究时的浓度，可见随着经济的快速发展，天津近海海域大气颗粒物载带的主要金属元素污染正在逐渐加重（表 2.4 – 33）。

表 2.4 – 33  中国海域大气颗粒物载带的金属含量　　　单位：ng/m³

| 研究区域 | 时间 | V | Fe | Zn | Cd | Pb | Cu | Al |
|---|---|---|---|---|---|---|---|---|
| 渤海天津<br>近海海域 | 2006 年夏 | 6.6 | 1 548.2 | 1 300.6 | 8.7 | 364.6 | 34.3 | 1 212.3 |
| | 2006 年冬 | 3.9 | 1 047.9 | 573.8 | 3.9 | 160.2 | 17 | 6 121.5 |
| | 2007 年春 | 15.4 | 4 765.3 | 2 132.2 | 15.2 | 937.2 | 204.1 | 2 464.9 |
| | 2007 年秋 | 3.5 | 1 076.1 | 415.9 | 3.3 | 215.4 | 41.9 | 4 357.5 |
| 渤海 | 2000 | 2 | 402 | 357 | — | 141 | 4 | 359 |
| 渤海 | 1984 | 3 | N. P. | 137 | — | — | 14 | 1 080 |
| 东海 | 1989 | 2 | 270 | 9 | — | — | — | 410 |
| 南海 | | — | 230 | 360 | — | 23 | 370 | 190 |
| 台湾海峡 | | — | 760 | — | 1 | 67 | 10 | 2 950 |
| 南极中山站 | 1998 | 1 | 20 | 8 | 0.07 | 1 | 1 | 39 |

注："—"为未检出或该研究未分析此种元素。

（3）离子分析

调查分析的 9 种主要离子中，$Na^+$、$Mg^{2+}$、$Ca^{2+}$、$K^+$ 主要来自海洋所溶解的矿物质，其中 $K^+$ 还可能来自陆地上生物质的燃烧。$NH_4^+$ 主要来自农田施肥，$SO_4^{2-}$ 和 $NO_3^-$ 主要来自 $SO_2$ 和氮氧化物的光化学转化，受人为影响较大。

二甲基硫（DMS）是海洋表层浮游植物排放到大气中的主要挥发性含硫化合物 DMS 与 OH·（白天，夏季）和 $NO_3$·（夜晚，冬季）经由光化学反应生成甲基磺酸（MSA）和硫酸盐，在污染大气中此反应则更显著。非海盐硫酸盐（$nss - SO_4^{2-}$）除了经由 DMS 氧化外还可来自人为污染源。至今人们普遍认为 MSA 的唯一前体是 DMS，因此 MSA 可作为 DMS 的示踪物，对硫酸盐气溶胶引起的辐射强迫效应即硫循环引起的气候变化有重要的研究价值，已成为近年来大气化学研究的热点。

如表 2.4 – 34 所示，$K^+$、$Mg^{2+}$、$Ca^{2+}$、$NO_3^-$ 季节性差异不显著，$NH_4^+$、$HPO_4^{2-}$ 和 $MSA^-$ 由于仪器原因而未检出。$Na^+$ 浓度则是秋季较高，$SO_4^{2-}$ 则是冬、秋两季较高。原因可能为春、夏季来自陆源的硫氧化合物污染较小，因而 $SO_4^{2-}$ 浓度较低；而冬、秋季为采暖季，西北风盛行，陆源污染的影响比较大，且天津近海沿岸地区的工业化水平又较高，因此 $SO_4^{2-}$ 的浓度较高。

表 2.4 – 34　天津近海海域大气颗粒物载带的主要无机离子浓度　　　单位：μg/m³

| 季节 | K⁺ | Na⁺ | Ca²⁺ | Mg²⁺ | NH₄⁺ | HPO₄²⁻ | SO₄²⁻ | NO₃⁻ | MSA⁻ |
|---|---|---|---|---|---|---|---|---|---|
| 夏季 | $6.32 \times 10^{-2}$ | $2.58 \times 10^{-1}$ | $5.25 \times 10^{-2}$ | $1.02 \times 10^{-1}$ | — | — | $8.53 \times 10^{-2}$ | $4.67 \times 10^{-2}$ | — |
| 冬季 | $7.48 \times 10^{-2}$ | $4.00 \times 10^{-1}$ | $6.34 \times 10^{-2}$ | $1.54 \times 10^{-1}$ | — | — | $1.28 \times 10^{-1}$ | $5.37 \times 10^{-2}$ | — |
| 春季 | $1.02 \times 10^{-1}$ | $6.75 \times 10^{-1}$ | $6.89 \times 10^{-2}$ | $2.07 \times 10^{-1}$ | — | — | $7.28 \times 10^{-2}$ | $6.24 \times 10^{-2}$ | — |
| 秋季 | $8.34 \times 10^{-2}$ | 1.05 | $4.38 \times 10^{-2}$ | $1.87 \times 10^{-1}$ | — | — | $1.54 \times 10^{-1}$ | $5.98 \times 10^{-2}$ | — |

注："—"表示未检出。

（4）总碳分析

碳是大气颗粒物中几种主要富含元素之一，它主要以有机碳（OC）、元素碳（EC）等形式存在。EC 又被称为碳黑或石墨碳，由化石燃料或木材等生物质的不完全燃烧产生并由污染源直接排放，故 EC 只存在于由污染源直接排放的一次气溶胶中。OC 则包括污染源直接排放的一次有机碳和碳氢化合物通过光化学反应等途径生成的二次有机碳。

由于冬、秋季采暖，化石燃料排放的污染物较多，因此这两季的 TC 和 OC 浓度要高于春、夏两季；元素碳虽然也有类似的趋势，但是差别不太明显（表 2.4 – 35）。

表 2.4 – 35　天津近海海域大气颗粒物碳组分浓度值　　　单位：mg/m³

| 浓度 | 夏季 | 秋季 | 春季 | 冬季 |
|---|---|---|---|---|
| TC | 0.019 4 | 0.057 7 | 0.028 2 | 0.067 8 |
| OC | 0.012 0 | 0.044 2 | 0.022 0 | 0.057 2 |
| EC | 0.007 4 | 0.013 6 | 0.006 3 | 0.010 6 |

### 2.4.4.3　氮氧化物

（1）氮氧化物浓度值

表 2.4 – 36　天津近海海域氮氧化物浓度值　　　单位：mg/m³

| 站位 | 夏季 | 秋季 | 春季 | 冬季 |
|---|---|---|---|---|
| TJ01 | 0.147 3 ± 0.017 0 | 0.008 2 ± 0.009 6 | 0.011 4 ± 0.000 2 | 0.065 2 ± 0.003 3 |
| TJ02 | 0.274 7 ± 0.003 5 | 0.007 8 ± 0.000 5 | 0.011 8 ± 0.001 4 | 0.053 4 ± 0.001 3 |
| TJ05 | 0.887 0 ± 0.121 2 | 0.009 5 ± 0.000 7 | 0.025 3 ± 0.001 7 | 0.064 2 ± 0.002 5 |
| ZD – TJ087 | 0.720 6 ± 0.057 5 | 0.022 7 ± 0.002 0 | 0.034 7 ± 0.002 0 | 0.081 5 ± 0.003 2 |
| ZD – TJ096 | 0.346 4 ± 0.048 0 | 0.008 1 ± 0.001 1 | 0.018 4 ± 0.002 0 | 0.054 8 ± 0.008 6 |

（2）氮氧化物时空特征

调查区域内夏季氮氧化物浓度除 TJ01 站位外，其余 4 个站位均超标，其中 TJ05 站位超标最为严重，可能与采样期间调查船周围其他船只较多有关。

冬、春、秋三季氮氧化物浓度除 ZD – TJ087 站、TJ05 站外均不超标，而 ZD – TJ087 站超标较重，该点距离大神堂码头较近，容易受到陆源污染；TJ05 站距天津港较近，也容易受到陆源污染的影响，因此该站浓度也较高。

天津近海海域氮氧化物的污染以夏季最为严重，并且超出其他季节数倍；其次是冬季，由于陆源污染物排放量大，因此氮氧化物污染也不容忽视。

### 2.4.4.4 甲烷和氧化亚氮

（1）甲烷和氧化亚氮浓度

表 2.4 – 37 天津近海海域甲烷浓度值 单位：$\times 10^{-6}$

| 站位 | 夏季 | 冬季 | 春季 | 秋季 |
|---|---|---|---|---|
| TJ01 | 2.61 ± 0.02 | 2.20 ± 0.28 | 1.89 ± 0.03 | 2.22 ± 0.02 |
| TJ02 | 2.36 ± 0.07 | 1.87 ± 0.20 | 1.92 ± 0.02 | 2.33 ± 0.14 |
| TJ05 | 2.25 ± 0.04 | 2.24 ± 0.11 | 1.92 ± 0.04 | 2.14 ± 0.01 |
| ZD – TJ087 | 2.12 ± 0.03 | 2.27 ± 0.42 | 2.30 ± 0.35 | 2.34 ± 0.10 |
| ZD – TJ096 | 2.13 ± 0.03 | 2.35 ± 0.12 | 1.92 ± 0.05 | 2.14 ± 0.01 |

表 2.4 – 38 天津近海海域氧化亚氮浓度值 单位：$\times 10^{-9}$

| 站位 | 夏季 | 冬季 | 春季 | 秋季 |
|---|---|---|---|---|
| TJ01 | 323.55 ± 1.24 | 344.67 ± 1.53 | 319.33 ± 4.04 | 331.75 ± 1.50 |
| TJ02 | 326.98 ± 0.87 | 341.33 ± 1.15 | 319.33 ± 4.51 | 330.25 ± 0.50 |
| TJ05 | 327.81 ± 0.86 | 347.67 ± 5.51 | 324.00 ± 1.00 | 328.50 ± 1.73 |
| ZD – TJ087 | 329.51 ± 1.45 | 345.33 ± 21.73 | 326.33 ± 4.62 | 331.25 ± 3.20 |
| ZD – TJ096 | 322.99 ± 1.42 | 332.00 ± 15.59 | 320.00 ± 4.00 | 331.00 ± 0.82 |

（2）甲烷和氧化亚氮的时空分布

除 TJ01 站位夏季甲烷浓度比其他季节高外，各站位甲烷浓度的季节差异不大，可能是夏季生物新陈代谢比较旺盛造成 $CH_4$ 排放量大；站位之间比较，夏季和秋季 TJ01 站位浓度最高，冬季 ZD – TJ096 站位浓度最高，$CH_4$ 的本底值约为 $1.84 \times 10^{-6}$，各个站位浓度值均高于本底值，可见主要排放源不仅仅是海洋，各个站位受到人为源对其影响也较大。

冬季氧化亚氮浓度最高，夏季最低。$N_2O$ 的本底值为 $320 \times 10^{-9}$，春季各站位 $N_2O$ 浓度值与本底值接近，夏季和秋季略高于本底值，可见推断这 3 个季节 $N_2O$ 的主要来源即为海洋源，而冬季 $N_2O$ 浓度值要高于本底值，因此推断该季节 $N_2O$ 除来源于海洋外，还有一部分来源于人为源。

### 2.4.4.5 二氧化碳

如表 2.4 – 39 所示，各航次中冬季的二氧化碳浓度最高，可能是由于采暖季燃用大量含碳物质造成的，同时采样过程中受到了船体排放物的一定影响，因此浓度最高，同处于采暖季的秋季二氧化碳浓度也相对较高。

表 2.4 – 39　天津近海海域二氧化碳浓度　　　　　　单位：$\times 10^{-6}$

| 点位 | 夏季 | 冬季 | 春季 | 秋季 |
|---|---|---|---|---|
| TJ01 | 375.4 | 618.2 | 435.5 | 512.3 |
| TJ02 | 424.0 | 578.3 | 447.9 | 514.0 |
| TJ05 | 475.0 | 606.2 | 442.6 | 521.0 |
| ZD – TJ087 | 462.6 | 614.5 | 459.3 | 550.1 |
| ZD – TJ096 | 395.1 | 598.6 | 427.4 | 506.4 |

### 2.4.4.6　调查结果评价

1）评价方法和标准

根据大气环境质量标准，采用单因子污染指数评价法。评价标准主要参考国家环境保护总局颁布的《环境空气质量标准》（GB 3095—1996）。

表 2.4 – 40　大气化学调查结果评价标准

| 污染物 | 国家标准 | | |
|---|---|---|---|
| | 级别 | 限值 | 时间 |
| 总悬浮颗粒物 | 一级标准 | 0.12 mg/m³ | 日平均值 |
| | 二级标准 | 0.30 mg/m³ | |
| | 三级标准 | 0.50 mg/m³ | |
| 氮氧化物 | 一级标准 | 0.15 mg/m³ | 1 h 平均值 |
| | 二级标准 | 0.15 mg/m³ | |
| | 三级标准 | 0.30 mg/m³ | |
| Pb | | 1.00 μg/m³ | 年均值 |

（1）环境空气质量功能区分为三类

一类区为自然保护区、风景名胜区和其他需要特殊保护的地区；二类区为城镇规划中确定的居民区、商业交通居民混合区、文化区、一般工业区和农村地区；三类区为特定工业区。空气环境质量分为三级：一类区执行一级标准，二类区执行二级标准，三类区执行三级标准。

（2）《环境空气质量标准》（GB 3095—1996）修改单

①取消氮氧化物（$NO_x$）指标。

②二氧化氮（$NO_2$）的二级标准的年平均浓度限值由 0.04 mg/m³ 改为 0.08 mg/m³；日平均浓度限值由 0.08 mg/m³ 改为 0.12 mg/m³；小时平均浓度限值由 0.12 mg/m³ 改为 0.24 mg/m³。

③臭氧（$O_3$）的一级标准的小时平均浓度限值由 0.12 mg/m³ 改为 0.16 mg/m³；二级标准的小时平均浓度限值由 0.16 mg/m³ 改为 0.20 mg/m³。

考虑到本次调查采集的是氮氧化物样品，因此仍旧采用原有标准中的规定。

（3）目前国家标准中没有铅的日均值，因此用年均值替代

2）与国家标准比较

（1）大气颗粒物浓度

4 个季节中夏季污染最轻，其次是春季，都没有超过 TSP 国家环境空气质量二级标准限值，而冬季和秋季污染比较严重，其中冬季超标 14.69%，秋季超标 46.87%（表 2.4 - 41）。

表 2.4 - 41　天津近海海域大气颗粒物季节特征

| 季节 | 浓度 /（mg·m⁻³） | 标准 /（mg·m⁻³）日均值 | Mi/Sd | 超标倍数 /% |
|---|---|---|---|---|
| 夏季 | 0.144 8 | | 0.48 | — |
| 冬季 | 0.344 08 | 0.3 | 1.15 | 14.69% |
| 春季 | 0.250 4 | | 0.83 | — |
| 秋季 | 0.440 6 | | 1.47 | 46.87% |

Mi——各个季节调查期间大气颗粒物浓度值（mg/m³）；

Sd——TSP 国家环境空气质量二级标准限值（0.3 mg/m³）。

（2）大气颗粒物载带的金属铅的浓度

4 个季节的金属铅污染以春季最重，冬季最轻，各季节所采集到的金属铅浓度均未超标（表 2.4 - 42）。

表 2.4 - 42　天津近海海域大气颗粒物载带的金属铅季节特征　　　单位：μg/m³

| 季节 | 浓度 | 标准 | Mi/Sd |
|---|---|---|---|
| 夏季 | 0.364 6 | | 0.36 |
| 冬季 | 0.160 2 | 1.00 | 0.16 |
| 春季 | 0.937 2 | | 0.94 |
| 秋季 | 0.215 4 | | 0.22 |

Mi——各个季节调查期间大气颗粒物载带的金属铅浓度值（mg/m³）；

Sd——TSP 国家环境空气质量二级标准限值（1.00 μg/m³）。

（3）大气氮氧化物的浓度

4 个季节的大气氮氧化物浓度只有夏季超标严重，其余各季节各点位氮氧化物污染浓度均不超标（表 2.4 - 43 和表 2.4 - 44）。

表 2.4 - 43　天津近海海域大气氮氧化物时空分布特征（一）　　　单位：mg/m³

| 点位 | 夏季 | Mi/Sd | 超标倍数 | 秋季 | Mi/Sd | 超标倍数 |
|---|---|---|---|---|---|---|
| TJ01 | 0.147 3 | 0.98 | -1.80% | 0.008 2 | 0.05 | — |
| TJ02 | 0.274 7 | 1.83 | 83.13% | 0.007 8 | 0.05 | — |
| TJ05 | 0.887 | 5.91 | 491.33% | 0.009 5 | 0.06 | — |
| ZD - TJ087 | 0.720 6 | 4.80 | 380.40% | 0.022 7 | 0.15 | — |
| ZD - TJ096 | 0.346 4 | 2.31 | 130.93% | 0.008 1 | 0.05 | — |

Mi——各个季节调查期间大气氮氧化物浓度值（mg/m³）；

Sd——氮氧化物国家环境空气质量二级标准限值（0.15 mg/m³）。

表 2.4－44　天津近海海域大气氮氧化物时空分布特征（二）　　　　单位：mg/m³

| 点位 | 春季 | Mi/Sd | 超标倍数 | 冬季 | Mi/Sd | 超标倍数 |
|---|---|---|---|---|---|---|
| TJ01 | 0.011 4 | 0.08 | — | 0.065 2 | 0.43 | — |
| TJ02 | 0.011 8 | 0.08 | — | 0.053 4 | 0.36 | — |
| TJ05 | 0.025 3 | 0.17 | — | 0.064 2 | 0.43 | — |
| ZD－TJ087 | 0.034 7 | 0.23 | — | 0.081 5 | 0.54 | — |
| ZD－TJ096 | 0.018 4 | 0.12 | — | 0.054 8 | 0.37 | — |

Mi——各个季节调查期间大气氮氧化物浓度值（mg/m³）；

Sd——氮氧化物国家环境空气质量二级标准限值（0.15 mg/m³）。

3）富集因子评价

科学家们利用富集因子（Enrichment Factors）这一概念来定性描述或者判断大气颗粒物的来源。其优点在于可以消除采样、前处理和分析过程中的不确定因素。地壳物质富集因子（Crustal enrichment factors，简称 EFc，下同），常用来检测或估算非地壳物质源的对于采集样品上的元素浓度的贡献。对于单一元素来说，其 EFc 值的计算依据下面的等式：

EFc ＝（E/Al）sample/（E/Al）crust

（E/Al）sample、（E/Al）crust 分别是元素 E 和铝在颗粒物和地壳物质中组成之比。铝作为参比元素，是因为其在土壤中含量较高。在 EFc 计算中，采用了天津地区土壤的组成成分。

考虑到土壤组成较大的差异性，富集因子在 ±10 以内的元素来自地壳物质的可能较大，而来自人为污染源的可能性就相对较小。EFc 值较高的重金属元素则主要来自人为污染源。

如表 2.4－45 所示，矾、铁的富集因子都小于 10，可以认定为地壳类元素，而锌、镉、铅和铜的富集因子基本都大于 10，可以认定为污染元素。

表 2.4－45　天津近海海域大气颗粒物载带金属元素的富集因子

| 元素 | 夏季 | 冬季 | 春季 | 秋季 |
|---|---|---|---|---|
| V | 4.59 | 0.54 | 5.27 | 0.68 |
| Fe | 2.72 | 0.36 | 4.11 | 0.53 |
| Zn | 1 007.52 | 88.03 | 812.36 | 89.63 |
| Cd | 693.72 | 61.59 | 596.10 | 73.21 |
| Pb | 1 090.22 | 94.87 | 1 378.29 | 179.19 |
| Cu | 73.26 | 7.19 | 214.40 | 24.90 |

## 2.5 海洋生物[①]

海洋生物调查表明，随着渤海湾沿海和近海开发活动的加剧，海洋生物栖息地逐渐缩小甚至丧失，进而导致海域物种类数减少，游泳动物生物群落物种丰富度指数和物种多样性指数下降，生物相对资源量显著下降，浮游动物和潮间带生物群落生物多样性指数较低，底栖生物生物量和栖息密度的减少，种群不断交替，群落稳定性受到一定程度的损害，渤海湾近岸水域生态环境不容乐观。

### 2.5.1 叶绿素 a、初级生产力

#### 2.5.1.1 叶绿素 a

渤海湾天津近岸水域表层叶绿素 a 的平均值为 3.62 mg/m³。春季、夏季、秋季和冬季分别为 2.68 mg/m³、7.34 mg/m³、2.99 mg/m³、1.48 mg/m³，高于 1980 年至 1981 年检测的结果。叶绿素表层最高值，夏季集中在驴驹河外海附近，冬季、春季、秋季都集中在蓟运河河口附近，这可能与蓟运河大量排污有关。

#### 2.5.1.2 初级生产力

根据初级生产力调查结果可以看出，初级生产力水平变化在 0.11 ~ 15.86 mg/（m³·h）之间，平均值为 5.26 mg/（m³·h），初级生产力的季节变化明显。夏季最高，变化范围为 0.59 ~ 15.86 mg/（m³·h），平均值为 7.49 mg/（m³·h）；春季初级生产力略低于夏季，变化范围为 2.5 ~ 12 mg/（m³·h），平均值为 7.36 mg/（m³·h）；冬季初级生产力（除 TJ - 08 站位无比较性）最低，变化范围为 1.5 ~ 4.9 mg/（m³·h），平均值为 2.65 mg/（m³·h）；秋季则高于冬季，变化范围为 0.11 ~ 7.98 mg/（m³·h），平均值为 3.50 mg/（m³·h）。

与 1982 年和 1992 年两次对渤海湾的初级生产力调查的数据相比，10 年间初级生产力水平下降约 44%，与 1992 年、1993 年调查数据相比下降约 42%。初级生产力水平的季节性变化与叶绿素 a 的季节性变化相吻合，但从调查的各项理化因子看，调查水域的温度具典型温带水域海水特征，盐度、溶解氧和 pH 值适中，应属于温带各种海洋生物生长繁殖的良好环境，所以对于渤海水域初级生产力的下降，目前尚难以作出合理的解释。是否与大尺度的全球性气候变化而引起资源数量变动有关，仍有待进一步观测研究。

### 2.5.2 微生物

#### 2.5.2.1 种类分布

春季调查共鉴定细菌 39 属种，其中泥样 27 属种，水样 29 属种；夏季调查共鉴定细菌 89 属种，其中泥样 80 属种，水样 53 属种；秋季调查共鉴定细菌 35 属种，其中泥样 25 属种，

---

① 天津市水产研究所，天津市"908 专项"近岸海域生物生态调查、天津市"908 专项"近岸海洋经济水产资源与生态调查报告，2008。

水样 27 属种；冬季调查共鉴定细菌 51 属种，其中泥样 27 属种，水样 41 属种。

（1）水样中可培养细菌属种分布情况

*Alteromonas* sp. 和 *Pseudoalteromonas* sp. 在各个季节的水样中都存在。*gamma proteobacterium* 在春季出现，*Vibrio* sp. 在夏、秋、冬季都有出现，*alpha proteobacterium endosymbion*、*Rhodobacteraceae bacterium* 和 *Pseudomonas* sp. 在夏季和冬季出现，在春季和秋季没有出现。*Large yellow croaker iridovirus* 除了冬季以外，在其余的 3 个季节中都有出现。

*Flavobacteriaceae bacterium* 在春、夏、秋、冬季出现。*Sulfitobacter brevis* 只在春季出现。*Pyrenomonas helgolandii* 和 *Burkholderia* sp. 只在夏季出现。*Shewanella colwelliana* 只在秋季出现。*Cellulophaga* sp. 在春季和冬季的调查中出现。*Colwellia* sp. 只在春季调查中出现。*Spongiobacter nickelotolerans* 只在冬季调查中出现。*Maribacter* sp. 只在春季调查中出现。

（2）泥样中可培养细菌属种分布情况

*Alteromonas* sp. 和 *Pseudoalteromonas* sp. 在各个站位和各个季节的泥样中都存在，其中 *Alteromonas* sp. 只在春季调查中没有。*gamma proteobacterium* 在夏季和春季中存在。*Vibrio* sp. 在夏、秋、冬季均出现。*Bacteroidetes* sp. 在夏、秋、冬季出现。alpha *proteobacterium endosymbion*、*Rhodobacteraceae bacterium* 和 *Pseudomonas* sp. 只在夏季鉴定出来。*Large yellow croaker iridovirus* 除秋季以外，在其余的 3 个季节中都有出现。*Flavobacteriaceae bacterium* 在春、夏和秋季调查中出现，在冬季没有出现。*Pyrenomonas helgolandii* 只在夏季调查中出现。*Burkholderia* sp. 在秋季、夏季出现。*Shewanella colwelliana* 除在夏季的调查中没出现外，在其他季节均出现。*Cellulophaga* sp. 也是除在夏季的调查中没有出现外，在其他季节都有出现。*Spongiobacter nickelotolerans* 只在夏季调查中出现。*Thalassiosira pseudonana mitochondrio* 和 *Bacteriovorax* sp. 只在夏季中出现。*proteobacterium* OCS44 只在春季调查中出现。

### 2.5.2.2 数量分布

（1）春季

春季表层水体病毒数量平均值为 $9.322 \times 10^9$ 个/L；中层水体病毒数量平均值为 $8.678 \times 10^9$ 个/L；底层水体病毒数量平均值为 $7.926 \times 10^9$ 个/L。表层水体细菌总数平均值为 $6.472 \times 10^8$ 个/L；中层水体细菌总数平均值为 $5.524 \times 10^8$ 个/L；底层水体细菌总数平均值为 $4.564 \times 10^8$ 个/L。由此可以看出随着水深的加大，病毒、细菌数量平均值逐渐减少。

表层水体的细菌体积均值为 $1.87 \times 10^{-2}$ μm³，表层水体细菌生物量均值为 5.77 μg/L；中层水体的细菌体积均值为 $1.948 \times 10^{-2}$ μm³，中层水体细菌生物量均值为 4.918 μg/L；底层水体的细菌体积均值为 $1.914 \times 10^{-2}$ μm³，底层水体细菌生物量平均值为 3.932 μg/L。泥样的可培养细菌数量为 $3.343 \times 10^6$ CFU/L；水体可培养细菌的数量均值为 $18.36 \times 10^6$ CFU/L。

（2）夏季

夏季表层水体病毒数量平均值为 $5.254 \times 10^{10}$ 个/L；中层水体病毒数量平均值为 $5.368 \times 10^{10}$ 个/L；底层水体病毒数量平均值为 $5.788 \times 10^{10}$ 个/L。表层水体细菌总数平均值为 $3.042 \times 10^9$ 个/L；中层水体细菌总数平均值为 $3.290 \times 10^9$ 个/L；底层水体细菌总数平均值为 $3.408 \times 10^9$ 个/L。由此可以看出随着水深的加大，病毒、细菌数量平均值也逐渐加大。

表层水体的细菌体积 $2.846 \times 10^{-2}$ μm³，体细菌生物量 36.768 μg/L；中层水体的细菌体

积 $2.414 \times 10^{-2}$ $\mu m^3$，细菌生物量 32.882 $\mu g/L$；底层水体的细菌体积 $2.752 \times 10^{-2}$ $\mu m^3$，细菌生物量 36.426 $\mu g/L$。泥样的可培养细菌数量均值 $2.25 \times 10^5$ CFU/L；水体可培养细菌的数量均值为 $2.69 \times 10^5$ CFU/L。

（3）秋季

秋季表层水体病毒数量平均值为 $7.45 \times 10^9$ 个/L；中层水体病毒数量平均值为 $5.07 \times 10^9$ 个/L；底层水体病毒数量平均值为 $7.30 \times 10^9$/L。表层水体细菌总数平均值为 $6.07 \times 10^8$ 个/L；中层水体细菌总数平均值为 $4.95 \times 10^8$ 个/L；底层水体细菌总数平均值为 $5.59 \times 10^8$ 个/L。

表层水体的细菌体积均值为 $1.79 \times 10^{-2}$ $\mu m^3$，细菌生物量均值为 5.08 $\mu g/L$；中层水体的细菌体积均值为 $1.92 \times 10^{-2}$ $\mu m^3$，细菌生物量均值为 4.45 $\mu g/L$；底层水体的细菌体积均值为 $1.74 \times 10^{-2}$ $\mu m^3$，细菌生物量平均值为 4.59 $\mu g/L$。泥样的可培养细菌数量为 $6.70 \times 10^5$ CFU/L；水体可培养细菌的数量均值为 $6.93 \times 10^6$ CFU/L。

（4）冬季

冬季表层水体病毒数量平均值为 $1.077\ 6 \times 10^{10}$ 个/L，中层水体病毒数量平均值为 $1.427\ 6 \times 10^{10}$ 个/L，底层水体病毒数量平均值为 $1.504\ 6 \times 10^{10}$ 个/L。由此可以看出随着水深的加大，病毒数量平均值也逐渐加大。表层水体细菌总数平均值为 $6.412 \times 10^8$ 个/L；中层水体细菌总数平均值为 $6.474 \times 10^8$ 个/L；底层水体细菌总数平均值为 $5.804 \times 10^8$ 个/L。中层水体细菌数量最大，其次是表层水体，最后是底层水体。

表层水体的细菌体积均值为 $1.664 \times 10^{-2}$ $\mu m^3$，细菌生物量均值为 5.194 $\mu g/L$；中层水体的细菌体积均值为 $1.830 \times 10^{-2}$ $\mu m^3$，细菌生物量均值为 5.506 $\mu g/L$；底层水体的细菌体积均值为 $1.602 \times 10^{-2}$ $\mu m^3$，细菌生物量平均值为 4.592 $\mu g/L$。泥样的可培养细菌数量为 $1.96 \times 10^5$ CFU/L；水体可培养细菌的数量均值为 $1.32 \times 10^5$ CFU/L。

## 2.5.3 浮游植物

浮游植物是海洋有机质的主要生产者，它是浮游动物的基础饵料，也是海洋食物网结构的基础环节，在海洋生态系统的物质循环与能量转换过程中起着重要作用。浮游植物数量的研究是海洋生态系统容纳量的重要指标。

### 2.5.3.1 微微型浮游生物

春季微微型浮游生物数量以表层最大（3.06 个/mL），中层居中（2.67 个/mL），底层最小（1.71 个/mL）。由此可见，微微型浮游生物的数量与水温呈现相关性，这与其他学者的观点相同。有理由推断，在该调查海区内，天气由冷转暖之际，微微型光合真核生物出现的水温阈值在 10℃左右。

夏季微微型浮游生物数量以底层最大（21.37 个/mL），表层最小（18.81 个/mL），中层居中（19.56 个/mL）。3 个水层细胞密度的平均值差异微小，所以调查海区内水深不是影响密度差异的因子。标准差和变异系数随水深的加深而增大，调查站位水深的不同是主要影响因素。

秋季微微型浮游生物数量以中层最大（197.96 个/mL），底层居中（173.97 个/mL），表层最小（161.56 个/mL）。表层、中层和底层微微型浮游生物量范围、平均值、标准差和变异系数相对较稳定。

冬季微微型浮游生物数量以底层最大（$2.86 \times 10^4$ 个/mL），表层居中（$2.80 \times 10^4$ 个/mL），中层最小（$2.32 \times 10^4$ 个/mL）；表层和中层微微型浮游生物范围、平均值、标准差和变异系数相对较稳定，底层变化大，分析认为站位水深的差别导致了微微型浮游生物分布的不均一。

### 2.5.3.2 微型浮游生物

春季表层和中层均未检出微型浮游生物。底层共采集到微型浮游生物总数为 6 000 个/L，平均数为 400 个/L。

夏季表层共采集到微型浮游生物总数为 1 923 034 个/L，平均数为 128 202 个/L；中层共采集到微型浮游生物总数为 1 432 204 个/L，平均数为 95 480 个/L；底层共采集到微型浮游生物总数为 1 794 946 个/L，平均数为 119 663 个/L。

秋季表层共采集到微型浮游生物总数为 1 707 070 个/L，平均数为 113 805 个/L；中层共采集到微型浮游生物总数为 2 220 450 个/L，平均数为 148 030 个/L；底层共采集到微型浮游生物总数为 2 287 475 个/L，平均数为 152 498 个/L。

冬季表层共采集到微型浮游生物总数为 215 890 个/L，平均数为 14 393 个/L；中层共采集到微型浮游生物总数为 120 517 个/L，平均数为 8 034 个/L；底层共采集到微型浮游生物总数为 131 939 个/L，平均数为 8 796 个/L。

除春季表层和中层外，其他各季节各水层微型浮游生物的优势种均为蛋白核小球藻。

### 2.5.3.3 小型浮游生物

（1）种类组成

调查共鉴定小型浮游生物隶属 5 门，共 88 种。种类数比 1983 年海岸带调查时的 98 种，减少 10 种。

春季小型浮游生物有硅藻门、金藻门、绿藻门。密度以硅藻门为绝对优势类群，占总量的 89.64%；绿藻门次之，占 10.19%。这 2 个类群量占了总数的 99.83%。

夏季小型浮游生物有硅藻门、甲藻门、蓝藻门、绿藻门。密度以硅藻门为绝对优势类群，占总量的 97.90%；绿藻门次之，占 1.31%。

秋季小型浮游生物有硅藻门、甲藻门。密度以硅藻门为绝对优势类群，占总量的 98.15%；甲藻门次之，占 1.85%。

冬季小型浮游生物有硅藻门、甲藻门、金藻门、绿藻门。密度以硅藻门为绝对优势类群，占总量的 99.20%；甲藻门次之，占 0.43%。这 2 个类群量占了总数的 99.63%。

（2）数量分布

调查海区小型浮游生物 4 个季节总平均密度为 $728 \times 10^4$ 个/m³，高于 1958—1959 年全国海洋综合调查的 $150 \times 10^4$ 个/m³，也高于 1972—1973 年三省一市调查的 $362 \times 10^4$ 个/m³ 及 1979 年调查的 $488 \times 10^4$ 个/m³。与 1983 年海岸带调查相比，主要优势种仍为广温低盐硅藻种类圆筛藻；但小型浮游生物总平均密度大大高于当年的 $32.28 \times 10^4$ 个/m³。

调查海区小型浮游生物总密度的季节变化比较明显。以秋季数量最高，夏季次之，春季最低。在 4 个季节当中，出现两次高峰，即秋季和夏季。这个变化趋势有别于以往的调查结果，1983 年海岸带调查以 5 月最高，3 月和 11 月很低，不排除采样时间的差别造成的差异（1983 年海岸带调查为 3 月、5 月和 11 月）。

春季小型浮游生物平均密度为 239 301 个/m³，主要优势种为偏心圆筛藻，布氏双尾藻和琼氏圆筛藻次之，夏季小型浮游生物平均密度为 13 632 663 个/m³，主要优势种为中心圆筛藻，厚辐环藻和骨条藻次之；秋季小型浮游生物平均密度为 13 886 893 个/m³，主要优势种为刚毛根管藻，浮动弯角藻和虹彩圆筛藻次之；冬季小型浮游生物平均密度为 1 370 160 个/m³，主要优势种为星脐圆筛藻，整齐圆筛藻和辐射圆筛藻次之。

调查海区小型浮游生物种类不少，但对细胞总数的分布和季节变化起决定作用的只是为数不多的优势种类（主要为硅藻）。其他各属的种类，有的虽然数量略大，但出现时间较短，分布区也有一定的局限性；或甚习见，但数量少，极少形成密集区。硅藻类以广温低盐近岸种类为主，其优势种的组成及分布都以圆筛藻占优势，温带性的布氏双尾藻也占较大比例。圆筛藻的代表种有中心圆筛藻、星脐圆筛藻、偏心圆筛藻、琼氏圆筛藻、整齐圆筛藻、虹彩圆筛藻和辐射圆筛藻。双尾藻属的优势种为布氏双尾藻，数量较大，分布较广。

硅藻类无论细胞个数或种数都占绝对优势，与过去调查结果近于一致。本海区的硅藻类，多属近岸低盐种，出现时间长、分布广和数量大。种类组成主要有圆筛藻属、双尾藻属、根管藻属等。依主要种类的生态特性及水文状况，天津近岸水域仍以广温低盐种占优势，且多广布于调查区，其中以低盐种占绝对优势，如圆筛藻、布氏双尾藻、刚毛根管藻等。高盐性种类数量很少。

甲藻类以近岸种为多，其种类组成比较单一，有叉状角藻、三角角藻等。

调查（海水化学部分）表明无机氮在所有站位都造成了严重污染，严重污染频次近 47.6%。其中 TJ01、TJ05 和 TJX-3 站位所检测水样全部属于严重污染等级。春季是无机氮污染最重的季节，严重污染频次达到 69%，冬季是无机氮污染最轻的季节。活性磷酸盐在部分站位造成了严重污染。活性磷酸盐严重污染的水质出现在 5 个站位；活性磷酸盐严重污染的水质多出现在秋季。调查海区的富营养化也是小型浮游生物密度较高的重要原因。

此外，小型浮游生物密度较高，是因为：调查海区内以小型浮游生物为饵料的生物资源的种类和数量，近些年来呈现大幅度下降和摄食者减少。

（3）小型浮游生物群落生物特征

调查海区小型浮游生物多样性指数 $H'$ 较高，4 个季节变化范围为 4.02~4.46，平均值为 4.25；4 个季节均匀度值的变化范围为 0.73~0.81，平均值为 0.77。多样性指数最大值出现在夏季，均匀度 $J$ 值最大值出现在春（冬）季。各季节多样性指数及均匀度 $J$ 值变化不大。调查海区小型浮游生物丰度 $d$ 值的总体水平较高，变化范围为 1.56~2.17，平均值为 1.76；最大值出现在夏季航次，最小值出现在春季航次。

总的来说，小型浮游生物多样性指数 $H'$ 的季节变化特征从高到低依次为夏季、冬季、春季、秋季；均匀度 $J$ 值的季节变化特征从高到低依次为冬季、春季、夏季、秋季；丰度 $d$ 值的季节变化特征从高到低依次为夏季、冬季、秋季、春季。

## 2.5.4　大中型浮游生物（浮游动物）

海洋浮游动物是海洋食物链中的重要环节，在海洋生态系中，对物质循环和能量流动、海域生物生产力及其调节机制都起着不可忽视的作用。了解浮游动物的种类组成、分布及其群落的生物多样性，对评估海区的生产力，合理开发利用生物资源，具有重要意义。

### 2.5.4.1 种类组成

天津近岸海区调查采集的大型浮游生物经鉴定共有 17 种（包括 3 种浮游幼虫），隶属于 3 个门 7 个类群。种类数大大低于 1983 年天津市海岸带综合调查结果（55 种、7 大类）。本次调查以节肢动物占绝对优势，其中节肢动物中桡足类种类最多，占总种数的 29.41%。天津近岸海区夏季大型浮游生物出现种类最多，为 13 种，占全区总种数的 76.47%；其次是秋季，为 10 种，占全区总种数的 58.82%；春季和冬季较少，均为 6 种，各占全区总种数的 35.29%。主要种类包括太平洋纺锤水蚤、中华哲水蚤、小拟哲水蚤、带拟杯水母、塔形舟水母、强壮箭虫等，从 4 次调查平均数看，桡足类的数量所占比重最大，占整个浮游动物总数的 47.3%。浮游幼虫主要以长尾类幼体较多。

根据主要种类的生态特性及水文状况，天津近岸水域浮游动物是以低盐与高盐两个生态类群组成。仍以广温低盐种占优势，且多广布于调查区，其中以低盐种占优势。

广温低盐种主要分布于沿岸水域和内湾，其出现和数量变动一般受控于沿岸水的影响，密集区大多出现在沿岸水和混合水锋面内侧。本区域代表种类为太平洋纺锤水蚤（*Acartia pacifica*）、强壮箭虫（*Sagitta crassa*）。

广温广盐种在本海区大型浮游生物数量上占据相当优势，它在陆架混合水区广泛分布，四季均有出现。本区域代表种类为中华哲水蚤（*Calanus sinicus*）、小拟哲水蚤（*Paracalanus parvus*）。

### 2.5.4.2 生物量的组成及季节变化

大型浮游生物湿重生物含量平均值为 241 mg/m³，季节变化较明显。以夏季最高，达到 509 mg/m³；春季次之，为 173 mg/m³；再次为秋季，为 152 mg/m³；冬季最低，为 128 mg/m³。1983 年天津市海岸带综合调查结果总平均值为 254 mg/m³，由于 1983 年调查缺少冬季数据，所以本次调查结果事实上高于 1983 年结果。此外也高于 1978 年、1981 年渤海湾和北塘河口生物量的综合调查（一般在 100 mg/m³ 以上，夏季常在 250 mg/m³）。

生物量的季节变化与主要种的个体大小及其数量占全年的比重有关。生物量的组成，终年都是毛颚类的强壮箭虫所主导。这与 1983 年调查的结果一致。由于强壮箭虫的个体较其他浮游动物大，因此其数量的变动直接影响到整个浮游动物生物量的分布。除强壮箭虫外，桡足类中的优势种，如太平洋纺锤水蚤、中华哲水蚤、小拟哲水蚤等的数量变动对生物量分布也起到一定的作用，从而说明浮游动物生物量的变动实际上是各主要优势种类的分布和数量变动的结果。

### 2.5.4.3 数量组成及季节变化

调查海区大型浮游生物数量的季节变化较明显。4 个季节总密度平均值为 14 358 个/m³，高于 1983 年天津市海岸带综合调查结果（总平均值为 455.62 个/m³）。以夏季最高，达到 57 193 个/m³；秋季次之，达 157 个/m³；春季大幅降低，为 54 个/m³；冬季最低，为 29 个/m³。

1983 年天津市海岸带综合调查结果（8 月为 983.6 个/m³；5 月为 691.56 个/m³；11 月为

91.2 个/m³；3 月为 56.12 个/m³）总平均值为 455.62 个/m³。

#### 2.5.4.4 群落多样性

调查海区大型浮游生物多样性指数 $H'$ 较低，4 个季节变化范围为 0.24 ~ 2.01，平均值为 1.07；4 个季节均匀度值的变化范围为 0.07 ~ 0.62，平均值为 0.37。多样性指数 $H'$ 最大值均出现在秋季；均匀度 $J$ 值最大值出现在春季。各调查航次大型浮游生物多样性指数及均匀度 $J$ 值变化较大，除秋季均小于 2.00。调查海区大型浮游生物丰度 $d$ 值的总体水平较低，变化范围为 0.56 ~ 0.80，平均值为 0.61；最大值出现在秋季，最小值出现在春季。

总的来说，大型浮游生物多样性指数 $H'$ 的季节变化特征从高到低依次为秋季、春季、冬季、夏季；均匀度 $J$ 值的季节变化特征与多样性指数 $H'$ 相似，由高至低为秋季、春季、冬季、夏季；丰度 $d$ 值的季节变化特征由高至低为秋季、冬季、夏季、春季。

### 2.5.5 鱼类浮游生物

鱼卵、仔稚鱼是鱼类资源进行补充和可持续利用的基础，在鱼类生命周期中数量最大，对环境的抵御能力最脆弱，是死亡最多的敏感发育阶段，这期间在形态学、生理学和生态学等特性方面均发生很大的变化，其孵化和成活率的高低、残存量的多寡将决定鱼类时代的发生量，即补充群体资源量的密度。因此，进行鱼卵、仔稚鱼生物学、生态学和鱼类早期发育规律的研究，对阐明鱼类数量动态变化的机制、开展资源的增殖、进行种群的养护均具有重要的理论和现实意义。

#### 2.5.5.1 种类组成

在调查海区采集到的鱼卵、仔稚鱼共计 9 科，15 种，鉴定到种的有 13 种，未定种 1 种，其他只鉴定到科。与 1983 年海岸带调查相比（33 种），减少了 50% 以上。

本次调查分春、夏、秋、冬 4 个航次，每个航次分别进行垂直和水平拖网，共采集到鱼卵、仔稚鱼 7 419 粒（尾），与 1983 年海岸带调查［239 271 粒（尾）］相比，减少 231 852 粒（尾）。其中，鱼卵有 6 447 粒，与 1983 年海岸带调查（142 211 粒）相比，减少 135 764 粒；仔稚鱼有 972 尾，与 1983 年海岸带调查（97 060 尾）相比，减少 96 088 尾。

#### 2.5.5.2 数量组成

垂直拖网共调查了 60 个站次，采集到鱼卵 16 粒，平均密度 0.20 粒/m³。隶属 5 科，6 种。均只鉴定到科。采到的仔稚鱼 57 尾，平均密度 0.60 尾/m³，隶属 5 科，6 种；未定种一种，其中一种鉴定到种，其他均只鉴定到科。

水平拖网共调查了 32 个站次，采集到鱼卵 6 431 粒，平均密度 1.66 粒/m³。隶属 8 科，11 种，全部鉴定到种。采集到的仔稚鱼 915 尾，平均密度 0.39 尾/m³。隶属 6 科，7 种，其中鉴定到种的 5 种，其他鉴定到科。4 个航次的垂直和水平拖网采样结果，以春季采集的鱼卵、仔稚鱼种类数量最多，其次为夏季、秋季只采集到 1 种，冬季未采到。可以看出，春季是渤海湾大多数鱼类的产卵盛期。

调查结果与 1983 年天津市海岸带资源调查相比，发生了明显的变化，虽然有采样次数少（1983 年采样 9 次）及采样时间（主要是春季）与鱼类繁殖季节不吻合的因素在内。但从以上结果还是可以看出，目前天津市近岸海域无论是鱼卵、仔稚鱼的数量或是种类，与过去相比均有明显减少。调查结果与游泳动物拖网调查结果的变化趋势基本是一致的，反映出渤海渔业资源的严重衰退。

调查采集到的主要是一些经济价值较低的浅海中小型鱼类的鱼卵和仔稚鱼：斑鰶、鲅及矛尾复鰕虎鱼，而小黄鱼、银鲳等重要经济鱼类鱼卵、仔稚鱼数量极少，甚至没有出现，证明人类的长期捕捞活动对海洋生态系统中鱼类资源的种类交替和鱼类群落结构的变化产生了较大的影响，使鱼群密度下降，资源衰退，这除了与鱼类的捕捞过度有关外，是否还和其他因子有关，有待进一步研究。

### 2.5.6 大型底栖生物

底栖生物是指生活在海洋基底表面或沉积物中的各种生物所组成的生态类群，其在海洋生态系的食物链中占相当重要的地位，底栖生物所属门类众多，在食物链中位于第二或更高的层次。它们以浮游或底栖动植物或有机碎屑为食物，自身又是许多经济鱼、虾、蟹的主要饵料，有些种类还具有重要的经济价值，成为渔业捕捞和采集的主要对象。

#### 2.5.6.1 种类组成

春、夏、秋和冬四季节定性、定量调查共采集到大型底栖生物137种，与1983年海岸带调查（只进行了春、夏和秋季3个航次为142种）资料相比，减少了5种。在底栖生物总种数中，软体动物有42种，比1983年海岸带调查（37种）时增加了5种；环节动物有31种，比1983年海岸带调查（43种）时减少了12种；甲壳动物有34种，比1983年海岸带调查（37种）时减少了3种；棘皮动物有8种，比1983年海岸带调查（7种）时增加了1种；其他动物有22种，比1983年海岸带调查（18种）时增加了4种。

#### 2.5.6.2 栖息密度

调查4个航次的总平均生物密度为145.08个/m²。与1983年海岸带调查（只进行了春、夏和秋季3个航次，总平均生物密度为153个/m²）资料相比，减少了8个/m²。冬季生物密度最高，其次为夏季，春季与秋季相近。而1983年海岸带调查结果为春季生物密度最高，其次为秋季，夏季最低。这可能是由于底栖生物的种类组成、季节变化不同造成的。

在底栖生物密度组成中，按各类群在总密度中所占的比例来分析，软体动物居首，其平均密度为95.75个/m²；甲壳类次之，其平均密度为16.67个/m²；其次为环节动物（11.67个/m²）、棘皮动物（6.99个/m²）。除以上4个主要类群外，包括腔肠动物、纽虫、底栖鱼类等放在一起统称其他动物（14.0个/m²）。与1983年海岸带结果不同的是在生物密度组成中软体动物取代环节动物跃居首位。

#### 2.5.6.3 生物量

调查4个航次的总平均生物量为24.85 g/m²。与1983年海岸带调查（只进行了春、夏和秋季3个航次，总平均生物量为41.5 g/m²）资料相比，减少了16.65 g/m²，变化比较明显（降低了40.12%）。其中，夏季生物量最高，其次为春季，冬季与秋季相近。1983年海岸带调查结果为春季生物量最高，其次为秋季，夏季最低。这可能是由于生物量的组成、季节变化不同造成的。

在底栖生物生物量组成中，按各类群在总生物量中所占的比例来分析，棘皮动物居首，其平均生物量为 9.0 g/m²；软体动物次之，其平均生物量为 5.9 g/m²；再次为甲壳类（3.67 g/m²）、环节动物（2.52 g/m²）。除以上 4 个主要类群外，包括腔肠动物、纽虫、底栖鱼类等放在一起统称其他动物（3.66 g/m²）。与 1983 年海岸带结果不同的是在生物量组成中棘皮动物取代软体动物居首位，软体动物降至次要地位。

调查采集到的样品，与历史资料相比，以体型小的种类占的比例较大。经济种、大型种类（如毛蚶、扇贝等）均未采到，表明该种群已经形不成产量，只是作为兼捕的对象。在 1983 年海岸带调查结果中，毛蚶的生物量占软体动物的 83%，占总生物量的 53%。由于毛蚶的绝迹，直接导致软体动物在生物量组成中优势地位的丧失，降至次席。

分析表明，调查海域底栖生物密度较高，生物量较低。底栖生物在生物量和密度组成中均以体型较小的种类占的比例较大，如橄榄胡桃蛤、绒毛细足蟹、脆壳理蛤等，它们具有生长快、生命周期短、季节变化明显的特点，这些小型种对较之体型大、生长慢的渔业种类具有更重要的饵料价值。与历史资料对比，该水域原来一些高密度的毛蚶渔场转变为"荒漠区"，主要是环境污染、捕捞方式不合理等原因造成的。

### 2.5.6.4　群落多样性特征

调查海区底栖生物种类多样性指数 $H'$ 值较低，变化范围为 1.70～1.94，平均值为 1.76；均匀度 $J$ 值的变化范围为 0.53～0.67，平均值为 0.60。多样性指数与均匀度最高值均出现在夏季，各调查站底栖生物种类多样性指数及均匀度变化不大，均小于 2.00。调查海区底栖生物丰度的总体水平较低，变化范围为 1.36～1.82，平均值为 1.61，与多样性指数相似，最小值出现在秋季，总体分布较均匀。调查海区底栖生物种类多样性指数和丰度总体水平不高。

以从高到低方式依次排列：多样性指数 $H'$ 值的季节变化特征为夏季、冬季、春季、秋季；均匀度 $J$ 值的季节变化特征为夏季、秋季、冬季、春季；丰度 $d$ 值的季节变化特征为春季、夏（冬）季、秋季。

### 2.5.7　小型底栖生物

渤海湾天津近海共采集到线虫、桡足类、多毛类、介形类、寡毛类、双壳类、动吻类等类群，以及少量未鉴定类群。从生物丰度角度来说，线虫在小型底栖生物各类群中占据绝对优势。线虫生物丰度占小型底栖生物丰度的比例为：春季占 95.88%，夏季占 92.06%，秋季占 91.92%，冬季占 90.70%。其他类群的生物丰度所占比例相当小。从生物量角度来说，线虫的优势已不如生物丰度明显，和桡足类和多毛类一起占有一定优势。

近岸海域的小型底栖生物数量有多于远岸的趋势。南部海域站点生物丰度的季节变化较小，而中北部站点的季节变化明显。一般是春、夏季的生物丰度值较高，秋、冬季的密度值偏低。小型底栖生物丰度的水平分布并不均匀，并且有较明显的季节变化。

小型底栖生物的丰度（密度）和生物量在时间分布方面均存在差异，春、夏季较高，秋、冬季较低。这反映出本海域小型底栖生物的生长、繁殖有较明显的季节性，这和生物本身特性有较大关系。

小型底栖生物丰度和生物量在空间分布（水平分布、垂直分布）上也存在差异。小型底栖生物丰度值表现出了南高北低的趋势。近岸区丰度值较低，小型底栖生物生物量值表现出了中部海域较高，而南部、北部低的趋势。北部海域生物量低于南部。空间分布和沉积物环境及海洋水文、气象关系密切，应该加强环境因子的相关性分析。由于天津近岸海域正处于高度开发的过程中，海岸开发以及围海造陆等人为工程难免影响海洋生物；加之污水流入较多，应该加强环境监测和管理。垂直方向上，小型底栖动物主要分布于 0 ~ 5 cm（表层至中层），占总量的 85.9% ~ 92.9%；冬季分布于底层的比例增加。

## 2.5.8　潮间带生物

天津市海岸带属于冲积性平原海岸，潮间带较宽，滩涂地势极为平坦，坡度小。滩涂表面堆积很厚的松软泥层，只有驴驹河、独流减河南滩为细沙硬板滩。潮间带生物所属门类众多，其在海洋生态系的食物链中占相当重要的地位，它们以浮游或底栖动植物或有机碎屑为食物，自身又是许多经济鱼、虾、蟹的主要饵料，有些种类还具有重要的经济价值，成为渔业捕捞和采集的主要对象。

### 2.5.8.1　多毛类

调查共获得多毛类标本 16 种，属于 13 科。总平均密度 9.40 个/m²，总平均生物量 0.71 g/m²。获得的标本种类比 1983 年海岸带调查少了 9 种，约减少 36%，种类的急剧减少与环境的人为破坏有着密不可分的关系。1983 年调查多毛类全年总平均生物量为 0.69 g/m²，总平均密度为 7.67 个/m²，此次调查略高于 1983 年。调查发现，每种多毛类分布都不广泛，只集中出现在几个断面，没有广布种。1983 年调查中的常见品种如日本刺沙蚕、双齿围沙蚕等均未采到，可能是天津市海区水域生态环境恶化、施工建设占用滩涂人为破坏等原因造成的原常见种类密度减小，不易采集到。多毛类在滩涂上起到疏松底质、吞噬过量的有机残渣清洁滩涂的作用，并且是经济甲壳类和鱼类尤其是鲽形目鱼等近底层和底层鱼类的饵料。另外，多毛类幼虫也是经济动物幼体的滤食对象，其担轮幼虫也是对虾的极好食料。由于饵料分布的不均匀性造成了以其为食的其他生物的分布不均匀。在减少的 10 种多毛类生物中，多为对生产和环境有利的沙蚕科多毛类，而对生产和环境有害的种类如附着生物蛰龙介、缨鳃虫和危害贝类生存的才女虫有增多的趋势。智利巢沙蚕是仅生活于热带和亚热带的暖水种，在此次调查中也有发现，且已经成为常见种，是天津市周边海域水环境变暖的标志。

### 2.5.8.2　软体动物

调查共获得软体动物标本 24 种，属于 20 科。总平均密度 350.90 个/m²，总平均生物量 171.63 g/m²。获得的标本种类数比 1983 年海岸带调查只减少了 2 种，约减少 8%。1983 年调查软体动物全年总平均生物量为 74.14 g/m²，总平均密度为 576.71 g/m²。比较两次调查可知，总平均密度明显减少，约减少 39%；总平均生物量却明显增加，是 1983 年调查的 2.3 倍。主要因为许多体积小、重量小的软体动物密度减少，而四角蛤蜊、黑龙江河蓝蛤、托氏长螺等重量较大的软体动物密度有所增大造成的。软体动物中红带织纹螺、光滑狭口螺、黑龙江河蓝蛤、江户明樱蛤分布较为广泛，几乎覆盖了所有断面，是广布种。黑龙江河蓝蛤、四角蛤蜊和托氏螺都主要集中分布在独流减河口和驴驹河断面。这两个断面都为沙泥质底，周围有淡水注入渤海，适宜这3种贝类的生长。黑龙江河蓝蛤是良好的饵料生物；四角蛤蜊是经济价值较高的软体动物品种；托氏螺的壳是贝雕工艺的良好材料，亦为对虾的饵料，应多加保护以保证持续的开发利用。此次调查采到了1983年调查中未采到的泥螺。泥螺为太平洋沿岸半咸水习见种类，我国黄海、渤海常见，东海、南海也有分布，以东海产量最高。它的出现可能是由于近几年为改善天津市海域生态环境、修复渔业资源采取的放流措施中夹带的幼体在天津市滩涂附着生长繁殖的结果。

### 2.5.8.3 甲壳动物

调查共获得甲壳动物标本15种，属于13科。总平均生物量是2.56 g/m²，总平均栖息密度为11.80个/m²。1983年调查共获得甲壳动物标本24种，此次调查减少了9种，约减少38%。从减少的种类看，主要是蟹类，如1983年调查常见的狭额绒螯蟹、天津厚蟹等均未采集到。各种甲壳动物都集中分布在几个断面，没有广布种。1983年调查的总平均生物量为8.85 g/m²，总平均栖息密度为10.33个/m²。两次调查相比，栖息密度相差无几而此次的生物量明显减少。

### 2.5.8.4 棘皮动物

调查共获得棘皮动物标本2种，属于2科。总平均生物量为1.58 g/m²，总平均密度为2.05个/m²。1983年海岸带调查共获得棘皮动物2种，总平均生物量0.84 g/m²，总平均密度为0.52个/m²。比较两次调查可以看出，此次调查棘皮动物无论生物量还是栖息密度都明显高于1983年海岸带调查。棘皮动物以棘刺锚参为主，海地瓜只在个别站位出现。

### 2.5.8.5 其他动物

此次调查共获得其他动物标本8种，属于5科。总平均生物量为9.75 g/m²，总平均栖息密度12.35个/m²。1983年调查共获得其他动物标本18种，总平均生物量为7.41 g/m²，总平均栖息密度为4.67个/m²。通过两次调查的比较，此次调查的生物量和密度都明显高于1983年调查；种类数减少了10种，主要减少的是鱼类尤其是鰕虎鱼类，其他鱼类如1983年调查中有的花鲈、黄鲫等均未出现。其他动物主要以海豆芽为主，主要集中分布在驴驹河断面和独流减河口断面。这两个断面的平均密度为37.4个/m²，平均生物量为27.89 g/m²。

### 2.5.8.6 潮间带生物的多样性、丰富度和均匀度

物种多样性是群落生物组成结构的重要指标，它不仅可以反映群落组织化水平，而且可以通过结构与功能的关系间接反映群落的功能。丰富度指群落所含物种的多寡。均匀度指群落中各个种的相对密度。

各断面的多样性指数波动范围为0.81~1.79，平均1.24；马棚口断面最低，独流减河口断面最高。均匀度范围为0.48~0.75，平均0.60；驴驹河断面最低，蛏头沽断面最高。丰富度范围是0.43~0.86，平均0.64；马棚口断面最低，驴驹河断面最高。不同潮区的种类多样性、均匀度及丰富度的垂直分布均以中、低潮区较高且相近，高潮带的则较低。

调查可以看出，底质为沙泥质的独流减河口和驴驹河断面无论是生物栖息密度还是生物量都明显高于底质为泥沙质和泥质的其他几个断面。海域潮间带生物的栖息密度和生物量都是以软体动物为主。此次调查潮间带生物的平均多样性指数低，反映了近岸水域环境较差，群落食物链关系较简单，承受环境变化冲击的能力弱需要加强保护以改善生态环境。均匀度和丰富度的总体水平不高，说明物种的品种较少，如若某种物种灭绝能够替补其在生态链中位置的物种少，生态环境容易遭到破坏。

### 2.5.9 游泳动物

#### 2.5.9.1 种类组成

共采集到游泳动物 40 种，其中鱼类 22 种，占总种数的 55%；虾类 10 种，占总种数的 25%；蟹类 5 种，占总种数的 12.5%；头足类 3 种，占总种数的 7.5%。

1983 年共捕获到鱼类 50 种，分别隶属 13 目，27 科。鱼类的优势种为：黄鲫、斑鰶、刀鲚、黑鳃梅童鱼、半滑舌鳎等，无论是重量还是数量都有很大的优势。但本次调查的优势种为：钝尖尾鰕虎鱼、斑鰶、梭鱼等。通过调查数据表明，近几年的过度捕捞，导致天津近海资源已经遭到了严重的破坏。需要说明的是，由于在采样的过程中定置网具过多以及涉海工程的因素，无法正常下网捕捞，有的站位只能拖网半个小时，有的站位只能拖网 15 分钟，还有些站位由于地形复杂导致网具丢失。有些渤海湾内的游泳动物并没有拖到，通过走访使用定置网具以及捕捞的渔民，调查到一些经济品种，例如，花鲈、蓝点马鲛、半滑舌鳎等均未捕到。

#### 2.5.9.2 数量组成

游泳动物的密度总平均值为 1 044.5 个/（h·网）。春季游泳动物的密度平均值为 536.3 个/（h·网），夏季密度的平均值为 2 278.0 个/（h·网），秋季密度的平均值为 596.2 个/（h·网），冬季密度的平均值为 768.2 个/（h·网）。

游泳动物生物量的总平均值为 10.52 kg/（h·网）。春季游泳动物生物量的均值为 5.498 kg/（h·网），夏季生物量的平均值为 22.95 kg/（h·网），秋季生物量的平均值为 7.49 kg/（h·网），冬季生物量的平均值为 6.15 kg/（h·网）。

#### 2.5.9.3 生物群落多样性特征

调查海区游泳动物种类多样性指数 $H'$ 较低，4 个航次变化范围为 1.40～2.38，平均值为 1.99；4 个季节均匀度值的变化范围为 0.52～0.60，平均值为 0.56。多样性指数与均匀度 $J$ 值最大值均出现在夏季。调查海区游泳动物丰度 $d$ 值的总体水平较低，变化范围为 0.72～1.50，平均值为 1.26；最大值出现在春季，最小值出现在冬季。

以从高到低方式依次排列：多样性指数 $H'$ 的季节变化特征为夏季、秋季、春季、冬季；均匀度 $J$ 值的季节变化特征为夏季、春季（秋季）、冬季；丰度 $d$ 值的季节变化特征为春季、夏季、秋季、冬季。

# 第3章　海洋资源

海洋资源系指海岸带和海洋中一切能供人类利用的天然物质、能量和空间资源。天津拥有我国最大的人工港，是北方重要的对外贸易口岸，水、陆域面积近 220 $km^2$，拥有万吨级泊位 65 个，综合经济效益居全国沿海港口前列。是我国最大的海盐产区之一，盐田面积 338 $km^2$，成盐质量高，为盐化工和海洋化工的发展奠定了基础。海域海岛海岸带旅游资源丰富，拥有旅游景点 26 处，是距北京最近的海滨，有较大的潜在客源市场。邻近的渤海湾海域是渤海重要的海洋经济水产物种的繁育区，渔业资源种类有 80 多种，主要渔获种类有 30 多种。石油天然气资源丰富，探明石油储量超过 $1.13 \times 10^8$ t，天然气储量 $638 \times 10^8$ $m^3$，大港油田和渤海油田是我国重要的沿海平原潮间带和海上油气开发区。

## 3.1　潮间带后备土地与空间资源[①]

天津滨海地区人口密度是我国平均人口密度的 4 倍多，人均占有土地面积不足 0.18 $hm^2$，不到全国平均水平的 1/3。自滨海新区纳入国家总体发展战略以来，天津滨海地区土地资源匮乏的劣势逐渐显现，成为经济社会发展的"瓶颈"。海岸及近海土地与空间资源是海洋开发利用的前沿阵地，这就需要合理开发荒滩、废滩、废弃盐田，并适度开展围填海造陆拓展发展空间。

### 3.1.1　海域空间资源

根据调查，截至 2007 年年底天津市已确权发证用海项目为 128 宗，海域使用总面积为 237.72 $km^2$，占天津市管辖海域面积（3 000 $km^2$）的 7.92%。其中以港口、航道为主的交通运输用海面积最大，为 160.64 $km^2$，占已确权发证用海项目面积的 67.57%；围海造地用海面积 54.15 $km^2$，占 22.78%；渔业用海面积 15.02 $km^2$，占 6.32%；特殊用海面积为 4.70 $km^2$，占 1.98%；排污倾倒用海面积为 2.07 $km^2$，占 0.87%；旅游娱乐用海面积 0.67 $km^2$，占 0.28%；工矿用海面积 0.46 $km^2$，占 0.2%；其他用海面积为 0 $km^2$。天津市所有用海项目中经营性用海项目有 117 宗，用海面积为 82.77 $km^2$；公益性用海项目共 11 宗，用海面积为 154.95 $km^2$。

---

[①]　国土资源部天津地质矿产研究所，天津市海岸带调查报告，2008。

### 3.1.1.1 海域使用特点

（1）用海类型丰富，海洋经济体系完整

天津用海项目涉及渔业用海、交通运输用海、工矿用海、旅游娱乐用海、排污倾废用海、围海造地用海、特殊用海等7个一级类和18个二级类的用海类型，海洋开发利用方式呈现出多样性和复杂性的特点，表明天津已经形成较为完整的海洋经济体系，具有一定规模和集聚效益的，实现了在海洋交通运输业、海洋渔业、海洋盐业、海洋化工业、海洋石油化工业、滨海旅游业、海水综合利用业的全面发展。

（2）用海结构稳定，海洋交通运输发达

天津市海域开发利用已经形成了以交通运输用海为主导的用海结构，在已确权发证的128宗用海中，交通运输用海共有47宗，面积占全部已确权用海面积的68%。港口对于滨海地区的开发开放，对于建设国际航运中心和国际物流中心具有重要的核心作用。随着以港口为依托的临港工业体系，以港口为核心的综合运输体系，以港口为中心的现代物流体系及综合服务体系的建设，码头、港池等交通运输用海类型为主导的用海结构还将继续加强。

（3）填海规模大，岸线利用率高

2007年天津市已确权发证的围填海项目面积达 5 415.231 hm²，主要用于港口建设和临港工业区的建设，申请审批和规划中的围填海项目填海规模达到200 km²，其中临港产业区规划填海面积达51 km²。围海造地为滨海地区的建设提供了发展空间，临港工业区、临港产业区、临海新城等大型用海项目的建设，为天津市产业结构调整和工业东移创造了良好的基础设施条件。

天津市拥有的153.669 km海岸线经过多年的开发和建设，岸线资源得到充分利用，岸线资源日益稀缺，靠陆地一侧利用率达100%，向海一侧利用率则达到52.8%。

（4）海洋资源丰富，区域利用特色鲜明

天津市海洋资源丰富，开发潜力较大，是经济发展的重要物质基础，区域内的优势资源主要有港口资源、石油天然气、旅游、海水等，其中港口资源、石油天然气在国民经济中占有举足轻重的地位。天津市沿海区域拥有的优势资源，具有明显的地域性，为区域海洋产业优势的形成提供了独特的资源条件。塘沽用海类型丰富，用海项目集中，在各类用海中交通运输用海规模最大，且主要集中分布在海河河口至永定新河口之间。汉沽用海以渔业用海为主，包括围海养殖、渔港码头、渔船修造。大港主要以渔业用海、工矿用海为主，近岸海域围海养殖用海和石油开采用海交织并存。

### 3.1.1.2 海域使用中存在的问题

（1）天津海洋经济规模不够大，产业发展不平衡

天津海洋经济规模不够大，产业发展不平衡。据统计数据显示，2006年天津海洋生产总值为 1 369.0 亿元，仅为上海海洋生产总值的34.33%，位列全国第七位，海洋经济规模并不突出。在全部开发利用的海岸线中，工业、港口、物流、旅游等产出效益高的产业占用不足1/3。石油加工能力与迅速增长的海洋石油产量不相适应，海水淡化、海洋生物技术与制药没有形成规模。天津近海渔业资源捕捞过度，面临枯竭。天津沿海有自然景观和人文景观，但

是天津滨海旅游无论从开发程度和产业规模都低于国外和国内其他的沿海旅游城市。另外，海域使用开发存在区域不平衡，大部分的港口交通运输用海和临海工业用海集中在塘沽，而汉沽、大港开发密度相对较低。

（2）近岸海域利用率高，资源供需矛盾逐渐显现

海洋交通运输业、滨海旅游业、渔业、石油化工业、盐业等海洋产业的海域利用集中于近岸海域，由于部分海洋开发方式之间互不兼容，具有排他性，从而导致近岸海域空间资源利用率高。潮间带地区是天津海域开发利用的主要场所，已利用、申请中、规划中和泄洪区共占用天津市潮间带总面积的1/2，部分填海造陆工程如临港工业区、北大防波堤已经扩展到 − 2 m 等深线。随着海洋经济的不断发展，各产业对近岸海域空间资源的需求量逐渐增大，资源供需矛盾日渐显现。

（3）填海规模大，围填海方式不尽合理

截至 2007 年底，天津市围海造地用海面积 54.15 km²，占全部确权发证用海面积的22.78%。适度进行围填海活动，保障了交通运输、石油化工等重点行业的用海需求，并有效缓解了滨海地区经济迅速发展与建设用地供给不足的矛盾。但是，天津市的围填海项目大多采用海岸线向海延伸的围填海方式，这种方式对岸线和海域资源的开发利用过于简单、粗放，直接导致自然岸线缩减，自然景观破坏，海域生态环境退化等一系列问题。

（4）海洋环境和海洋生态面临较大压力

根据 2006 年天津市海洋环境质量公报数据显示，天津市近岸海域海水环境污染状况较重，全海域中未达到清洁海域水质标准的面积约 2 870 km²，部分海域属于严重污染海域。受污染海域主要为汉沽—塘沽附近大部分海域、大港附近部分海域、大沽锚地，主要污染物为无机氮和活性磷酸盐。由于近岸局部海域污染加剧，生态环境压力增大，影响了资源优势的发挥，并造成渔业等海洋资源的退化，影响了海域空间资源的可持续开发利用。

### 3.1.2 潮间带后备资源与空间资源开发利用与保护现状

#### 3.1.2.1 海岸线利用情况

根据天津市人民政府批准的海岸线修测成果，天津市海岸线长度为 153.669 km，其中大陆岸线长度为 153.200 km，岛屿岸线长度为 0.469 km。经过多年的开发和建设，天津市海岸线的利用率（尤其是向海一侧岸线的利用率）有了大幅度提高，达到了 52.8%。向海一侧的海岸线开发利用，尤以中部塘沽段的岸线开发利用程度最高，主要以交通运输用海和围海造地用海项目占主导地位。沿海岸线向海一侧由北向南依次分布着养殖区、滩涂、港口、围填海区、旅游区、油田、泄洪区等。沿海岸线向陆一侧主要分布有养殖区、村庄、城镇、港口、盐场、油田、泄洪区、滨海道路等，利用率达到 100%。

（1）已确权用海项目岸线利用状况

天津市确权发证用海项目占用海岸线总长为 51 037 m，占整个岸线长度的 33.2%。主要用海类型有渔业用海、交通运输用海、旅游娱乐用海、排污倾倒用海围海造地用海、特殊用海等。具体利用情况见表 3.1 − 1。

表 3.1－1　海岸线利用情况

| 序号 | 用海类型 | 用海项目名称 | 占用海岸线长度/m | 所属地区 |
|---|---|---|---|---|
| 1 | 渔业用海 | 洒金坨村东养虾池 | 2 333 | 汉沽 |
| | | 洒金坨村西养虾池 | 1 245 | 汉沽 |
| | | 大神堂村虾塘 2 | 1 007 | 汉沽 |
| | | 蔡家堡学校虾池 | 185 | 汉沽 |
| | | 蔡家堡渔港平台排水沟 | 323 | 汉沽 |
| | | 蛏头沽渔港码头 | 242 | 汉沽 |
| | | 第一作业区导堤内西水域 | 1 487 | 大港 |
| | | 马棚口二村虾池 1 | 1 052 | 大港 |
| | | 马棚口二村虾池 2 | 95 | 大港 |
| | | 马棚口一村虾池 | 1 711 | 大港 |
| | | 马棚口二村排水渠 | 2 604 | 大港 |
| | 合计 | 11 宗 | 12 284 | |
| 2 | 交通运输用海 | 北塘港码头 | 235 | 塘沽 |
| | | 天津港北港池集装箱码头一期工程 | 291 | 塘沽 |
| | | 北港池滚装码头 | 97 | 塘沽 |
| | | 五港池 | 1 267 | 塘沽 |
| | | 一、二、三、四港池 | 8 995 | 塘沽 |
| | | 管线队港池 | 479 | 塘沽 |
| | | 船厂港池 | 973 | 塘沽 |
| | | 救助站专用港池 | 592 | 塘沽 |
| | | 渤海石油物资供应公司港池 | 2 037 | 塘沽 |
| | | 天津航标处港池 | 71 | 塘沽 |
| | | 南疆港池 | 527 | 塘沽 |
| | | 天津港南疆工作船码头 | 676 | 塘沽 |
| | | 一航局一公司专用港池 | 617 | 塘沽 |
| | | 天远船务分公司专用港池 | 207 | 塘沽 |
| | | 天津港南疆石化码头前港池 | 1 706 | 塘沽 |
| | | 天津港南疆焦炭码头前港池 | 853 | 塘沽 |
| | | 天津南疆煤炭码头前港池 | 1 154 | 塘沽 |
| | | 南疆 11 号通用散货泊位 | 444 | 塘沽 |
| | | 天津港远航散货码头 | 444 | 塘沽 |
| | | 神华煤炭码头 | 858 | 塘沽 |
| | 合计 | 20 宗 | 22 523 | |
| 3 | 工矿用海 | — | — | — |
| 4 | 旅游娱乐用海 | 滨海航母主题公园旅游海域 | 451 | 汉沽 |
| | 合计 | 1 宗 | 451 | |
| 5 | 海底工程用海 | — | — | — |
| 6 | 排污倾倒用海 | 蛏头沽村东排水口 | 100 | 汉沽 |
| | | 蛏头沽村西排水口 | 100 | 汉沽 |
| | | 长芦汉沽盐场三分场东水门与一分场排灌站 | 279 | 汉沽 |
| | | 长芦汉沽盐场三分场西水门 | 100 | 汉沽 |
| | | 李家合子泵站 | 20 | 汉沽 |
| | | 李家合子排水口 | 130 | 汉沽 |
| | | 天津碱厂碱渣堆场 | 1 176 | 塘沽 |
| | | 海晶集团第三排水口 | 100 | 塘沽 |
| | | 海晶集团第一扬水站 | 139 | 塘沽 |
| | | 第一作业区港深 66 油井 | 206 | 大港 |
| | | 宏远盐场泵站 | 100 | 大港 |
| | | 大港电厂引水渠 | 302 | 大港 |
| | 合计 | 12 宗 | 2 752 | |

续表 3.1 - 1

| 序号 | 用海类型 | 用海项目名称 | 占用海岸线长度/m | 所属地区 |
|---|---|---|---|---|
| 7 | 围海造地用海 | 滨海航母主题公园人工岛（北岛） | 412 | 汉沽 |
| | | 滨海航母主题公园人工岛（南岛） | 415 | 汉沽 |
| | | 北大防波堤工程 | 2 206 | 塘沽 |
| | | 天津港南疆南围埝工程 | 3 655 | 塘沽 |
| | | 南疆二期围埝 | 1 263 | 塘沽 |
| | | 临港工业区滩涂一期工程 | 2 905 | 塘沽 |
| | 合计 | 4 宗 | 10 856 | |
| 8 | 特殊用海 | 独流减河吹泥区 | 923 | 大港 |
| | | 独流减河泄洪区 | 1 248 | 大港 |
| | 合计 | 2 宗 | 2 171 | |
| 9 | 其他用海 | — | — | — |
| | 总计 | | 51 037 m | |

（2）申请、规划中用海项目岸线利用状况

在天津市申请、规划中用海项目占用海岸线的主要是围海造地用海，占用岸线总长为
18 626 m，占用全部海岸线的 19.15%。项目分布汉沽、塘沽和大港沿岸，主要集中在塘沽和
汉沽，其中临港产业区围海造陆项目北起临港工业区一期工程南边界，南至海滨浴场，占用
岸线最长约 9 776 m。具体利用情况见表 3.1 - 2。

表 3.1 - 2　申请、规划中用海项目岸线利用情况

| 序号 | 用海项目名称 | 占用海岸线长度/m | 所属地区 |
|---|---|---|---|
| 1 | 北疆电厂 | 1 293 | 汉沽 |
| 2 | 中心渔港 | 2 227 | 汉沽 |
| 3 | 临海新城 | 3 534 | 汉沽 |
| 4 | 天津临港产业区 | 9 776 | 塘沽 |
| 5 | 石化综合服务基地 | 1 796 | 大港 |
| | 合计 | 18 626 | |

（3）其他

天津市河口泄洪区占用岸线约为 28 562 m，占整个岸线的 18.59%。泄洪区主要包括永
定新河泄洪区、海河泄洪区、独流减河泄洪区、子牙新河泄洪区，泄洪区用海与其他用海项
目具有功能排斥性，其占用的海岸线不能再被其他用海项目所利用。海岸线总体利用情况见
表 3.1 - 3。

表 3.1 - 3　泄洪区占用岸线

| 序号 | 用海项目名称 | 占用海岸线长度/m | 所属地区 |
|---|---|---|---|
| 1 | 永定新河泄洪区 | 16 962 | 塘沽 |
| 2 | 海河泄洪区 | 4 207 | 塘沽 |
| 3 | 子牙新河泄洪区 | 7 394 | 大港 |
| | 合计 | 28 562 | |

（4）岸线总体利用状况

根据以上统计数据可以看出，天津市海岸线向海一侧利用率较高，其中已确权发证项目占用海岸线33.21%，申请、规划中用海项目占用海岸线12.12%，泄洪区占用海岸线18.59%，未利用海岸线为36.08%。具体利用情况见表3.1-4。

表3.1-4 天津市海岸线总体利用情况

| 序号 | 海岸线利用情况 | 占用海岸线长度/m | 所占比例/% |
|---|---|---|---|
| 1 | 已确权发证用海项目 | 51 037 | 33.21 |
| 2 | 申请、规划中用海项目 | 18 626 | 12.12 |
| 3 | 泄洪区 | 28 562 | 18.59 |
| 4 | 未利用 | 55 444 | 36.08 |
| 合计 | | 153 669 | |

天津市现在可开发利用的向海一侧岸线主要集中于塘沽北部保税区附近地区、天津港南疆以南至独流减河以北地区和汉沽中南部地区。随着天津港北疆港池、临港工业区的建设，该区域向海侧可用岸线将更加稀缺。由于海岸侵蚀等客观条件的影响，造成汉沽区从蛏头沽到蔡家堡约10 km的近岸海域开发成本很高，限制了这一带向海侧岸线的充分利用。随着天津中心渔港，北疆电厂取水工程，滨海信息产业园等大规模用海项目的建设，该段岸线的开发利用强度将大幅度提高。

### 3.1.2.2 潮间带利用情况

（1）已利用的潮间带情况

天津市已利用的潮间带用海类型主要有海水养殖、旅游娱乐、填海、工矿用海等。具体利用情况见表3.1-5。

表3.1-5 天津市已利用潮间带情况

| 序号 | 用海项目名称 | 占用潮间带面积/hm² | 占用海岸线长度/m | 所属地区 | 用海类型 |
|---|---|---|---|---|---|
| 1 | 天津港港池 | — | 23 393.532 9 | 塘沽 | 港口用海 |
| 2 | 南疆一期下游局吹泥场 | 129.194 | 3 322.191 7 | 塘沽 | 港口用海 |
| 3 | 南疆二期围埝 | 75.080 | 1 252.622 6 | 塘沽 | 港口用海 |
| | 港口用海占用潮间带合计 | **204.274** | **27 968.347 2** | | |
| 4 | 洒金坨村东养虾池 | 126.940 | 2 332.995 1 | 汉沽 | 海水养殖 |
| 5 | 洒金坨村西养虾池 | 42.938 | 1 245.447 4 | 汉沽 | 海水养殖 |
| 6 | 营城镇大神堂村虾塘 | 19.549 | 1 006.750 3 | 汉沽 | 海水养殖 |
| 7 | 张洪义虾池1~2 | 16.685 | 375.952 8 | 大港 | 海水养殖 |
| 8 | 康金山虾池 | 11.735 | 213.183 9 | 大港 | 海水养殖 |
| 9 | 程汝峰虾池 | 40.806 | 1 096.841 3 | 大港 | 海水养殖 |
| 10 | 杨军虾池 | 16.108 | 988.174 8 | 大港 | 海水养殖 |
| 11 | 马棚口二村虾池1 | 16.219 | 1 052.256 7 | 大港 | 海水养殖 |

续表 3.1 – 5

| 序号 | 用海项目名称 | 占用潮间带面积 /hm² | 占用海岸线 长度/m | 所属地区 | 用海类型 |
|---|---|---|---|---|---|
| 12 | 马棚口二村虾池 2 | 110.328 | 2 683.158 7 | 大港 | 海水养殖 |
| 13 | 马棚口一村虾池 | 323.351 | 1 700.321 9 | 大港 | 海水养殖 |
| 14 | 水产增殖站 | 96.020 | 1 124.000 4 | 大港 | 海水养殖 |
| | 养殖用海占用潮间带合计 | **820.679** | **13 819.083 3** | | |
| 15 | 国际游乐港 | 168.912 | 2 364.187 3 | 汉沽 | 旅游娱乐 |
| 16 | 海滨浴场 | 144.500 | 2 633.944 9 | 塘沽 | 旅游娱乐 |
| | 旅游用海占用岸线合计 | **313.412** | **4 998.132 2** | | |
| 17 | 大港油田第一作业区导堤 | 237.370 | 1 508.210 1 | 大港 | 工矿用海 |
| 18 | 临港工业区 | 1 210 | 2 981.696 8 | 塘沽 | 工矿用海 |
| | 工业用海占用岸线合计 | **1 447.37** | **4 489.906 9** | | |
| 19 | 大港电厂泵站取水口 | 15.734 | — | 大港 | 其他用海 |
| 20 | 大港电厂引水渠 | 71.200 | 301.997 5 | 大港 | 其他用海 |
| 21 | 独流减河排泥厂等 | 109.281 | 903.994 | 大港 | 其他用海 |
| 22 | 海河口 | 99.290 | 2 431.494 5 | 塘沽 | 其他用海 |
| | 其他用海占用岸线合计 | **295.505** | **3 637.486** | | |
| | 合 计 | **3 081.240** | **54 912.955 6** | | |

（2）申请中用海项目潮间带利用情况

在潮间带上，申请中用海项目的用海类型主要有填海和港口，集中在塘沽。具体利用情况见表 3.1 – 6。

表 3.1 – 6 天津市申请中用海项目潮间带利用情况

| 序号 | 用海项目名称 | 占用潮间带面积 /hm² | 占用海岸线 长度/m | 所属地区 | 用海类型 |
|---|---|---|---|---|---|
| 1 | 东疆港区 | 2 648.449 | 12 226.244 3 | 塘沽 | 港口用海 |
| 2 | 南疆南围埝工程 | 103.428 | 3 648.519 9 | 塘沽 | 填海 |
| 3 | 临港工业区 | 289.300 | — | 塘沽 | 填海 |
| | 合 计 | 3 041.177 | 15 874.764 2 | | |

（3）规划中用海项目潮间带利用情况

在潮间带上，规划中的用海项目主要用海类型有海水养殖、填海、旅游娱乐用海等，具体利用情况见表 3.1 – 7。

表 3.1－7　天津市规划中用海项目潮间带利用情况

| 序号 | 用海项目名称 | 占用潮间带面积/hm² | 占用海岸线长度/m | 所属地区 | 用海类型 |
|---|---|---|---|---|---|
| 1 | 泰达北区填海造陆 | 1 928.179 | 4 444.008 | 塘沽 | 填海 |
| 2 | 临港工业 | 900.713 | 6 975.086 | 塘沽 | 填海 |
| | 规划填海占用潮间带合计 | **2 828.892** | **11 419.094** | | |
| 3 | 洒金坨养殖区规划 | 630.122 | 4 777.518 1 | 汉沽 | 渔业用海 |
| 4 | 中心渔港 | 600 | 2 008.442 7 | 汉沽 | 渔业用海 |
| 5 | 中心渔港航道 | 15.823 | — | 汉沽 | 渔业用海 |
| 6 | 马棚口一村虾池 | 111.902 | 2 333.922 8 | 大港 | 渔业用海 |
| | 规划渔业用海占用岸线合计 | **1 357.847** | **9 119.883 6** | | |
| 7 | 东方游艇会 | 360 | 1 984.497 7 | 汉沽 | 旅游娱乐 |
| 8 | 驴驹河生活旅游区规划 | 2 078.664 | 8 310.328 8 | 塘沽 | 旅游娱乐 |
| | 规划旅游用海占用岸线合计 | **2 438.664** | **10 294.826 5** | | |
| 9 | 永定新河口排泥场 | 261.474 | 1 247.381 | 塘沽 | 其他用海 |
| 10 | 北疆电厂引水渠 | 100.35 | 283.321 4 | 汉沽 | 其他用海 |
| | 规划其他用海占用岸线合计 | **361.824** | **1 530.702 4** | | |
| | 合　计 | **6 987.227** | **32 364.506 5** | | |

（4）泄洪区占用潮间带情况

天津市泄洪区主要包括永定新河泄洪区、海河泄洪区、独流减河泄洪区、子牙新河泄洪区，占天津市潮间带面积的1/3左右。这些区域与其他类型用海具有功能排斥性，是不可利用的区域。具体利用情况见表3.1－8。

表 3.1－8　天津市泄洪区占用潮间带情况

| 序号 | 用海项目名称 | 占用潮间带面积/hm² | 占用海岸线长度/m | 所属地区 | 用海类型 |
|---|---|---|---|---|---|
| 1 | 永定新河泄洪区 | 883.977 | 16 962.460 6 | 塘沽 | 泄洪区 |
| 2 | 海河泄洪区 | 646.485 | 4 207.071 5 | 塘沽 | 泄洪区 |
| 3 | 独流减河泄洪区 | 596.676 | 1 002.213 3 | 大港 | 泄洪区 |
| 4 | 子牙新河泄洪区 | 3 445.595 | 7 393.683 4 | 大港 | 泄洪区 |
| | 合　计 | **5 572.733** | **29 565.428 8** | | |

（5）潮间带总体利用情况

根据以上统计数据，已利用、申请中、规划中和泄洪区共占用天津市潮间带总面积的1/2，随着天津市海洋经济的不断发展，天津市潮间带资源将愈加有限。总体利用情况见表3.1－9。

表 3.1 - 9　天津市潮间带总体利用情况

| 序号 | 潮间带利用情况 | 占用潮间带面积 /hm² | 占用海岸线长度 /m |
|---|---|---|---|
| 1 | 已利用 | 3 081.240 | 54 912.955 6 |
| 2 | 申请中 | 3 041.177 | 15 874.764 2 |
| 3 | 规划中 | 6 987.227 | 20 463.350 1 |
| 4 | 泄洪区（不可利用区） | 5 572.733 | 29 565.428 8 |
| 5 | 未利用 | 14 916.936 | 32 852.646 3 |
| | 合计 | **33 599.313** | **153 669.145** |

## 3.2　港口航运资源

天津有我国最大的人工海港——天津港，海洋交通运输业一直是支撑天津市国民经济发展的重要支柱产业。天津市近岸海域适宜建港的自然条件并不优越，地理位置为京津城市带和环渤海经济圈的交汇点上，是环渤海港口中与华北、西北等内陆地区距离最短的港口，也是亚欧大陆桥的东端起点，社会经济条件优越，是我国重要的对外贸易口岸，被誉为"渤海湾里的明珠"。

### 3.2.1　自然条件[①]

#### 3.2.1.1　气象

1）气温

天津近岸海域年平均气温 12.3℃；

年平均最高气温 16.2℃；

年平均最低气温 9.1℃；

极端最高气温 39.9℃，出现在 1955 年 7 月 24 日；

极端最低气温 - 18.3℃，出现在 1953 年 1 月 17 日。

2）降水

年平均降水量 586.0 mm。

年最大降水量 1 083.5 mm，出现在 1964 年；

年最小降水量 278.4 mm，出现在 1968 年；

一日最大降水量 191.5 mm，出现在 1975 年 7 月 30 日；

降水强度不小于小雨平均每年 65.2 个降水日；

降水强度不小于中雨平均每年 9.7 个降水日；

降水强度不小于大雨平均每年 3.7 个降水日；

降水强度不小于暴雨平均每年 1.0 个降水日。

天津降水有显著的季节变化，雨量多集中于每年的 7 月、8 月份，该两个月的降水量为

---

① 天津港集团有限公司天津港港口介绍，2008。

全年降水量的 58%，而每年的 12 月至翌年的 3 月降水极少，4 个月的总降水量仅为全年降水量的 3% 左右。

3）风

风是气象要素中不稳定的一个要素，年与年之间观测统计值有一定的差异。根据 1996—2005 年（共计 10 年）每日 24 次风速、风向观测资料，本区常风向为 S 向，次常风向为 E 向，出现频率分别为 9.89%、9.21%；强风向为 E 向，次强风向为 ENE 向，7 级风及以上出现的频率分别为 0.32%、0.11%。

4）雾

能见度小于 1 km 的大雾多年平均为 16.5 个雾日，雾多发生在秋冬季节，日出后很快消散。根据资料统计，能见度小于 1 km 的大雾实际出现天数为 5.0 d。

5）相对湿度

平均相对湿度 65%，最大相对湿度 100%，最小相对湿度 3%。

### 3.2.1.2 水文

1）潮汐

天津潮汐类型为不规则半日潮型，其（$HO_1 + HK_1$）/$HM_2 = 0.53$。

（1）基准面关系

新港理论最低潮面与大沽零点及当地平均海平面的关系如下图：

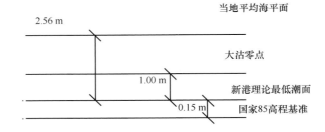

（2）潮位特征值

根据 1963—1999 年实测资料统计（以新港理论最低潮面起算，下同）：

历年最高高潮位　　　　　5.81 m（1992 年 9 月 1 日）

历年最低低潮位　　　　　－1.03 m（1968 年 11 月 10 日）

　　　　　　　　　　　　1957 年 12 月 18 日出现最低低潮位 －1.08 m

历年平均高潮位　　　　　3.74 m

历年平均低潮位　　　　　1.34 m

历年平均海平面　　　　　2.56 m

历年平均潮差　　　　　　2.40 m

（3）设计水位

设计高水位　　　　　　　4.30 m

设计低水位                   0.50 m

极端高水位                  5.88 m

极端低水位                 −1.29 m

2）波浪

根据塘沽海洋站波浪实测资料统计，本区常浪向为 ENE 和 E，频率分别为 9.68% 和 9.53%，强浪向 ENE，该向 $H4\% > 1.5$ m 的波高频率为 1.35%，$\overline{T} \geq 7.0$ s 的频率仅为 0.33%，各方向 $H4\% \geq 1.6$ m 的波高频率为 5.06%，$H4\% \geq 2.0$ m 的波高频率为 2.24%。

2007 年，天津港兴建北大防波堤，用于提升天津港港区的掩护条件，目前天津港港区波浪影响维持在较低水平。

3）海流

天津水域潮流呈往复流性质。海流方向基本与天津港主航道轴线平行，涨潮流速大于落潮流速。

4）海冰

天津海域每年冬季有不同程度的海冰出现。在海河入海口天津港港区附近，初冰日在 12 月下旬，终冰日在 2 月下旬，总冰期约 60 d，多年资料统计显示，严重冰期年平均仅为 10 d，正常年份海冰对港口营运及船舶航行无甚影响。

### 3.2.1.3 泥沙运动及冲淤

天津近岸海域属淤泥粉砂质海岸，天津港自建港以来，港口的泥沙回淤一直备受关注。通过几十年的研究和采取工程措施，天津港已取得了良好的减淤效果。20 世纪 90 年代天津港年挖泥量与年吞吐量的比值（方/吞吐量）下降至 0.08 ~ 0.09，低于荷兰鹿特丹港 20 世纪 80 年代 0.115 的比值。

最新的研究成果表明，天津港已属轻淤港，泥沙回淤已经不再是港口发展的制约因素。相反，每年数百万方的回淤土已成为港内造陆重要的土方资源。可以预料，今后随着港口泥沙环境的进一步改善与有效治理措施的实施，港口泥沙淤积情况将进一步好转。

### 3.2.1.4 工程地质

勘探结果表明，天津近岸海域在钻探深度范围内，土层自上而下分别为：海相沉积层、河口三角洲相沉积层和陆相沉积层。

在天津港港区自上而下主要分为三大层：人工吹填的冲填土；海相沉积的淤泥和淤泥质黏土、黏性混贝壳土；河口三角洲相沉积的粉土、粉质黏土、粉土及粉细砂、粉质黏土、粉土、粉细砂。根据国家《建筑抗震设计规范》（GB 50011—2001），抗震设防烈度为 7 度，设计基本地震加速度值为 0.15 g。

## 3.2.2 社会经济条件

### 3.2.2.1 港口经济腹地

目前，天津港口航运业能够服务和辐射的范围包括京津冀及中西部地区的 14 个省、市、自治区，总面积近 $500 \times 10^4 \ km^2$，占全国面积的52%。天津港70%左右的货物吞吐量和50%以上的口岸进出口货值来自天津以外的各省区，对腹地的辐射力和影响力较强。随着环渤海经济的振兴、中部崛起和西部大开发的推进，天津港腹地经济发展潜力巨大，为天津提供了良好的港口经济腹地条件。

图 3.2 – 1　天津港口航运经济腹地

### 3.2.2.2　陆域交通体系

天津处于环渤海经济圈的交汇点上，距北京160 km。

海滨大道、京津塘高速公路、京津塘高速公路二线、津滨高速公路、津塘公路、津晋高速公路、唐津高速公路及外围的高速公路网络为天津港客货运输构建了极为便捷的公路运输条件。津滨轻轨将与京津城际、津秦客运专线接驳，使港区与京、津城区及环渤海城市群间的交通更加便捷。

### 3.2.2.3　国际航线

天津港同世界上的180多个国家和地区的600多个港口有贸易往来，每月集装箱航班400余班，包括韩国、日本、香港、东南亚、波斯湾、地中海、欧洲、美国及加拿大等国家和地区；并与日本、韩国、美国、荷兰等国家的12个港口建立了友好港关系。

### 3.2.2.4　港口功能

1）码头设施

天津港主航道长44 km，25万吨级航道建成后，航道有效宽度已达315 m，正在进行的航道拓宽三期工程结束后将达到765 m。目前，天津港航道水深最深已达 – 19.5 m，25万吨级船舶可以随时进港，30万吨级船舶可以乘潮进港。

天津港现有陆域面积72 $km^2$，主要分为北疆、南疆、东疆、海河四大港区。北疆港区以集装箱和件杂货作业为主；南疆港区以干散货和液体散货作业为主；海河港区以5 000吨级以下小型船舶作业为主；东疆港区为天津港的一个新港区，规划面积为30 $km^2$。

天津港共拥有各类泊位140余个。其中天津港集团公司所属公用泊位94个，使用岸线长度 21 510 m，生产用泊位 87 个，设计通过能力 28 940×10$^4$ t，集装箱通过能力 905×10$^4$标准箱。

2）吞吐能力

天津港的历史最早可以上溯到汉代，自唐代以来形成海港。1860 年正式对外开埠，是我国最早对外通商的港口之一。塘沽新港始建于 1939 年，新中国成立后经过 3 年恢复性建设，于 1952 年 10 月 17 日重新开港通航。

改革开放以来，随着国民经济的快速发展，天津港的港口生产实现了跨越式的升级。20世纪 90 年代中后期，天津港以每年 1 000×10$^4$ t 的增长速度进入了快速发展期，2001 年，天津港吞吐量首次超过亿吨，成为我国北方的第一个亿吨大港。此后，又以每年 3 000×10$^4$ t 的增长速度高速发展，2004 年突破 2×10$^8$ t，集装箱超过 380×10$^4$ 标准箱，吞吐量进入世界港口前十名，集装箱排名第十八位。2005 年港口吞吐量达到 2.4×10$^8$ t，集装箱吞吐量 480×10$^4$ 标箱。2006 年吞吐量达到 2.58×10$^8$ t，集装箱吞吐量达到 595×10$^4$ 标准箱。2007 年吞吐量达到 3.09×10$^8$ t，集装箱吞吐量达到 710×10$^4$ 标准箱。2008 年吞吐量达到 3.56×10$^8$ t，集装箱吞吐量达到 850×10$^4$ 标准箱。天津港已经形成了以集装箱、原油及制品、矿石、煤炭为"四大支柱"，以钢材、粮食等为"一群重点"的货源结构。

截至 2008 年，天津港吞吐量位居世界港口第五位，国内港口第三位，北方港口第一位；集装箱吞吐量位居世界港口第十四位，国内港口第六位。在 2008 年全国 500 强企业评选中，天津港位居第 384 位，港口行业第二位。

### 3.2.3　资源利用及展望

随着天津滨海新区开发开放的深入，天津滨海地区成为全国海域开发利用最为密集的地区，单位岸线的海洋经济产出更是位居全国第一。天津的经济发展主要依托港口航运体系发展外向型经济，在 153.669 km 的海岸线上，自北向南分布着港口、码头和渔港，交通运输用海成为天津市最主要的用海类型。

#### 3.2.3.1　港口航运体系

1）港区

目前，天津港已形成以北疆港区、南疆港区为主，海河港区为辅，临港工业港区、东疆港区起步发展，北塘港区为补充的发展格局。全港共有生产性泊位 132 个，其中深水泊位 65个；综合通过能力 2.34×10$^8$ t，其中集装箱码头通过能力达到 593×10$^4$ 标准箱。天津港港口吞吐量的主要特点是：以件杂货运输为主，且外贸货比例高。

北疆港区规划形成通用泊位区、集装箱作业区、汽车滚装泊位区和件杂货作业区。

东疆港区规划形成码头、物流加工区和生活配套区。定位为大型集装箱运输港区，适当兼顾旅游客运发展，利用保税港区的政策重点发展保税物流加工、商务贸易等功能。

南疆港区规划北侧形成支持系统基地和液体散货、干散货、原油三大作业区。规划南侧形成液体散货西作业区、通用泊位区和液体散货东作业区。定位为大宗散货中转运输港区，以煤炭、矿石、石油及制品等大宗散货中转运输为主，结合现状发展海洋石油基地、港口支持系统基地。

海河港区定位为服务于城市建设和沿岸产业发展所需物资运输以及旅游客运。

北塘港区自西向东形成支持系统区、科研基地、件杂货作业区、客运码头区、邮轮码头区。定位为旅游、客运港区，并兼顾服务于泰达休闲旅游区开发建设所需物资运输。

2）航道、锚地

天津市目前拥有主航道、大沽沙航道 2 条航道，正在建设中或规划建设的自北向南分别有中心渔港航道、北塘航道、临港产业区航道和南港工业区航道（表 3.2 – 1）。

表 3.2 – 1　天津市航道情况

| 航道名称 | 等级（万吨） | | 长度/km | 宽度/m | 水深/m |
| --- | --- | --- | --- | --- | --- |
| | 现状 | 规划 | | | |
| 中心渔港航道* | | 3 | 25 | 128 | –11.9 |
| 北塘航道* | | 2 | 21 | 190 | –10 |
| 天津港主航道 | 25 | 25 | 44 | 310 | –19.5 |
| 大沽沙航道 | 5 | 10 | 38 | 270 | –14.5 |
| 临港产业区航道* | | 2 | 20 | 130 | –9.5 |
| 南港区航道* | | 10 | 40 | 230 | –15.5 |

注：＊为在建或规划建设。

锚地有 1 号锚地（万吨级及以下）、2 号锚地（5 万吨级及以下）、3 号锚地（1 万 ~ 10 万吨级）、4 号锚地（10 万 ~ 30 万吨级）、5 号锚地（万吨级及以下）、6 号锚地（5 万吨级及以下）、7 号锚地（10 万 ~ 15 万吨级）、8 号锚地（5 万吨级及以下）、9 号锚地（10 万 ~ 15 万吨级）、10 号锚地（万吨级及以下）、11 号锚地（5 万吨级）（图 3.2 – 2）。

### 3.2.3.2　发展方向

在滨海新区开发开放发展战略和全面建设小康社会背景下，天津市港口运输业的发展面临着历史机遇。

1）发展环境

党中央、国务院将推进天津滨海新区开发开放纳入国家发展战略，进一步明确了滨海新区的发展定位：依托京津冀、服务环渤海、辐射"三北"、面向东北亚，努力建设成为我国北方对外开放的门户、高水平的现代制造业和研发转化基地、北方国际航运中心和国际物流中心，逐步成为经济繁荣、社会和谐、环境优美的宜居生态型新城区。新的发展定位为天津港口运输业提出了新的要求，政策环境及社会经济环境也为天津市港口航运资源利用创造了良好条件。

同时，天津港口航运腹地的工业化进程将进一步加快，经济国际化也将进一步加强，并将成为我国参与经济全球化的重点地区。

图3.2-2　天津市航道、锚地分布

2）港口集输体系

港口是滨海新区乃至天津市发展的核心优势，目前天津市的港口功能过于集中、对外集疏运通道不畅、发展空间受限，不利于长远发展。2008年，天津市空间战略研究确定了"双城双港、相向拓展、一轴两带、南北生态"的总体战略。"双港"即由天津港港区、临港工业区、临港产业区组成的北港区和由南港工业区构成的南港区，其战略旨在拓展港口发展空间、优化港口布局和新区产业布局，促进港城协调发展。

结合滨海新区总体规划调整，充分考虑资源节约，将整合北塘航道和中心渔港航道、临港工业航道和临港产业航道，形成4大航道体系和2大港区（图3.2-3）。

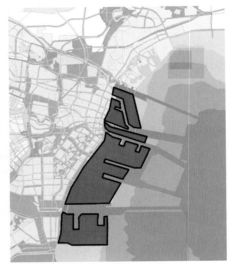

图3.2-3　天津市港口集输体系展望

## 3.3　石油资源

天津地区的石油资源主要产于黄骅坳陷，黄骅坳陷位于渤海湾盆地中部，燕山山脉南麓，属渤海湾盆地中的次一级构造单元，属中、新生代断陷—坳陷型盆地。位于天津市海岸带及滩海地区，主要发育有歧口凹陷、板桥凹陷及北塘凹陷等几个有效生油凹陷。

### 3.3.1　石油资源概况

天津市陆上和滩海及浅海有大港油田，海上有渤海油田。除正在开采的油田外，很多尚处于调查、勘探阶段，由于工作程度不等，故衡量石油资源的蕴藏量也不能一概而论。一般对油区油田系采用地质储量，对全区或正在调查勘探中的地区采用潜在资源量衡量。

#### 3.3.1.1　地质概况[①]

黄骅坳陷地处渤海之滨，华北平原的北部，东南与山东毗邻，北与燕山相接，属于华北地台整体拱升裂陷基础上发育起来的中、新生代断陷湖盆。受湖盆边界断层及二级断层控制，其基本构造格架表现为半地堑半地垒组合特征，凹陷与构造带相间排列，走向北东，且具有

---

① 胡德胜、沈建石，《黄骅坳陷中北区（陆上）油气富集规律》，1996。

南北分区的特点。

自早第三纪始新世起，在孔店南区首先沉积了孔店组湖相碎屑岩系，其中孔二段为受内陆封闭深水—半深水湖盆控制的优质烃源岩沉积，并成为该区主力烃源岩层系。至渐新世断陷湖盆发育全盛期，盆地沉降沉积中心迁移至中北区，受沧县、埕宁、燕山三大物源控制，形成以歧口凹陷为代表的巨厚沙河街组—东营组湖相碎屑岩地层，主要分布沙三段、沙二段、沙一段和东营组四套烃源岩层系。至晚第三纪中上新世，湖盆萎缩，整体进入坳陷期，大范围沉积了馆陶组和明化镇组河流相地层。在断陷湖盆的发育历程中，全区共形成沧东凹陷、南皮凹陷、歧口凹陷、板桥凹陷、北塘凹陷、盐山凹陷及吴桥凹陷7个生油气凹陷，纵向上发育多套生储盖组合，并分布有水下扇砂体、三角洲砂体、滩坝砂体、河流砂体等多种储集体类型。同时，断陷湖盆发育的多期性和周期性，形成纵向上多层系含油，平面上不同构造部位、不同油藏类型相互叠加连片的复式油气聚集模式。

黄骅坳陷内共发现9个潜山构造带、8个断裂构造带和6个裙边构造带共计23个正向二级构造带，主体由北东—南西向的2个正向构造带和3个负向构造带组成，主要构造自西而东分别是南皮凹陷、沧东凹陷、板桥凹陷、北塘凹陷、孔店凸起、北大港凸起、歧口凹陷、南大港凸起、小集凹陷、歧南凹陷、徐黑凸起及盐山凹陷（图3.3－1）。

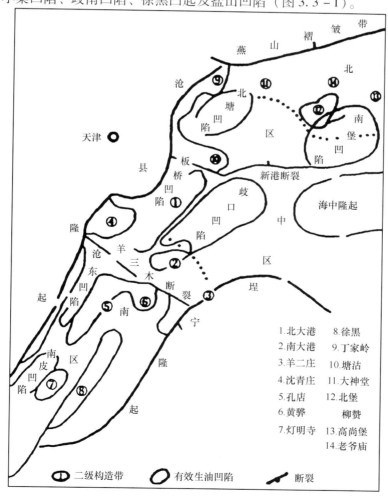

图3.3－1　黄骅坳陷构造单元划分

### 3.3.1.2 石油资源富集规律

黄骅坳陷的裂谷活动在始新世早期产生于南部的沧州—南皮一带，始新世中晚期逐渐移至中北区，最后向海域收敛。在裂谷活动兴盛期，形成板桥凹陷、歧口凹陷等多个生油凹陷，使中北区具备了形成大型油田的物质基础，同时由于各凹陷在构造演化过程中存在一定的分异性，使得每个生油凹陷在沉积特征、油气生成和分布规律上存在明显差异。

（1）南北分块、东西分带

黄骅坳陷在新生代的构造演化以典型的断块活动为特色，坳陷内断裂数目众多。黄骅坳陷东西分带，即沧东断裂带、中央隆起带和沿海岸线发育的隐伏构造带。黄骅坳陷大致以海河断裂、羊三木和羊二庄一线为界南北分块，中部地区断裂活动的多期性和长期性造成石油资源纵向叠合、多含油层系的特点，北部地区断裂早期活动，早期衰退造成石油资源纵向分布较集中，紧靠油源层处石油资源丰富。

（2）"盆—坡—岭"结构

从盆地结构分析，黄骅坳陷天津区为典型的"盆—坡—岭"结构，其中中部地区以长期稳定沉降的箕状断陷为特征，形成北大港—黄骅断块体；北部则在高基岩隆起背景上形成箕状断陷，发育北塘—南堡断块体，在挠倾断块的不同部位发育成不同类型的储集体和圈闭类型，石油运移距离也不同，从而形成多种类型的复式油气聚集带。

（3）环带状分布

断陷盆地石油分布受生油岩控制。石油受生油岩分布的影响，围绕箕状断陷呈环带状分布，这也是断陷盆地所特有的共性，且每个生油凹陷自成一个独立的油气富集区。环歧口深大凹陷形成 3 个油气富集环。内环以孤立砂体油藏为主；中环由新港—长芦—驴驹河—北大港—南大港—羊二庄含油带组成；外环由沈青庄—大中旺—齐家务—羊三木—扣村—庄浅 2 等含油构造组成。

### 3.3.1.3 石油资源评价

大港探区截至 2003 年年底共累计探明石油地质储量 $90\ 295 \times 10^4$ t，控制石油地质储量 $10\ 052 \times 10^4$ t，预测石油地质储量 $20\ 362 \times 10^4$ t。

（1）石油资源分布

从各凹陷资源分布来看，歧口凹陷的资源量最大，其石油地质资源量 $127\ 195 \times 10^4$ t，约占总地质资源量的 62%，其次为沧东南皮凹陷、板桥凹陷、北塘凹陷，分别占总地质资源量的 24%、9%、5%（图 3.3 – 2）。

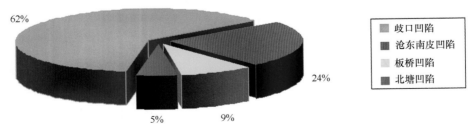

图 3.3 – 2　黄骅坳陷（天津）石油地质储量分布

从 18 个二级构造带资源分布来看，其中石油地质资源量大于 10 000 × 10$^4$ t 的区带有北大港、孔店、板桥，其石油地质资源量为 77 321 × 10$^4$ t，占总区带地质资源量的 52%；石油地质资源量在 5 000 × 10$^4$ ~ 10 000 × 10$^4$ t 的区带有白东、南大港、张巨河、羊二庄、埕海、羊三木、沧市、小集—段六拨；石油地质资源量在 3 000 × 10$^4$ ~ 5 000 × 10$^4$ t 的区带有塘沽、涧南、新港等。

从海陆资源分布来看，整个陆地石油地质资源量 132 938 × 10$^4$ t，约占总地质资源量的 64.7%，陆地已探明石油地质储量 78 972 × 10$^4$ t，探明率达 59.4%；滩海石油地质资源 72 649 × 10$^4$ t，已探明石油地质储量 11 323 × 10$^4$ t，探明率达 15.6%。

（2）石油资源层位和深度

从分层位资源分布来看，沙河街石油资源聚集量最多，为 97 689 × 10$^4$ t。石油资源聚集量大于 30 000 × 10$^4$ t 的层系有 Nm、Es1、Es3、Ek1，其总计石油资源聚集量 146 174 × 10$^4$ t，占总地质资源量的 71.1%。

从分深度资源分布来看，埋深小于 3 500 m 石油地质资源量 149 237 × 10$^4$ t，约占总地质资源量的 73%，埋深大于 3 500 m 石油地质资源量 56 350 × 10$^4$ t，约占总地质资源量的 27%。

## 3.3.2　主要含油体系

位于天津市的有效生油凹陷主要包括歧口凹陷、板桥凹陷和北塘凹陷。

### 3.3.2.1　歧口凹陷[①]

歧口凹陷主要有沙三段和沙一段两套有效烃源岩，并以沙三段为主。北大港潜山、南大港潜山、歧南斜坡及滩海地区的原油主要来自沙三段；源自沙一段的原油主要分布在凹陷内部。

沙三段含油系统据成藏期的不同又可划分为沙三—下第三系和沙三—上第三系两个系统。沙三—下第三系已发现储量占歧口凹陷总储量的 34.1%，已发现的油气田主要有王徐庄、张巨河、友谊、高尖头、港中、歧 17 - 3、歧 18 - 1 及歧 18 - 5 等；沙三—上第三系已发现储量占歧口凹陷总储量的 50.9%，在歧口凹陷最为富集，主要的油田有港东、港中、孔店、刘官庄、赵东、羊二庄、羊三木、王徐庄及歧 17 - 2 等。

沙一段含油气系统已发现有齐家务、周清庄、联盟、马东、马西、唐家河及扣村等油田，储量占歧口凹陷总储量的 15%。圈闭以岩性圈闭、逆牵引背斜为主，油气成藏晚、保存条件好，基本未遭受破坏。

总体而言，歧口凹陷含油气系统具有偏油的特点，沙三段比沙一段优越（表 3.3 - 1），主要表现在以下几个方面：无论从烃源岩的质量还是分布上，沙三段均优于沙一段；从已发现油气储量分析，沙三段已发现储量占歧口凹陷总量的 85%，沙一段已发现油气储量占歧口凹陷总量的 15%，且储量丰度前者高于后者；沙三段油气资源量、剩余量远大于沙一段，沙三段资源量为 195.9，剩余量为 101.1，分别占歧口凹陷总资源量的 84% 和总剩余量的 83%；沙一段资源量为 37.0，剩余量为 20.2，分别占歧口凹陷总资源量的 16% 和总剩余量的 17%。

---

①　吴元燕、付建林、周建生等，《歧口凹陷含油气系统及其评价》，2000。

表 3.3 – 1　歧口凹陷含油气系统石油资源分布对比表

| 比较对象 | 沙三—下第三系 | 沙三—上第三系 | 沙一 |
|---|---|---|---|
| 已发现油气储量 | 38.1 | 56.7 | 16.8 |
| 储量百分比 | 34.1% | 50.9% | 15.0% |
| 储量丰度 | 0.64 | 1.46 | 0.51 |
| 油百分比 | 88.6% | 96% | 84.6% |

### 3.3.2.2　板桥凹陷

板桥北大港成藏体系位于黄骅坳陷、板桥凹陷和歧北凹陷之间，包括板桥断裂构造带（含驴驹河—长芦）、北大港潜山构造带和沈青庄潜山构造带。板桥凹陷北大港成藏体系共发现了港中油田、港东油田等 10 多个油田，共 80 多个油藏，是黄骅坳陷主要的含油区之一。

根据广义帕累托分布模型预测，板桥北大港成藏体系规模大于 $0.01 \times 10^8$ t 的油藏个数为 307 个，总资源量为 $6.08 \times 10^8$ t，剩余资源量为 $3.44 \times 10^8$ t（表 3.3 – 2）。剩余资源中，$0.03 \times 10^8 \sim 0.05 \times 10^8$ t 的油藏有 5 个，资源量为 $0.20 \times 10^8$ t；$0.02 \times 10^8 \sim 0.03 \times 10^8$ t 的油藏有 32 个，资源量为 $0.76 \times 10^8$ t；$0.01 \times 10^8 \sim 0.02 \times 10^8$ t 的油藏有 188 个，资源量为 $2.48 \times 10^8$ t。

表 3.3 – 2　板桥北大港成藏体系资源预测结果　　　　　单位：$\times 10^8$ t

| 油藏规模 | 预测资源量 | 预测油藏 | 探明储量 | 已发现油藏 | 剩余资源量 | 剩余油藏 |
|---|---|---|---|---|---|---|
| >0.10 | 0.44 | 3 | 0.44 | 3 | 0 | 0 |
| 0.05 ~ 0.10 | 0.68 | 10 | 0.79 | 10 | 0 | 0 |
| 0.03 ~ 0.05 | 0.87 | 23 | 0.69 | 18 | 0.20 | 5 |
| 0.02 ~ 0.03 | 1.06 | 44 | 0.30 | 12 | 0.76 | 32 |
| 0.01 ~ 0.02 | 3.03 | 227 | 0.55 | 39 | 2.48 | 188 |
| 合计 | 6.08 | 307 | 2.78 | 82 | 3.44 | 225 |

### 3.3.2.3　北塘滩海地区[①]

北塘滩海地区发育有蔡家堡、大神堂、涧南和新港 4 个构造带。

新港构造带地处歧口、北塘两大生油凹陷之间，有利勘探面积 220 km²，被海河断层分割成两部分，上升盘为掀斜断鼻断块，下降盘为形成大型滑塌背斜构造，圈闭面积 86.6 km²，预测石油资源量 5 069 × 10⁴ t。

涧南构造带为一长期继承性发育的石炭—二叠系潜山构造带，明化镇组和馆陶组发育近南北向的两排构造，中间以浅鞍相隔，存在背斜、断鼻和断块三种圈闭类型，东营组和沙一

---

① 杨玉金，北塘滩海地区重点构造带石油地质评价，2005。

段主要为依附于涧南断层的大型断鼻和披覆背斜，明化镇组、馆陶组、东营组和沙一段共计落实圈闭 5 个，圈闭面积 50 km²，预测石油资源量 4 715 × 10⁴ t。

　　大神堂构造带为一长期继承性发育的潜山构造带，有利勘探面积 119 km²，总体上为一垒式结构，Es1—Es3 段圈闭面积 56.4 km²，预测石油资源量 2 650 × 10⁴ t。

　　蔡家堡构造带是一个受蔡家堡断层控制的下第三系翘倾断鼻断块构造，Es1—Es3 段圈闭面积 53.8 km²，预测石油资源量 3 730 × 10⁴ t。

表 3.3－3　北塘滩海地区油气资源预测

| 构造带 | | | 资源预测 | |
| --- | --- | --- | --- | --- |
| 名称 | 面积/km² | 圈闭面积/km² | 含油面积/km² | 储量/× 10⁴ t |
| 蔡家堡构造带 | 138 | 53.8 | 30 | 3 730 |
| 涧南潜山构造带 | 180 | 34.7 | 20.7 | 2 580 |
| 大神堂断裂构造带 | 119 | 56.4 | 26 | 2 650 |
| 新港潜山构造带 | 220 | 86.6 | 40.7 | 5 069 |
| 合计 | 657 | 231.5 | 117.4 | 14 029 |

### 3.3.3　勘探前景

　　未来天津滨海地区的预探主要围绕滩海、富油凹陷斜坡区、中央隆起带、两大隆起及周边、潜山领域展开。

#### 3.3.3.1　滩海[①]

　　滩海剩余资源量丰富，探明程度低，近期勘探的突破充分证明滩海勘探潜力较大。

　　（1）南部滩海

　　南部滩海埕北断阶区属于歧口凹陷向埕宁隆起过渡的断阶式斜坡背景，勘探面积 500 km²。勘探研究表明，该区富集条件优越，圈闭类型丰富，是油气运聚的主要指向区，油气成藏条件配置关系好，油气资源丰富。据新一轮油气资源评价结果，埕北断阶带潜力较大，资源量达 26 113 × 10⁴ t。

　　（2）中部滩海

　　中部滩海位于歧口凹陷区，包括沿岸带和极浅海两部分，区域构造背景非常有利。沿岸带为长期继承性发育的斜坡背景，斜坡区及其坡折带是岩性体的发育区，极浅海区的白东等构造位于歧口凹陷，构造规模大，晚期构造发育，油源条件好，与渤中凹陷具有相似的地质条件，是滩海勘探寻求重大突破的又一重要领域，预测石油地质储量 3 500 × 10⁴ t。

　　（3）北部滩海

　　北部滩海位于北塘、歧口和南堡三大凹陷的结合部位，区域构造位置有利，具有一定的勘探潜力。根据大港油田最新勘探成果，歧口凹陷石油资源预探取得重大突破，形成亿吨级的规模增储区域，为天津滨海地区陆上稳产、滩海上稳产提供了重要的资源。

---

　　① 徐守余、严科，渤海湾盆地构造体系与油气分布，2005。

### 3.3.3.2 富油凹陷斜坡区

歧口、沧东—南皮、板桥凹陷斜坡区剩余资源量丰富，成藏条件优越，是下步开展岩性油气藏勘探的重要领域。

（1）歧口凹陷西斜坡

歧口凹陷西坡是歧口凹陷向西侧抬起的斜坡区，包括歧南、歧北两个次级斜坡，勘探面积580 km²，该区继承性发育的斜坡背景与多期砂体有机配置，形成了多层系广泛分布的构造岩性圈闭，储层发育，储盖组合良好，与沙一中区域性盖层构成良好的储盖组合，供油条件优越，资源潜力较大，是歧口凹陷油气运移的主要指向区。据新一轮资源评价结果，歧口凹陷西坡待探明资源量为 $7\,500 \times 10^4 \sim 8\,300 \times 10^4$ t，具有较大的勘探潜力。

（2）板桥凹陷斜坡

板桥凹陷是渐新世形成的富油气凹陷，发育了沙三段、沙二段、沙一段及东营组四套生烃层系，有机质丰度高，烃类转化率高，油气资源丰富。多年来，该区勘探一直以板桥断裂构造带为重点，斜坡及凹陷区岩性圈闭认识和钻探程度低，是一个极具潜力的预探接替领域，预测石油地质储量 $700 \times 10^4$ t。

（3）沧东凹陷斜坡

沧东凹陷是以渐新世为主体的第三系沉积凹陷，沙河街组分布大套暗色泥岩，有机质丰度高，具有一定生烃潜力和供油气能力。沧东凹陷东坡紧邻孔店凸起西缘，受古地貌控制，沿斜坡带沙河街组发育多种类型岩性体，具备形成"自生自储"型岩性油气藏的基本条件，预测石油地质储量 $400 \times 10^4$ t。

### 3.3.3.3 中央隆起带

中央隆起带具有一定的资源潜力。近年来中央隆起带精细勘探实践表明，精细地质研究与配套勘探技术是精细勘探不断取得新成果的关键，中央隆起带是增储建产的重要领域，在勘探难度越来越大的情况下，每年都发现千万吨级以上的效益储量。中央隆起带精细勘探围绕板桥—北大港、孔店、南大港等区带展开。板桥—北大港构造带紧临歧口、板桥两个富油凹陷，又有港东、港西、大张坨断层将第三系圈闭与油源沟通，成藏条件十分有利，钻探证实具有多套含油气层系、多种油藏类型复式聚集特点，通过改善地震资料品质和精细地质研究在港中—六间房、唐家河、港西、大中旺、周清庄等落实地区相继发现一批有一定规模的优质储量区块和有利目标区。而孔店构造带以往第三系勘探主要围绕孔一段的枣Ⅱ、枣Ⅲ、枣Ⅴ和孔二段展开。研究表明，该带上第三系、沙一段、枣Ⅳ也具有较好的勘探前景，沿孔东、孔西、官101等断层上升盘的断棱带油气富集。该区预测石油地质储量 $1\,000 \times 10^4$ t，实现稳定增储。

### 3.3.3.4 两大隆起及周边

沧县隆起及埕宁隆起位于第三系坳陷东西两侧，勘探面积 $7\,004$ km²，勘探面积大，勘探程度低，具备基本的油气成藏条件。近年来，基本明确了埕宁隆起南段基本地质结构、地层展布和有利方向。埕宁隆起北段及周边斜坡区围绕刘官庄地区上第三系、埕宁隆起北坡构造岩性和地层超覆油气藏开展综合评价工作。沧县隆起冯口地区以落实沧东断裂上升盘上第三系披覆构造和潜山构造、下降盘沙河街组、东营组构造和岩性圈闭为目的，综合评价和目标优选正在进行。该区预测石油地质储量 $200 \times 10^4$ t。

### 3.3.3.5　潜山

根据资源评价成果，潜山勘探领域具有较大的勘探潜力。

（1）中生界砂岩潜山

研究表明该区中生界具有优越的成藏条件：具有孔二段和沙河街组两套生油层系，目标区位于孔二段有效生油岩范围内，油源充沛，断层下降盘孔二段与上升盘中生界储层侧向相接，供油条件有利；中下侏罗统辫状河流相块状砂岩发育，呈带状展布，分布稳定，与内幕构造相配合，控制油气的聚集，次生孔隙发育带控制油气富集高产；反向断鼻、断块区上升盘有利储层段与下降盘孔二段泥岩侧接，侧向封堵条件好；圈闭形成期早于孔二段排烃期，两者匹配关系好，有利于油气藏形成。

（2）古生界碳酸盐岩潜山

该区主要受新生代构造变形的影响，印支—燕山期的潜山主要分布于现今构造的围斜部位，黄骅坳陷奥陶系储层主要经历了三个时期、两种类型的岩溶改造作用，有利的构造背景是奥陶系潜山油气藏形成和富集的首要因素。根据目前研究进展，古生界碳酸盐岩潜山主要勘探区带为乌马营潜山带、王官屯潜山带、徐黑潜山带、长芦潜山带和港西围斜潜山带，预测石油地质储量 $300 \times 10^4$ t。

## 3.3.4　石油化工

### 3.3.4.1　产业现状

2006 年，天津市主要海洋产业总产值为 1 675.5 亿元，其中海洋石油与天然气占 26.92%，海洋化工占 12.88%，海洋交通运输占 12.57%，沿海旅游占 6.80%（图 3.3 – 3）。

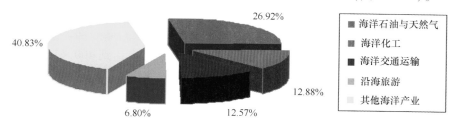

图 3.3 – 3　2006 年天津市主要海洋产业总产值比例图

与环渤海地区的其他沿海省辽宁、河北、山东相比，海洋石油与天然气、海洋化工、海洋交通运输、沿海旅游是天津市海洋经济中优势产业。天津市对于海洋石油资源的开发利用主要为石油开采和初级石油产品，石油化工产业尚未形成规模。目前石化产业的国际发展趋势表明，仅走消耗海洋资源发展海洋经济的路子不可取，必须充分发挥区位优势、海洋科技优势，着力发展那些节约资源和能源的海洋产业，发展科技密集型、技术密集型、高附加值的海洋产业。世界石化工业发展趋向大型化、基地化和炼油化工一体化，产业集中度越来越高，以石化产业为主导的海洋产业，也必须走大规模、集中化和"大进、大出"的道路，充分利用渤海油气资源，同时依靠大量进口原油发展石油化工产业。

### 3.3.4.2 产业发展策略

（1）强力提升规模，建设世界基地

强化石油化工业的发展规模，做大做强，形成产业集聚，实现"量"上的领先。促进石油化工业产品产量上的领先，以达到较大的经济规模，为建设世界级的石化工业基地打好基础。

（2）搭建公共平台，支持技术创新

走差异化的产业发展道路，实现"质"上的突破。在"量"上领先的基础上，在周边和内部布局高度共享的产业公共服务与技术服务平台。依靠科技进步，开发石油化工产业领域内拥有自主知识产权、高附加值、高技术含量的产品，打造技术上的领先优势。

（3）对接区域通道，推进外部带动

港口和石油化工发展需要加强区域通道建设，应加强与外围大区域通道的对接，促进与天津南部乃至河北、中西部的区域联系，在石油化工成为滨海新区新增长极的同时，辐射周边，发挥对周边地区产业延伸和龙头带动作用。

（4）创新发展模式，构筑循环经济

创新发展模式，按照循环经济的发展理念，构建节约型、集约型、绿色生态发展模式，实现产业和产品结构的优化升级。

### 3.3.4.3 产业发展方向[①]

天津市滨海新区南部拥有发展石油化工的诸多优势，可以预测滨海新区南部将成为天津市发展石化产业的重要基地。

（1）发展规模预测

以乙烯为例，2007 年全国乙烯产量为 $957 \times 10^4$ t，从 2007 年乙烯的当量消费来看，我国乙烯的自给率仅为 44.7%，根据相关石化研究预测，2020 年全国乙烯当量需求量约 $5\,000 \times 10^4$ t。随着行业集中度和自给率的提高，作为全国重要的工业发展空间，天津乙烯产量未来应发展到占全国产量的 10% 以上。因此，天津乙烯产量未来将达到 $400 \times 10^4 \sim 500 \times 10^4$ t 的水平。计划在 2023 年南港工业区的乙烯产量达到 $250 \times 10^4$ t 以上，对应的新增炼油能力将达到 $3\,000 \times 10^4$ t 以上。因此，天津作为未来世界级石化基地，根据天津需要承载的石化产量，预测共需建设两套 1 500 t 核心炼化及相关乙烯装置，与现有 $500 \times 10^4$ t 炼油一起构成 $3\,500 \times 10^4$ t 炼油规模。

（2）空间需求预测

美国墨西哥湾沿岸、比利时安特卫普、日本东京湾地区、韩国蔚山、新加坡裕廊岛等均是石化产业集聚的产业区。其中：美国墨西哥湾炼油能力达到了 $3.89 \times 10^8$ t/a；安特卫普石化区 35 $km^2$，包括 $250 \times 10^4$ t 乙烯炼化及配套。国内的宁波镇海炼化工业园约 40 $km^2$，其中炼化用地约 12 $km^2$；上海化工工业区，规划形成 60 $km^2$ 环杭州湾石化带，发展 $3\,600 \times 10^4$ t 炼油和 $350 \times 10^4$ t 乙烯的规模。借鉴相关项目，天津要形成规模效益的世界级石化园区，需

---

① 郭宝炎，大港油田油气勘探潜力与发展趋势，2004。

要约 50 km² 以上的用地保障，炼化规模一般均在 3 000×10⁴ t 以上，与陆域中的约 15 km² 的油气开采区（含 500×10⁴ t 炼油），共同形成 70 km² 以上的大型石化集群。

（3）发展模式

2008 年，天津市空间战略研究确定了"双城双港、相向拓展、一轴两带、南北生态"的总体战略。结合新区轴带发展格局，按照强化优势、突出特点、产业集聚、城市宜居的原则，确定"南重化、北旅游、西高新、中服务"的一城三片的发展格局。其中，"三片"中的南部石化生态片区集中建设港口和重化工业复合体，建成世界级重化工业基地。按照"由重化工到精细化工、由单体材料到成型产品、由主要产品到配套产品、由内到外"的原则来构架石化园区模式。重点打造石油化工、精细化工和能量综合利用三条循环经济产业链，延伸塑料、化纤、橡胶和精细化工等 20 多条产品链，形成关联紧密、技术一流、带动性强的国家级石化循环经济产业园区。

## 3.4　经济类水产资源[①]

天津市经济水产资源系指其海域中具有开发利用价值的动物、植物。包括经济游泳动物（鱼类、虾类、蟹类、头足类）、鱼卵和仔稚鱼及经济贝类（潮间带经济贝类、浅海经济贝类）。

### 3.4.1　经济游泳动物

经过 4 个航次，共调查 78 站次，完成设计站位的 90% 以上（由于海域底质情况复杂，海洋工程作业频繁，经常出现破网现象；同时，调查海区定置网具过于密集，尤其是近年来"地笼"发展迅速，大部分设计站位无法在原调查点作业，只好根据现时情况，临时调整调查站位和作业时间）。

#### 3.4.1.1　种类组成及水平分布和季节变动

1）种类组成

调查海区 4 个航次共采集到经济游泳动物 42 种，其中，脊椎动物鱼类 24 种，占总种数的 57.14%；无脊椎动物 18 种，占总种数的 42.86%。无脊椎动物中，虾类 10 种，占总种数的 23.81%；蟹类 5 种，占总种数的 11.90%；头足类 3 种，占总种数的 7.14%。

（1）经济鱼类种类组成

调查中共捕获鱼类 24 种，分隶 8 目，14 科。其中暖水性鱼类 10 种，占鱼类种数的 41.67%；暖温性鱼类 13 种，占鱼类种数的 54.17%；冷温性鱼类 1 种，占鱼类种数的 4.16%。按栖息水层分，底层和近底层鱼类 16 种，占鱼类种数的 66.67%；中上层鱼类 8 种，占鱼类种数的 33.33%。按洄游性来分，在渤海越冬，属于渤海地方性资源的有 12 种，占鱼类总数的 50%；不在渤海越冬，进行长距离洄游的鱼类有 12 种，占鱼类种数的 50%。按经济价值分，经济价值较高的有 5 种，占鱼类种数的 20.83%；经济价值一般的有 12 种，占鱼

---

①　天津市海洋与海岸带现状及开发研究课题组，生物资源现状及开发研究，2003。

类种数的50%；经济价值较低的有7种，占鱼类种数的29.17%。

与1983年海岸带调查（共捕获鱼类50种，分隶13目，27科）相比，鱼类种类减少了26种，减少了52%。主要经济鱼类如半滑舌鳎、黄姑鱼、东方鲀类等未能捕到，表明其资源目前已经匮乏。

（2）经济无脊椎动物种类组成和季节变化

调查共捕获18种无脊椎动物，其中甲壳类15种，占种数的83.33%；软体动物头足纲3种，占种数的16.67%。按经济价值分，经济价值较高的有10种，占种数的55.56%；经济价值较低的有8种，占种数的44.44%。

与1983年海岸带调查（共捕获无脊椎动物14种，经济种类10种）相比，种类增加了4种，经济种类数持平。

2）种类水平分布

（1）鱼类种类水平分布

春季　春季航次完成调查站位6个。各站位鱼类种类数波动于3~7种之间，平均5.7种。种数较多的站位出现于TJ10和TJSC11，最少的出现于TJSC10。春季鱼类种类数分布较均匀。

夏季　夏季航次完成调查站位8个。各站位鱼类种类数波动于4~11种之间，平均7.5种。种数较多的站位出现于TJ05和TJSC13，最少的出现于TJ10。在10 m等深线海域种类数要多于近岸浅水海域。

秋季　秋季航次完成调查站位10个。各站位鱼类种类数波动于3~11种之间，平均7.1种。种数最多的站位出现于TJ10，最少的出现于TJX-4。天津北部海域鱼类种类数要多于南部海域。

冬季　冬季航次完成调查站位5个。各站位鱼类种类数波动于2~6种之间，平均4.4种。种数较多的站位出现于ZD-TJ097、TJ05和TJ10，种类较少的站位出现于TJ01和TJX-4。塘沽海域鱼类种类数要多于大港附近海域。

季节变化　捕获鱼类的种类数随季节变化而异（图3.4-1），以夏季和秋季为最多，均为15种；春季居中，为13种；冬季最少，仅有8种。鱼类区系结构的季节变化主要受海水温度的影响，夏季水温最高，暖温性鱼类的种数也最多，占夏季鱼类种数的46.67%，春季和秋季暖温种的种数略少，均占季节鱼类种数46.15%，冬季最少。暖水种在春季和秋季出现最多，均为季节鱼类种数的53.85%，暖水种种数夏季居中，占季节鱼类种数53.33%，冬季最少。冷温种鱼类只捕到1种。渤海湾（天津）海域鱼类种数的季节变动与莱州湾相比有所滞后，呈现为夏、秋多，春季少，冬季最低的特点。

（2）经济无脊椎动物种类水平分布

春季　春季航次完成调查站位6个。各站位经济无脊椎动物种类数波动于5~8种之间，平均7种。种数较多的站位出现于TJSC1和TJSC9，最少的出现于TJSC11。离岸深水海域经济无脊椎动物种类数要多于近岸海域。

夏季　夏季航次完成调查站位8个。各站位经济无脊椎动物种类数波动于5~12种之间，平均7.9种。种数最多的站位出现于TJX-4，最少的出现于TJSC1。大港海域经济无脊椎动物种类数多于天津其他海域。

秋季　秋季航次完成调查站位8个。各站位经济无脊椎动物种类数波动于5~12种之间，

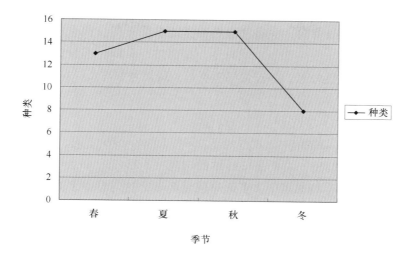

图 3.4 - 1 调查海区鱼类种类组成的季节变化

平均 8.2 种。种数最多的站位出现于 TJSC3，最少的出现于 TJSC1 和 TJ10。塘沽北部海域经济无脊椎动物种类数要多于其他海域。

冬季 冬季航次完成调查站位 5 个。各站位经济无脊椎动物种类数波动于 2 ~ 5 种之间，平均 3.4 种。种数较多的站位出现于 TJ05，TJX - 4 站较少。塘沽海域经济无脊椎动物种类数多于大港海域。

季节变化 调查海域捕获的无脊椎动物以夏季种数最多，为 13 种；春季和秋季均为 11 种，居第二位；冬季最少，只有 9 种。调查捕获的无脊椎动物种类较少。

### 3.4.1.2 相对密度及水平分布和季节变动

1）鱼类

春季 各站位鱼类相对密度波动于 12 ~ 200 尾/h 之间，平均密度为 92 尾/h。密度最大的站位出现于 TJ10，密度较大的站位还有 TJSC11（156 尾/h）。春季离岸较深海域的鱼类总密度大于近岸较浅海域，这与春季水温的分布及鱼类的生物学特性有关。

夏季 各站位鱼类总密度波动于 115 ~ 3 503 尾/h 之间，平均密度为 1 187.6 尾/h。密度最大站位出现于 TJ01，主要是斑鰶的密度较大（751 尾/h）；密度较小站位是 TJX - 4。随着水温的升高，近岸浅水海域的鱼类总密度增大。

秋季 各站位鱼类总密度波动于 26 ~ 1 029 尾/h 之间，平均密度为 369.7 尾/h。密度最大站位出现于 TJSC1，主要是钝尖尾鰕虎鱼（930 尾/h）；密度较大站位为 TJSC5（502 尾/h）、TJSC4（486 尾/h）和 TJ05（420 尾/h）。天津北部海域鱼类总密度大于天津南部海域。

冬季 各站位鱼类总密度波动于 68 ~ 407 尾/h 之间，平均密度为 136.6 尾/h。密度最大站位出现于 TJ05，主要是钝尖尾鰕虎鱼（248 尾/h）；密度较小的站位出现在 ZD - TJ097。塘沽海域鱼类总密度大于天津其他海域。

季节变化 4 个航次鱼类平均密度为 450.9 尾/h。其中，夏季航次鱼类密度要远高于其他航次，主要是斑鰶的出现（751 尾/h）；秋季居中，鱼类平均密度为 369.7 尾/h；冬季较低，为136.6尾/h；春季最低，为92尾/h。说明天津沿岸海域鱼类季节变动明显。鱼类网获尾数季节变化与鱼类生物学特性有关，一些洄游性种类随水温升高，春季开始生殖洄游，到天津浅海产卵繁殖和索饵，秋末则到深海水域越冬，如斑鰶、黄鲫、小黄鱼等。另外，一些地方性鱼类，对水温变化适应性较强，如钝尖尾鰕虎鱼、斑尾复鰕虎鱼、花鲈等，全年都有分布。

2）经济无脊椎动物

春季 各站位无脊椎动物相对密度波动于134～1 086个/h之间，平均密度为439.7个/h。密度最大站位出现于TJ10，主要是口虾蛄的出现（3 384个/h）。密度较大站位为TJ01。春季离岸较深海域无脊椎动物总密度大于近岸较浅海域，这与春季水温的分布及无脊椎动物的生物学特性有关。

夏季 各站位经济无脊椎动物相对密度波动于238～3 755个/h之间，平均密度为1 150.8个/h。密度最大站位出现于TJ01（主要是口虾蛄的出现），密度较低站位出现在TJ10。夏季塘沽南部及大港海域经济无脊椎动物总密度较大。

秋季 各站位经济无脊椎动物相对密度波动于297～801个/h之间，平均密度为429.6个/h。密度最大站位出现于TJSC10，密度较大站位为TJSC3（773个/h）、TJSC4（613个/h）和TJ10（548个/h）。天津北部海域经济无脊椎动物总密度大于天津南部海域。

冬季 各站位经济无脊椎动物相对密度波动于195～813个/h之间，平均密度为559.6个/h。密度最大站位出现于TJ10，密度较大站位为TJX－4（795个/h），主要是日本鼓虾的出现（716个/h）。冬季离岸较深海域经济无脊椎动物总密度大于近岸较浅海域，这与冬季水温下降及经济无脊椎动物的生物学特性有关。

季节变化 4个航次经济无脊椎动物总平均密度为605.4个/h。其中，夏季航次经济无脊椎动物密度要远高于其他航次，主要种是口虾蛄的密度较大；冬季居中，主要种是日本鼓虾，经济无脊椎动物平均密度为559.6个/h；春季和秋季较接近，经济无脊椎动物平均密度分别为439.7个/h和429.6个/h；说明天津沿岸海域经济无脊椎动物季节变动明显（图3.4－2）。经济无脊椎动物网获尾数季节变化与其生物学特性和水温有关，一些洄游性种类随水温升高，春季开始生殖洄游，到天津市浅海产卵繁殖和索饵，秋末则到深海水域越冬，如三疣梭子蟹、中国对虾、火枪乌贼、长蛸、短蛸等。另外，一些地方性种类，对水温变化适应性较强，如口虾蛄等，全年都有分布。

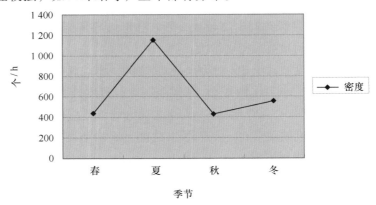

图3.4－2 经济无脊椎动物密度的季节变化

### 3.4.1.3　生物量及水平分布和季节变动

#### 1）鱼类

**春季**　各站位鱼类生物量波动于 0.13 ~ 1.77 kg/h，平均生物量 1.06 kg/h。生物量最大站位出现于 TJ10，最小站位出现在 TJ01，生物量较大站位为 TJSC11（1.42 kg/h）。深水区鱼类生物量高于近岸浅水海域。

**夏季**　各站位鱼类生物量波动于 1.14 ~ 48.61 kg/h，平均生物量 10.02 kg/h。生物量最大站位出现于 TJ01，最小站位出现在 TJX – 4，生物量较大站位为 TJ05（11.03 kg/h）。夏季天津近岸鱼类生物量分布较均匀，这与水温的升高和鱼类的生物学特性有关。

**秋季**　各站位鱼类生物量波动于 0.52 ~ 5.01 kg/h，平均生物量 1.95 kg/h。生物量最大站位出现于 TJ05（主要种为钝尖尾鰕虎鱼、黑鳃梅童鱼），最小站位出现在 TJX – 4。天津近岸秋季鱼类生物量分布为北部海域高于南部海域。

**冬季**　各站位鱼类生物量波动于 2.35 ~ 8.47 kg/h，平均生物量 4.15 kg/h。生物量最大站位出现于 TJ05（主要种为斑尾复鰕虎鱼），最小站位出现在 TJX – 4。天津近岸冬季鱼类生物量分布塘沽深水海域高于浅水海域。

**季节变动**　4 个航次鱼类总平均生物量为 3.29 kg/h。其中，夏季航次鱼类生物量远高于其他航次，鱼类平均生物量为 10.2 kg/h，主要与斑鰶等中上层鱼类的大量出现有关；冬季居中，鱼类平均生物量为 4.15 kg/h；秋季较低，鱼类平均生物量为 1.95 kg/h；春季最低，鱼类平均生物量为 1.06 kg/h；说明天津近岸海域鱼类季节变动明显。鱼类生物量季节变化与鱼类生物学特性有关，一些洄游性种类随水温升高，春季开始生殖洄游，到天津浅海产卵繁殖和索饵，秋末则到深海水域越冬，如斑鰶、黄鲫、小黄鱼等。另外，一些属地方性鱼类，对水温变化适应性较强，如钝尖尾鰕虎鱼、斑尾复鰕虎鱼、花鲈等，全年都有分布。

#### 2）经济无脊椎动物

**春季**　各站位经济无脊椎动物生物量波动于 0.91 ~ 12.56 kg/h，平均生物量 4.42 kg/h。生物量最大站位出现于 TJ10（口虾蛄），最小站位出现在 TJ01。春季深水区经济无脊椎动物生物量高于近岸浅水海域。

**夏季**　各站位经济无脊椎动物生物量波动于 3.51 ~ 19.50 kg/h，平均生物量 13 kg/h。生物量最大站位出现于 TJSC9（主要种为口虾蛄），最小站位出现在 TJ10。夏季塘沽、大港经济无脊椎动物生物量高于汉沽海域。

**秋季**　各站位经济无脊椎动物生物量波动于 3.78 ~ 18.88 kg/h，平均生物量 8.12 kg/h。生物量最大站位出现于 TJSC10（主要种为口虾蛄），最小站位出现在 TJ05。秋季塘沽、汉沽海域经济无脊椎动物生物量高于大港海域。

**冬季**　本航次各站位经济无脊椎动物生物量波动于 0.50 ~ 3.09 kg/h，平均生物量 1.99 kg/h。生物量最大站位出现于 TJ10（主要种为日本鼓虾），最小站位出现在 TJ01。塘沽、汉沽海域经济无脊椎动物生物量高于大港海域。

**季节变化**　4 个航次无脊椎动物总平均生物量为 6.29 kg/h。其中，夏季航次经济无脊椎动物生物量远高于其他航次，平均生物量为 13 kg/h，主要与口虾蛄的大量出现有关；秋季居中，经济无脊椎动物平均生物量为 8.12 kg/h；春季较低，经济无脊椎动物平均生物量为 4.42 kg/h；冬季最低，经济无脊椎动物平均生物量为 1.99 kg/h。天津近岸海域经济无脊椎动物生物量季节变动明显。经济无脊椎动物生物量季节变化与其生物学特性和水温有关，一些洄游性种类随水温升高，春季开始生殖洄游，到天津浅海产卵繁殖和索饵，秋末则季节到深海水域越冬，如三疣梭子蟹、中国对虾等。另外，一些属地方性种类，对水温变化适应性较强，如口虾蛄等，全年都有分布。

### 3.4.1.4 资源结构

#### 1）鱼类

（1）鱼类相对资源量和密度组成

根据调查，对各种鱼类的相对资源量和网获尾数进行计算（表3.4－1），占生物量2%以上的种类有 10 种，依次是斑尾复鰕虎鱼、钝尖尾鰕虎鱼、斑鰶、叫姑鱼、黑鳃梅童鱼、鲕鱼、梭鱼、钟馗鰕虎鱼、焦氏舌鳎和黄鲫，占总生物量的95.27%；占密度2%以上的种类有 9 种，依次是钝尖尾鰕虎鱼、斑鰶、叫姑鱼、斑尾复鰕虎鱼、赤鼻棱鳀、焦氏舌鳎、黄鲫、黑鳃梅童鱼和青鳞鱼，占总生物量的95.39%。全年出现的主要种有斑尾复鰕虎鱼、钝尖尾鰕虎鱼等；有的种类如斑鰶、叫姑鱼、黑鳃梅童鱼、黄鲫等从 5 月份才开始出现，多数延续到10—11 月。一些有分布的种类未采到（采集到了仔鱼），包括花鲈和蓝点马鲛。

可以看出在前 4 位的鱼类中，有 3 种鱼的经济价值一般，有 1 种较低，总体经济价值较低。

#### 表 3.4－1　鱼类生物量及密度构成

| 种名（中文） | 种名（拉丁文） | 占密度/% | 占生物量/% |
| --- | --- | --- | --- |
| 斑鰶 | *Clupanodon punctatus* | 14.98 | 18.84 |
| 斑尾复鰕虎鱼 | *Synechogobius ommaturus* | 9.26 | 27.24 |
| 赤鼻棱鳀 | *Thrissa kammalensis* | 7.98 | 1.78 |
| 钝尖尾鰕虎鱼 | *Chaeturichthys hexanema* | 32.02 | 19.81 |
| 黑鲪 | *Sebastodes fuscesens* | 0.01 | 0.01 |
| 黑鳃梅童鱼 | *Collichthys niveatus* | 4.37 | 6.53 |
| 红狼牙鰕虎鱼 | *Odontamblyopus rubicundus* | 0.07 | 0.11 |
| 黄鮟鱇 | *Lophius litulon* | 0.01 | 0.67 |
| 黄鲫 | *Setipinna taty* | 6.17 | 2.09 |
| 棘头梅童鱼 | *Collichthys lucidus* | 0.026 | 0.07 |
| 尖海龙 | *Syngnathus acus* | 0.017 | 0.005 |
| 焦氏舌鳎 | *Cynoglossus joyneri* | 7.66 | 2.16 |
| 叫姑鱼 | *Johnius belengerii* | 10.76 | 7.72 |
| 青鳞鱼 | *Harengula zunasi* | 2.77 | 1.407 |
| 梭鱼 | *Liza haematocheila* | 1.108 | 3.38 |
| 小带鱼 | *Trichiurus muticus* | 0.005 | 0.018 |

续表 3.4 - 1

| 种名（中文） | 种名（拉丁文） | 占密度/% | 占生物量/% |
|---|---|---|---|
| 小黄鱼 | *Pseudosciaena polyactis* | 0.046 | 0.45 |
| 小头栉孔鰕虎鱼 | *Ctenotrypauchen microcephalus* | 0.105 | 0.018 |
| 银鲳 | *pampus argenteus* | 0.05 | 0.15 |
| 鯒鱼 | *Platycephalus indicus* | 0.73 | 4.8 |
| 中颌棱鳀 | *Thrissa mystax* | 0.016 | 0.005 |
| 钟馗鰕虎鱼 | *Triaenopogon barbatus* | 1.82 | 2.7 |
| 云鳚 | *Enedrias nebulosus* | 0.005 | 0.006 |
| 鱵鱼 | *Hyporhamphus sajori* | 0.005 | 0.008 |

（2）鱼类主要种的相对资源量季节变化

斑鰶 斑鰶属于暖水种，浮游植物食性的中上层小型鱼类，经济价值一般。属洄游性种类，春季开始生殖洄游，到天津浅海产卵繁殖和索饵，秋末则到深海水域越冬，因此冬季未捕到。由于夏季海水水温最高，因此斑鰶无论是密度还是生物量，都以夏季最高。

钝尖尾鰕虎鱼 钝尖尾鰕虎鱼属于暖温种，底层小型鱼类，经济价值较低，属渤海地方性种类，对水温变化适应性较强，全年都有分布。钝尖尾鰕虎鱼生物量夏季最高，密度秋季最高。

黄鲫 黄鲫属于暖水种，浮游动物食性的中上层小型鱼类，经济价值一般，属洄游性种类。春季开始生殖洄游，到天津浅海产卵繁殖和索饵，秋末则到深海水域越冬。黄鲫无论是密度还是生物量，都以夏季最高。

斑尾复鰕虎鱼 斑尾复鰕虎鱼是暖温性底栖动物食性的中型底层鱼类，但在鰕虎鱼中属于体型比较大的，一生都在渤海近岸浅水区生活，春、夏季在潮间带繁殖和索饵，产卵期为4—5月，深秋到潮下带栖息，冬季入穴越冬，无结群移动习性，是一种典型的近岸种，是鰕虎鱼中经济价值比较高的一种。

（3）鱼类主要经济种年龄结构

经调查分析（表3.4 - 2），优势种的种群结构特点为：钝尖尾鰕虎鱼及斑尾复鰕虎鱼$0^+$~1龄的比例为100%；斑鰶$0^+$~1龄的数量最大，占该种类总渔获量的89.74%，$1^+$~2龄的比例为9.38%，$2^+$~3龄的比例为0.88%，未见3龄以上个体。黑鳃梅童鱼$0^+$~1龄的数量，占该种类总渔获量的98.63%，$1^+$~2龄的比例为1.37%。黄鲫$0^+$~1龄的数量，占该种类总渔获量的98.74%，$1^+$~2龄的数量占1.26%，未见3龄以上个体。鯒鱼$0^+$~1龄的数量，占该种类总渔获量的83.58%，$1^+$~2龄的比例为11.94%，$2^+$~3龄的比例为2.99%，3龄以上个体占1.99%。青鳞鱼$0^+$~1龄的数量最大，占总渔获量的90%，$1^+$~2龄的比例为10%，未见2龄以上个体。小黄鱼$0^+$~1龄的数量最大，占总渔获量的80%，$1^+$~2龄的比例为20%，未见2龄以上个体。

表 3.4 – 2 主要经济鱼类年龄结构及百分比（%）

| 种类 | 年 | 龄 | 结 | 构 | 测定尾数 |
|---|---|---|---|---|---|
| | $0^+ \sim 1$ | $1^+ \sim 2$ | $2^+ \sim 3$ | $3^+ \sim 4$ | |
| 斑鰶 | 89.74 | 9.38 | 0.88 | | 341 |
| 钝尖尾鰕虎鱼 | 100 | | | | 692 |
| 赤鼻棱鳀 | 97.2 | 2.8 | | | 121 |
| 焦氏舌鳎 | 90 | 10 | | | 137 |
| 鲉鱼 | 83.58 | 11.94 | 2.99 | 1.99 | 67 |
| 黄鲫 | 98.74 | 1.26 | | | 159 |
| 叫姑鱼 | 66.67 | 33.33 | | | 188 |
| 黑鳃梅童鱼 | 98.63 | 1.37 | | | 146 |
| 斑尾复鰕虎鱼 | 100 | | | | 197 |
| 小黄鱼 | 80 | 20 | | | 5 |
| 银鲳 | 85 | 25 | | | 8 |
| 梭鱼 | 100 | | | | 45 |
| 青鳞鱼 | 90 | 10 | | | 133 |

上述数据表明，低龄鱼所占比例很大，高龄鱼比例很小。根据生物量和种群生物学资料来评价调查海区鱼类资源组成情况和种群构成特点，在相对资源量中占明显优势的种类有 5 种，约占总相对资源量的 89.69%，但多为小型鱼类，且幼鱼比例较大。由此可以看出，调查海区鱼类资源多为幼鱼和小型鱼类组成，这主要是捕捞过度、环境污染等造成的。因此，不同的捕捞规格及有效保护措施有待进一步研究和探讨。

（4）鱼类食性

通过调查和生物学测定明显看出（表 3.4 – 3），调查海区鱼类食性存在着多样性和复杂性，根据鱼类的主要食物成分分析有以下几种食物类型：以藻类为主的植物食性，如梭鱼、斑鰶等；浮游动物食性，如黄鲫、银鲳、青鳞鱼等；游泳动物食性，如斑尾复鰕虎鱼、鲉鱼等；食底栖生物类型，如黑鳃梅童鱼等。从以上食性类型来看，根据调查海区的生态容量，应兼顾发展不同食性的鱼类，以充分利用相应的饵料资源，使海洋渔业健康、可持续发展。

表 3.4 – 3 鱼类的摄食类型

| 食性 | 鱼类名称 | 食物种类 |
|---|---|---|
| 植物食性 | 梭鱼、斑鰶 | 硅藻、桡足类等 |
| 浮游动物食性 | 黄鲫、银鲳、青鳞鱼 | 桡足类、小型虾类、软体动物幼虫、端足类等 |
| 游泳动物食性 | 斑尾复鰕虎鱼、鲉鱼 | 小鱼、小虾、小型蟹类、软体动物（如脆壳理蛤）等 |
| 底栖动物食性 | 黑鳃梅童鱼 | 小鱼、小虾、小型蟹类等 |

（5）鱼类生殖

在鱼类调查和生物学的测量中，性腺发育到 Ⅲ ～ Ⅴ 期的种类四季都有出现，其中大多数鱼种在春季和初夏产卵，秋季产卵的鱼类较少。

4—5 月产卵的鱼类不多，有斑尾复鰕虎鱼、钝尖尾鰕虎鱼等；5—6 月产卵的鱼类最多，有黄鲫、银鲳、青鳞鱼、梭鱼、斑鰶、小黄鱼等；6—7 月产卵的鱼类有鲉鱼等；秋季产卵的鱼类有半滑舌鳎、花鲈等。调查海区主要鱼类大多数在5—7月产卵，这是鱼类资源保护值得研究和重视的问题。

调查海区鱼类的产卵，无论是种类和数量均有明显的季节变化（表3.4－4）。主要原因是受海水温度条件所制约，栖息在渤海湾的鱼类以暖温性种类占优势，这些鱼类的繁殖要求较高的水温条件。渤海湾濒临我国华北平原东部，海岸带坡缓水浅，水温受气温影响显著。冬季从12月至翌年2月局部有结冰现象，3—4月经常有来自内蒙古高原的冷空气影响，水温较低（3月平均水温为4.5~5.5℃，4月平均水温为8.3~10.8℃），不适于大多数鱼类产卵。从4月下旬开始，由于北方冷空气的影响逐渐减弱，气温迅速上升，海水温度也随之升高，5月水温平均为15.7~17.2℃，使大多数鱼类相继进入产卵期，因而形成产卵高峰。

表3.4－4 主要经济鱼类产卵时间

| 种名 | 时间（月份） | | | | | | |
| --- | --- | --- | --- | --- | --- | --- | --- |
| | 4 | 5 | 6 | 7 | 8 | 9 | 10 |
| 斑鰶 | | + | + | | | | |
| 青鳞鱼 | | + | + | + | | | |
| 黄鲫 | | + | + | + | | | |
| 小黄鱼 | | + | | | | | |
| 半滑舌鳎 | | | | | | + | + |
| 花鲈 | | | | | | | + |
| 银鲳 | | + | + | | | | |
| 鲬鱼 | | + | + | | | | |
| 梭鱼 | | + | | | | | |
| 斑尾复鰕虎鱼 | + | | | | | | |

（6）鱼类体长

对鱼类资源生物学特征的了解，是合理利用资源的重要基础。在调查期间，对捕获鱼类进行了生物学测量。结果显示，目前构成主要经济鱼类的种类都为小型鱼类，体长增长速度较慢；与1983年调查相比平均体长呈现减小的趋势。

2）经济无脊椎动物

（1）相对资源量和密度组成

根据调查，将各种经济无脊椎动物的相对资源量和网获尾数列表，从表3.4－5中可以看出占生物量2%以上的种类有9种，依次是口虾蛄（64.81%）、日本关公蟹（6.36%）、火枪乌贼（5.16%）、日本鲟、日本鼓虾、脊尾白虾、长蛸、隆线强蟹和三疣梭子蟹，占总生物量的96.42%；占密度2%以上的种类有5种，依次是口虾蛄（71.94%）、日本鼓虾（9.65%）、脊尾白虾（7.97%）、日本关公蟹和火枪乌贼，占总生物量的96.81%；总体经济价值较低。全年出现的主要种为口虾蛄、日本关公蟹等；有的种类如三疣梭子蟹等从5月份开始出现，多数延续到10—11月。

与1983年海岸带调查相比，重要、大型经济种类（除了口虾蛄尚维持一定产量）无论是生物量还是密度，均已大幅度降低，有些种类自然种群已形不成产量（如三疣梭子蟹、中国对虾、日本鲟等）。在 1983 年海岸带调查结果中，排在相对资源量前三位的三疣梭子蟹（39.16%）、口虾蛄（28.58%）和中国对虾（16.62%），目前除了口虾蛄外，重要经济种三疣梭子蟹和中国对虾的位置已被日本关公蟹（经济价值较低）和火枪乌贼所代替；在 1983 年海岸带调查结果中，排在密度前三位的口虾蛄（35.99%）、中国对虾（26.6%）和脊尾白虾（17.15%），除了口虾蛄外，重要经济种中国对虾的位置已被日本鼓虾（经济价值较低）所代替；值得一提的是，南美白对虾（非本地种），由于养殖、育苗场排水流入大海，其是否会对海区对虾种质资源构成威胁，需要作专题研究。

表 3.4-5　经济无脊椎动物密度和生物量组成

| 种名（中文） | 种名（拉丁文） | 占生物量/% | 占密度/% |
|---|---|---|---|
| 葛氏长臂虾 | *Palaemon gravieri* | 0.53 | 0.84 |
| 海蜇虾 | *Latreutes anoplonyx* | 0.001 | 0.015 |
| 脊尾白虾 | *Exopalaemon carinicauda* | 3.78 | 7.97 |
| 巨指长臂虾 | *Palaemon macrodactylus* | 0.001 | 0.02 |
| 口虾蛄 | *Oratosquilla oratoria* | 64.81 | 71.94 |
| 南美白对虾 | *Penaeus vannamei* | 0.22 | 0.06 |
| 日本鼓虾 | *Alpheus japonicus* | 3.95 | 9.65 |
| 伍氏蝼蛄虾 | *Upogebia wuhsienweni* | 0.006 | 0.006 |
| 鲜明鼓虾 | *Alpheus heterocarpus* | 0.19 | 0.08 |
| 中国明对虾 | *Fenneropenaeus chinensis* | 1.39 | 0.18 |
| 隆线强蟹 | *Eucrate crenata* | 2.92 | 1.11 |
| 日本关公蟹 | *Dorippe japonica* | 6.36 | 4 |
| 日本鲟 | *Charybdis japonica* | 4.29 | 0.3 |
| 绒毛近方蟹 | *Hemigrapsus penicillatus* | 0.02 | 0.04 |
| 三疣梭子蟹 | *Portunus trituberculatus* | 2.06 | 0.16 |
| 短蛸 | *Octopus ocellatus* | 1.18 | 1.64 |
| 长蛸 | *Octopus variabilis* | 3.09 | 0.01 |
| 火枪乌贼 | *Loligo beka* | 5.16 | 3.25 |

（2）主要种相对资源量及密度季节变化

口虾蛄　口虾蛄经济价值较高，属渤海地方性种类，以底栖小型双壳类、多毛类及甲壳类为食。春季开始产卵繁殖和索饵，秋末则到深水域越冬。口虾蛄生物量以夏季最高，密度以秋季最高。

日本鼓虾　日本鼓虾经济价值较低，属渤海地方性种类，秋季开始产卵繁殖，冬季则到深水域越冬。日本鼓虾无论是密度还是生物量，都以冬季最高。

日本鲟　日本鲟经济价值较高，属渤海地方性种类，春季开始产卵繁殖，冬季则到深水域越冬。日本鲟无论是密度还是生物量，都以夏季最高。

长蛸　长蛸经济价值较高，属渤海地方性种类，春季开始产卵繁殖，以 4 月最盛；主要以蟹类、贝类及多毛类为食。冬季则到深水域越冬。长蛸无论生物量或密度，均以冬季最高。

3）群落多样性特征

经济游泳动物的种类多样性指数及均匀度采用以下公式进行计算，计算结果及其统计结果见表3.4－6、表3.4－7。选用物种丰富度指数$d$，物种多样性指数$H'$（香农—威纳指数），物种均匀度指数$J$，进行统计学评价分析，计算公式为：

（1）$H' = -\sum_{i=1}^{S} P_i \mathrm{Log}_2 P_i$ 　　　　　（Shannon – Wiener）

（2）$J = \dfrac{H'}{\mathrm{Log}_2 S}$ 　　　　　（Pielou，1969）

（3）$d = \dfrac{S-1}{\mathrm{Log}_2 S}$ 　　　　　（Margalef，1958）

以上各式中，$S$为样方中的种数；$P_i$为样方中的$i$种所占的比例。

物种丰富度是群落生态组织水平独特的可测定的生物学特征，也是反映对群落功能有重要意义的组织特征。物种丰富度与群落的稳定性有关，一个物种丰富的群落，有着更复杂的营养通道，密度所依存的种群控制机制可以通过它起作用。考虑到这一因素，选用物种丰富度指数$d$来研究群落的物种丰富度特征。

物种多样性指数应当同时反映群落中种类数目的变化以及种内分布格局的变化，而香农—威纳指数中就是包含这两个组成：种类的数目和种类中个体分配上的均匀性。故选用该指数$H'$来研究群落的物种多样性特征，并且$P_i$为样方中$i$种的重量所占总重量的比例。

物种均匀度是用来研究群落中不同物种的多度分布的均匀程度。在群落多样性研究中，也是一个十分重要的多样性指数。Pielou的均匀度指数$J$为群落的实测多样性（$H'$）与最大多样性（$H'_{\max}$）的比值。

（1）鱼类群落多样性特征

表3.4－6　鱼类多样性指数及均匀度

| 季节 | $H'$ | $J'$ | $d$ |
|------|------|------|------|
| 春 | 1.54 | 0.62 | 0.92 |
| 夏 | 2.06 | 0.68 | 0.84 |
| 秋 | 1.06 | 0.40 | 0.76 |
| 冬 | 1.12 | 0.58 | 0.46 |
| 平均值 | 1.45 | 0.57 | 0.75 |

调查海区鱼类多样性指数$H'$较低，4个季节变化范围为1.06～2.06，平均值为1.45；4个季节均匀度值的变化范围为0.40～0.68，平均值为0.57。多样性指数与均匀度$J$值最大值均出现在夏季。各调查航次鱼类多样性指数及均匀度$J$值变化不大，除夏季航次均小于2.00。调查海区鱼类丰度$d$值的总体水平较低，变化范围为0.46～0.92，平均值为0.75；最大值出现在春季航次，最小值出现在冬季航次。

鱼类多样性指数$H'$的季节变化特征从高到低依次为夏季、春季、冬季、秋季；均匀

度 $J$ 值的季节变化特征从高到低依次为夏季、春季、冬季、秋季；丰度 $d$ 值的季节变化特征从高到低依次为春季、夏季、秋季、冬季。

（2）经济无脊椎动物群落多样性特征

表 3.4 - 7　经济无脊椎动物多样性指数及均匀度

| 季节 | $H'$ | $J$ | $d$ |
|---|---|---|---|
| 春 | 1.47 | 0.52 | 0.76 |
| 夏 | 1.41 | 0.48 | 0.71 |
| 秋 | 1.17 | 0.42 | 0.77 |
| 冬 | 0.57 | 0.34 | 0.28 |
| 平均值 | 1.15 | 0.44 | 0.63 |

调查海区经济无脊椎动物多样性指数 $H'$ 较低，4 个航次变化范围为 0.57 ~ 1.47，平均值为 1.15；4 个季节均匀度 $J$ 值的变化范围为 0.34 ~ 0.52，平均值为 0.44。多样性指数与均匀度 $J$ 值最大值均出现在春季。各调查航次鱼类多样性指数及均匀度 $J$ 值变化不大，均小于 2.00。调查海区经济无脊椎动物丰度 $d$ 值的总体水平较低，变化范围为 0.28 ~ 0.77，平均值为 0.63；最大值出现在秋季航次，最小值出现在冬季航次。

经济无脊椎动物多样性指数 $H'$ 的季节变化特征从高到低依次为春季、夏季、秋季、冬季；均匀度 $J$ 值的季节变化特征与多样性指数相似，从高到低依次为春季、夏季、秋季、冬季；丰度 $d$ 值的季节变化特征为从高到低依次为秋季、春季、夏季、冬季。

### 3.4.2　鱼卵、仔稚鱼及其生态特性

调查分春、夏、秋、冬 4 个航次，每个航次分别进行垂直和水平拖网，垂直拖网共调查了 60 个站次，采集到鱼卵 16 粒，平均密度 0.20 粒/m³。隶属 5 科，6 种，均只鉴定到科。采到的仔稚鱼 57 尾，平均密度 0.60 尾/m³，隶属 5 科，6 种；未定种 1 种，其中 1 种鉴定到种，其他均只鉴定到科。

水平拖网共调查了 32 个站次，采集到鱼卵 6 431 粒，平均密度 1.66 粒/m³。隶属 8 科，11 种，全部鉴定到种。采集到的仔稚鱼 915 尾，平均密度 0.39 尾/m³。隶属 6 科，7 种，鉴定到种的 5 种，其他鉴定到科。4 个航次的垂直和水平拖网采样结果，以春季采集的鱼卵、仔稚鱼种类数量最多，其次为夏季、秋季，只采集到 1 种，冬季则未采到，因此春季是渤海湾大多数鱼类的产卵盛期。

#### 3.4.2.1　鱼卵种类、数量的水平分布及季节变化

春季　春季是渤海湾大多数鱼类的生殖季节，并形成产卵高峰，这期间不论是数量还是种类均最多。春季的垂直拖网是在 4 月 10 日至 4 月 14 日进行的，当时水温 7.3 ~ 12.1℃，由于水温较低，未到鱼类的繁殖期，鱼类没有开始产卵，故未采到鱼卵。5 月 9 日至 5 月 12 日（水温 15.8 ~ 18.2℃）为了与渤海湾鱼类繁殖期吻合，对 14 个站位又增加了一次调查，但是时间还是偏早。

春季在水平拖网中有 13 个站位采到了鱼卵，共采到鱼卵 6 431 粒。隶属 8 科，11 种，全

部鉴定到种，其中在 TJ10 未采到鱼卵。鱼卵的个体数量变化是 0 ~ 29.86 粒/m³，平均密度 6.65 粒/m³。最大值出现在 TJX － 4（29.861 粒/m³），最小值出现在 TJSC2（0.041 粒/m³）。

春季采集到的鱼卵以鲱科的斑鰶（*Clupanodon punctatus*）数量最多，有 11 个站位采到，共 6 113 粒，其密度最大值出现在 TJX － 4（29.04 粒/m³），最小值出现在 TJ05（0.06 粒/m³），平均密度 6.24 粒/m³，占总平均密度的 93.86%（"总平均密度"是指每个航次的总平均密度，以下均同）；其次为鲬科的鲬鱼（*Platycephalus indicus*）鱼卵，有 9 个站位采到，共 196 粒，其最大值出现在 TJX － 4（0.82 粒/m³），最小值出现在 TJSC4（0.01 粒/m³），平均密度 0.26 粒/m³，占总平均密度的 3.93%；其他依次为：石首鱼科（*Sciaenidae*）平均密度 0.050 粒/m³，占总平均密度的 0.75%；鲻鱼科的梭鱼（*Liza haematocheila*）平均密度 0.05 粒/m³，占总平均密度的 0.75%；鳀科的赤鼻棱鳀（*Thrissa kammalensis*）平均密度 0.02 粒/m³，占总平均密度的 0.30%；魣科的油魣（*Sphyraena pinguis*）平均密度 0.020 粒/m³，占总平均密度的 0.30%；带鱼科的小带鱼（*Eupleurogrammus muticus*）平均密度 0.004 粒/m³，占总平均密度的 0.06%；䲗科的绯䲗（*Callionymus beniteguri*）鱼卵最少，只有 2 个站位采到，仅 3 粒，平均密度 0.003 粒/m³，占总平均密度的 0.05%，其密度最大值出现在 TJSC6，最小值出现在 TJSC2。

夏季　夏季水温上升到 24.72 ~ 28.23℃，渤海湾大多数鱼类的产卵高峰已过，鱼卵的数量明显减少。

夏季垂直拖网在 7 个站位采到鱼卵，8 个站位未采到鱼卵，共采到鱼卵 14 粒，隶属 4 科，5 种，只鉴定到科。鱼卵的个体数量变化是 0 ~ 4.54 粒/m³，平均密度 0.74 粒/m³，最大值出现在 TJX － 2（4.54 粒/m³），最小值出现在 TJ08（0.32 粒/m³）。夏季垂直拖网鱼卵密度分布见图 3.4 － 3。水平拖网未采到鱼卵。

夏季垂直拖网采到的鱼卵以鳀科为主，有 3 个站位采到，共 9 粒，其最大密度出现在 TJX － 2（4.540 粒/m³），最小出现在 TJ02（0.881 粒/m³），平均密度 0.461 粒/m³，占总平均密度的 62.05%；其次是石首鱼科鱼卵，只有 TJ04 一个站位采到，共 3 粒（平均密度 0.180 粒/m³，占总平均密度的 24.23%）；其他依次为鲱科（平均密度 0.081 粒/m³，占总平均密度的 10.90%）；带鱼科（平均密度 0.021 粒/m³，占总平均密度的 2.83%）。

秋季　秋季水温下降到 11.11 ~ 17.64℃，绝大部分鱼类的繁殖期结束，花鲈的产卵期最晚，故只采到花鲈（*Lateolabrax japonicus*）的鱼卵和仔稚鱼。秋季水平拖网未采到鱼卵。

垂直拖网只在 TJX － 2 采到花鲈鱼卵 1 粒（0.83 粒/m³），调查海区花鲈鱼卵的平均密度 0.03 粒/m³。

冬季　冬季天津近岸海域的水温较低，为 2.00 ~ 7.37℃，未采集到鱼卵，原因其一是冬季具繁殖能力的鱼类少；其二是调查海域鱼卵的分布密度小。

### 3.4.2.2　仔稚鱼种类、数量的水平分布及季节变化

春季　在水平拖网中有 13 个站位采集到了仔稚鱼，共采到仔稚鱼 915 尾，隶属 5 科，5 种，全部鉴定到种，在 TJSC7 未采到仔稚鱼。仔稚鱼的数量变化是 0 ~ 8.67 尾/m³，平均密度 1.540 尾/m³，最大值出现在 TJSC10（8.67 尾/m³），最小值出现在 TJ10（0.020 尾/m³）。

春季采集到的仔稚鱼以鲻科（梭鱼）最多，有 10 个站位采到，共 683 尾，其密度最大值出现在 TJSC10（8.341 尾/m³），密度最小值出现在 TJ10（0.021 尾/m³），平均密度

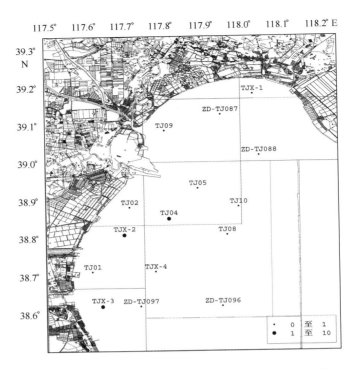

图 3.4 – 3　夏季垂直拖网鱼卵密度分布图（单位：粒/m³）

1.081 尾/m³，占总平均密度的 73.74%；其次为鲱科（斑鰶）仔稚鱼，有 8 站位出现，共 215 尾，其密度最大值出现在 TJ01（2.072 尾/m³），密度最小值出现在 TJX – 4（0.012 尾/m³），平均密度 0.252 尾/m³，占总平均密度的 17.19%；其他依次为鰕虎鱼科（矛尾复鰕虎鱼，平均密度 0.120 尾/m³，占总平均密度的 8.19%）；鲬科（鲬鱼，平均密度 0.011 尾/m³，占总平均密度的 0.75%）；石首鱼科（平均密度 0.002 尾/m³，占总平均密度的 0.14%）。

夏季　夏季垂直拖网在 10 个站位采到仔稚鱼，共采到仔稚鱼 53 尾，隶属 4 科，5 种，只鉴定到科。仔稚鱼的数量变化为：0 ~ 10.521 尾/m³，平均密度 2.28 尾/m³。其密度最大值出现在 TJ04（10.521 尾/m³），密度最小值出现在 TJ08（0.641 尾/m³）。

夏季垂直拖网采集到的仔稚鱼以石首鱼科数量最多；有 9 个站位采到，共采到石首鱼科仔稚鱼 49 尾，其密度最大值出现在 TJ04（10.521 尾/m³），密度最小值出现在 TJ08（0.641 尾/m³），平均密度 2.082 尾/m³，占总平均密度的 91.40%；其次为鳀科，有 2 个站位采到，平均密度 0.093 尾/m³，占总平均密度的 4.08%；其他依次为未定种（平均密度 0.061 尾/m³，占总平均密度的 2.68%），带鱼科（平均密度 0.042 尾/m³，占总平均密度的 1.84%）。

夏季水平拖网只有 2 个站位采到仔稚鱼，共采仔稚鱼 3 尾，隶属 2 科，2 种，1 种鉴定到科，另 1 种鉴定到种。仔稚鱼的数量变化是 0 ~ 0.021 尾/m³，平均密度为 0.005 尾/m³，其密度最大值出现在 TJ10（0.022 尾/m³），最小值出现在 TJ01（0.012 尾/m³）。其中，石首鱼科 1 尾（平均密度 0.031 尾/m³，占总平均密度的 59.62%）；鳀科（黄鲫）2 尾（平均密度 0.021 尾/m³，占总平均密度的 40.38%）。

秋季　秋季渤海湾水温下降（11.11 ~ 17.64℃），绝大部分鱼类的繁殖期结束，只采到花鲈（*Lateolabrax japonicus*）的仔稚鱼。秋季水平拖网未采到仔稚鱼。

　　垂直拖网有 2 个站位采到花鲈的仔稚鱼，ZD - TJ096 采到花鲈仔稚鱼 2 尾（1.000 尾/m³），TJ04 采到花鲈仔稚鱼 1 尾（0.520 尾/m³），调查海区花鲈仔稚鱼的平均密度 0.10 尾/m³。

　　冬季　冬季天津近岸海域的水温较低（2.00～7.37℃），未采集到仔稚鱼，原因其一是冬季具繁殖能力种群的鱼类少；其二是调查海域仔稚鱼的分布密度小。

## 3.4.3　经济贝类

### 3.4.3.1　潮间带经济贝类

　　调查依托于潮间带生物调查数据。

　　四角蛤蜊　四角蛤蜊俗称白蚬子，主要分布在驴驹河、独流减河口两个潮间带滩面，生物栖息密度较大，平均密度为 287 个/m²，其中独流减河口断面秋季密度高达 445 个/m²。主要栖息在中潮区，繁殖期在 4—6 月。目前该种类资源属过度利用状态，作为经济价值较高的生物品种应加强保护。

　　黑龙江河蓝蛤　黑龙江河蓝蛤个体较小，数量较大，喜群居，是沿海养殖的生物饵料。最大生物密度是 2 724 个/m²，出现在驴驹河断面的中潮区。从其生物密度分布来看，驴驹河断面和独流减河口断面是其分布的密集区，采样中都有密度达到 200 个/m² 以上的记录。但春季所采得的样品小、个体较少。

　　泥螺　泥螺是一种珍贵的海味品，其营养价值高，产品畅销海内外。喜栖息在泥沙质潮间带，是一种广盐性腹足类。在独流减河口断面的栖息密度高达 96 个/m²。泥螺依靠齿舌舔食滩涂表面的底栖硅藻、有机碎屑等，生长速度较快，生长周期为 1 年；繁殖期一般在 4—10 月，产卵 3～4 次。在天津市潮间带广泛分布，这是在以往调查资料中未见的品种，分析原因可能是海流或增殖苗种中夹带来的，这一情况应引起有关部门的关注。

### 3.4.3.2　浅海经济贝类

　　调查共进行 3 个航次、54 个站次，只获得寥寥几个贝类样品，主要种类有毛蚶（*Arca subcrenata*）、脉红螺（*Rapana venosa*）和扁玉螺（*Neverita didyma*），平均生物密度仅为 0.003 7～0.006 7 个/m²，这些种类已形不成产量，因此不是渔民专门捕捞对象。

　　据资料记载，天津市沿岸水域过去有着丰富的贝类资源，汉沽大神堂外海有丰富的牡蛎资源，蛏头沽的潮间带有大量的蛏蛏。潮下带曾是渤海三大毛蚶渔场之一。此外，还有扇贝、脉红螺等多种贝类资源。近年来，由于过度捕捞、环境污染等原因，贝类资源遭到严重破坏，资源衰退已形不成产量。

　　据天津市水产研究所 2005 年调查，天津市汉沽区大神堂以南海域，有两道活牡蛎沙岗，海域面积大约 30 km²，有丰富的牡蛎资源，主要经济品种有大连湾牡蛎（*Ostrea talienwhanensis* Cross）、长牡蛎（*Ostrea gigas* Thnuberg）和密鳞牡蛎（*Ostrea denselamellosa* Lischke），资源量约 20 000 t。此外，还有丰富的扇贝资源，如平濑掌扇贝（*Volachlamys hirasei*）、毛蚶以及脉红螺等。由于近几年的破坏性捕捞，牡蛎等资源遭到严重破坏，栖息环境、种质资源和生物多样性严重受损，若不及时采取资源保护措施，几千年形成的活牡蛎礁将毁于一旦，难以恢复。

### 3.4.4 海洋渔业资源动态变化

#### 3.4.4.1 经济鱼类

（1）种类数及其组成的变化

调查中共捕获鱼类 24 种，分隶 8 目。其中暖水性鱼类有 10 种，占鱼类种数的 41.67%；暖温性鱼类 13 种，占鱼类种数的 54.17%；冷温性鱼类 1 种，占鱼类种数的 4.16%。按栖息水层来分，底层和近底层鱼类有 16 种，占鱼类种数的 66.67%；中上层鱼类有 8 种，占鱼类种数的 33.33%。按洄游性来分，在渤海越冬，属于渤海地方性资源的有 12 种，占鱼类总数的 50%；不在渤海越冬，进行长距离洄游的鱼类有 12 种，占鱼类种数的 50%。按经济价值来分，经济价值较高的有 5 种，占鱼类种数的 20.83%；经济价值一般的有 12 种，占鱼类种数的 50%；经济价值较低的有 7 种，占鱼类种数的 29.17%。

与 1983 年海岸带调查（共捕获鱼类 50 种，分隶 13 目，27 科）相比，鱼类种类减少了 26 种，减少了 52%。主要经济鱼类如半滑舌鳎、黄姑鱼、东方鲀类等未能捕到。表明其资源目前已经匮乏。

（2）相对资源量组成的变化

鱼类总平均生物量为 3.29 kg/h。占生物量 2% 以上的种类依次是斑尾复鰕虎鱼（27.24%）、钝尖尾鰕虎鱼（19.81%）、斑鰶（18.84%）、叫姑鱼（7.72%）、黑鳃梅童鱼（6.53%）、鲬鱼（4.8%）、梭鱼（3.38%）、钟馗鰕虎鱼（2.7%）、焦氏舌鳎（2.16%）和黄鲫（2.09%），它们合计占总生物量的 95.27%。1983 年海岸带调查，占生物量 2% 以上的种类依次是黄鲫（34.63%）、花鲈（16.93%）、刀鲚（6.79%）、黑鳃梅童（6.57%）、半滑舌鳎（5.44%）、斑鰶（4.56%）、银鲳（3.31%）。本次调查重要经济种花鲈、刀鲚、半滑舌鳎和银鲳已从生物量优势种中退出，被斑尾复鰕虎鱼、钝尖尾鰕虎鱼、叫姑鱼等所代替。黄鲫第一优势种的地位被斑尾复鰕虎鱼代替。

鱼类平均密度为 450.9 个/h，占密度 2% 以上的种类有 9 种，它们依次是钝尖尾鰕虎鱼（32.02%）、斑鰶（14.98%）、叫姑鱼（10.76%）、斑尾复鰕虎鱼（9.26%）、赤鼻棱鳀（7.98%）、焦氏舌鳎（7.66%）、黄鲫（6.17%）、黑鳃梅童鱼（4.37%）和青鳞鱼（2.77%），它们合计占总生物量的 95.97%。1983 年海岸带调查占密度 2% 以上的种类依次是黄鲫（35.73%）、刀鲚（14.23%）、斑鰶（9.98%）、黑鳃梅童（7.12%）、赤鼻棱鳀（6.66%）、银鲳（4.58%）、青鳞鱼（4.29%）、小带鱼（3.8%）、白姑鱼（2.64%）和鳓鱼（2.11%）。本次调查重要经济种刀鲚、小带鱼、鳓鱼和银鲳已从密度优势种中退出，被斑尾复鰕虎鱼、钝尖尾鰕虎鱼、焦氏舌鳎、叫姑鱼等所代替。黄鲫第一优势种的地位被钝尖尾鰕虎鱼代替。

（3）经济品质结构的变化

本次调查渔获量组成中，优质种类的重量占总渔获量的 8.79%，与 1983 年海岸带调查相比减少了 33.11%，属于优质种类的褐牙鲆、鳓鱼、花鲈、刀鲚、半滑舌鳎等均无捕获；一般经济种类的重量占总渔获量的 61.98%，与 1983 年海岸带调查相比增加了 8.56%，东方鲀类、多鳞鱚等也在拖网调查渔获物中消失；低质种类的重量占总渔获量的 29.23%，与 1983 年海岸带调查相比增加了 24.55%。

从鱼类生物量和渔获尾数的组成可以看到：在前 3 位的 4 种鱼类中，有 3 种鱼的经济价值一般，有 1 种较低，总体经济价值较低。与 1983 年海岸带调查相比，总体经济价值已大幅度降低。

（4）年龄结构的变化

调查结果表明，低龄鱼所占比例很大，高龄鱼比例很小。根据生物量和种群生物学资料来评价调查海区鱼类资源组成情况和种群构成特点，在相对资源量中占明显优势的种类有 5 种，约占总相对资源量的 89.69%，但多为小型鱼类，并且幼鱼比例较大。由此可以看出，调查海区鱼类资源多为幼鱼和小型鱼类，这主要是捕捞过度、环境污染等造成的。

### 3.4.4.2　经济无脊椎动物

（1）种类数及其组成的变化

本次调查共捕获 18 种无脊椎动物，其中甲壳类 15 种，占种数的 83.33%；软体动物头足纲 3 种，占种数的 16.67%。按经济价值来分，经济价值较高的有 10 种，占种数的 55.56%；经济价值较低的有 8 种，占种数的 44.44%。

与 1983 年海岸带调查（共捕获无脊椎动物 14 种，经济种类 10 种）相比，种类增加了 4 种，经济种类数持平。

（2）相对资源量组成的变化

经济无脊椎动物总平均密度为 605.4 个/h。占密度 2% 以上的种类有 5 种，它们依次是口虾蛄（71.94%）、日本鼓虾（9.65%）、脊尾白虾（7.97%）、日本关公蟹和火枪乌贼，合计占总生物量的 96.81%；1983 年海岸带调查占密度 2% 以上的种类有 7 种，依次是口虾蛄（35.99%）、中国明对虾（28.60%）、脊尾白虾（17.15%）、火枪乌贼、三疣梭子蟹、日本鲟和中国毛虾，合计占总生物量的 99.38%；本次调查显示，重要的、大型的经济种类（除了口虾蛄尚维持一定产量）密度，均已大幅度降低，如三疣梭子蟹、中国明对虾、日本鲟等，已从密度优势种中退出，被日本鼓虾、日本关公蟹所代替。

总平均生物量为 6.29 kg/h。占生物量 2% 以上的种类依次是口虾蛄（64.81%）、日本关公蟹（6.36%）、火枪乌贼（5.16%）、日本鲟（4.29%）、日本鼓虾（3.95%）、脊尾白虾（3.78%）、长蛸（3.09%）、隆线强蟹（2.92%）和三疣梭子蟹（2.06%），合计占总生物量的 96.42%；在 1983 年海岸带调查中，占生物量 2% 以上的种类依次是三疣梭子蟹、口虾蛄、中国明对虾、日本鲟和火枪乌贼，合计占总生物量的 96.72%。本次调查重要经济种三疣梭子蟹的位置已被口虾蛄所代替，中国明对虾已从生物量优势种中退出。

本次调查无论是生物量还是密度，口虾蛄均为第一优势种。值得一提的是，渔获物中增加了南美白对虾（非本地种），可能是由于养殖、育苗场排水流入大海的结果。南美白对虾的出现是否会对海区对虾种质资源构成威胁，需要作专题研究。

（3）经济品质结构的变化

本次调查的渔获量组成中，优质种类口虾蛄的重量占总渔获量的 64.81%，与 1983 年海岸带调查相比增加了 58.45%；日本鲟（4.29%）减少了 4.51%；三疣梭子蟹（39.16%）减少了 37.1%；中国明对虾（1.39%）减少了 15.23%。

本次调查显示，重要的、大型的经济种类（除口虾蛄尚维持一定产量外），均已大幅度降低，有些种类自然种群已形不成产量（如三疣梭子蟹、中国明对虾、日本鲟等）。低质种

**153**

类所占的比重已大幅度上升。需要说明的是，三疣梭子蟹和中国明对虾本次调查能捕到，很大程度上是由于近几年大规模人工增殖放流的结果。

### 3.4.4.3　鱼卵、仔稚鱼

调查海区采集到的鱼卵、仔稚鱼共9科，15种，鉴定到种的有13种，未定种1种，其他只鉴定到科。采集到的鱼卵均为浮性卵。本次调查的结果无论是数量，还是种类与1983年天津市海岸带调查结果相比，存在显著差异。

本次调查采到鱼卵种数为13种，与1983年天津市海岸带调查结果相比减少了7种；采到鱼卵6 448粒，与1983相比减少了124 020粒。

本次调查共采到仔稚鱼7种，与1983年天津市海岸带调查结果相比减少了26种；采到仔稚鱼972尾，与1983相比减少了80 370尾。

本次调查鱼卵、仔稚鱼以小型低质鱼为主，如斑鰶、黄鲫等；过去产量高的小黄鱼、蓝点马鲛等重要经济鱼类的鱼卵、仔稚鱼数量极少，说明这些鱼类资源已明显衰退，不能形成产量。

### 3.4.4.4　经济贝类

滩涂及潮下带最丰富的、曾被称为"海底长城"的毛蚶资源，近年来已失去生产价值，其他可食用种，如蝾螺目前已近绝迹，唯四角蛤蜊、泥螺分布较广，尤其是泥螺（1983年未见），近几年资源量增长较快。牡蛎资源主要经济品种有大连湾牡蛎、长牡蛎和密鳞牡蛎，主要分布在汉沽区大神堂以南海域，有两道活牡蛎沙岗，海域面积大约30 km$^2$。由于近几年的破坏性捕捞，牡蛎、扇贝等贝类资源遭到严重破坏，栖息环境、种质资源和生物多样性严重受损，渔获物空壳率已达60%以上，若不及时采取资源保护措施，几千年形成的活牡蛎礁将毁于一旦，难以恢复。

### 3.4.5　生物资源变动原因分析

### 3.4.5.1　人类生产活动的影响

20世纪50年代初，渔业生产恢复性发展，产量增长幅度较大，产量主要来自海洋经济鱼类。20世纪60年代中期至80年代初，捕捞量逐渐达到海洋生物资源的自然增长量。80年代中期水产品价格放开，捕捞行业较高的经济收益吸引大批渔民造船下海捕鱼，渤海渔船数量激增，天津市捕捞渔船1984年为394艘，2001年增加到1 180艘，15年时间增加200%，环渤海其他地区渔船增加幅度更大。渔船大量增加，捕捞能力超过海域资源承受能力使近海渔业资源过度利用。随着技术进步，捕捞设备日渐先进，单船生产效率明显提高。这些原因叠加在一起导致整个渤海主要渔业资源恶化，经济品种所占比重下降。渔业自身的生产活动也对海洋生物生态平衡造成了损害，海洋渔业资源经历了由不充分利用到充分利用又到过度利用的过程。

### 3.4.5.2　环境变化的影响

良好的生态环境是渔业资源赖以生存的空间基础，只有保持健康稳定的环境，生物资源才能繁衍生息。尤其近岸水域是渔业的摇篮，为众多渔业种类的主要产卵场、育幼和栖息地，有了适宜的环境，各种生物的卵子、仔稚和幼体才能正常孵化、发育和生长。因此，近岸生态环境的优劣对生物资源的影响程度要远远大于海洋中的其他水域。

（1）物理环境变化的影响

海水的温度和盐度主要受气候变化的影响。气候年间的变化导致海洋物理环境的变化，特别在近岸水域由于海水较浅，对气候和陆地带来的影响也就更加敏感。内陆降水量的高低直接影响河流入海径流量的大小，年间径流量会给近岸水域盐度的变化带来决定性的影响。盐度的变化对生物的数量、种类以及生物资源幼体的发育产生重要的影响。20 世纪 80 年代以来，特别是近几年由于我国北方降水量的明显减少，干旱严重，内地截流供给农业用水加剧，致使黄河经常发生断流，对渤海近岸物理环境影响很大，给近岸生物资源带来一些不利的后果。

此外，渤海湾沿岸和近海开发活动增多，使海岸和近海自然地貌遭到破坏和侵蚀，沿海造陆和修建海岸工程改变了沿岸流，因而改变了海区的自然生境，使海洋生物的适宜栖息地范围逐渐缩小甚至丧失。近岸海域是众多经济种类的主要产卵场、育幼和栖息地，环境的改变导致各种生物的卵子、仔稚和幼体不能正常的孵化、发育和生长。

（2）化学环境变化的影响

与其他海洋产业相比，海洋生物对水域环境质量要求高、依赖性强，对污染承受能力差，渔业是水域环境污染最大受害者。随着沿海经济水平的提升，污水越来越多，渤海的污染已远远超出其自净能力。在天津沿海排入的就有京、津两个特大城市和河北省部分地区的生活污水、工业废水和农田沥水，加上海上石油污染、海上船只排污、海洋倾废、淤泥堆积以及电厂热污染等都对海洋生态环境造成严重影响。水质污染是近几年中国明对虾资源大幅度下降的主要原因之一。与其他地区相比天津地区海水养殖过程中，受到污染的限制必须对水进行处理。人类经济活动建造的拦河大坝或水闸等截流工程，卡断了降河产卵和溯河产卵生物繁衍的生态链，严重影响这部分海洋生物的生存。

（3）生物环境变化的影响

由于渤海湾水域 COD 和无机氮盐含量增高，造成海水相对富营养化程度比较高，导致生物环境发生很大的变化。20 世纪 80 年代以前渤海湾近岸水域发生赤潮的次数很少，80 年代后期赤潮发生的次数增加，90 年代以来赤潮频繁发生。每年渔业生产季节都会出现几次大面积赤潮，导致鱼虾蟹贝大面积死亡，对近岸水域生物资源造成严重的危害，并直接影响到海水养殖生产和育苗，制约未来海洋渔业的发展步伐。

### 3.4.5.3　海洋管理制度的影响

随着《联合国海洋法公约》的生效，各沿海国对其专属经济区的渔业管理日益完善和严格，在公海渔业管理方面先后通过联合国、国际组织或多边渔业谈判通过的决议、协定等措施，强化捕捞许可和捕捞限额管理制度，远洋渔船入渔条件越来越苛刻。鱿鱼生产是大洋性渔业，明显受到他国政策的影响。由于专属经济区渔业资源的捕捞价值高于公海，远洋企业不得不支付高昂的费用购买捕鱼权。天津市远洋渔业公司 20 世纪 90 年代购买过新西兰专属经济区的捕捞许可证；2001 年该公司"天源"鱿钓船为进入阿根廷专属经济区作业，仅捕捞许可证就付费近 50 万美元，另外还有 6% 的渔获物归阿方所有。在他国专属经济区内从事鱿钓作业，还存在着管辖国渔业管理措施变动的政策性风险，尤其是入渔程序变动、入渔费用调整、监测装备和报告制度的完善等。

随着中日、中韩新渔业协定的实施，我国失去了大面积传统作业渔场，近海渔场更加拥挤，竞争更趋激烈，给近岸生物资源带来了更大的压力。

## 3.5  水资源

水资源是基础自然资源，是战略性经济资源，是个国家综合国力的有机组成部分和国民经济和社会发展的重要物质基础，同时又是生态环境的控制因素之一，是可持续但又无法替代的有限资源。随着社会经济的不断发展、人口膨胀和水环境污染的加剧，水资源危机已经成为可持续发展的"瓶颈"，也是我国 21 世纪亟待解决的重大问题。

### 3.5.1  水资源量

天津市位于华北平原海河流域下游，北依燕山，东临渤海，属于暖温带半湿润大陆性季风气候，多年平均降水量为 586.6 mm，是海河流域五大支流汇合处和入海口，可谓"九河下梢"。天津市历史上水资源十分丰富，20 世纪 50 年代下泄入海水量平均为每年 $144 \times 10^8$ m³。但自 1958 年以来，由于上游兴建水利工程，来水日渐减少。近年来，天津市水资源严重短缺，多年人均水资源量严重不足，水资源供给不足严重影响天津市社会经济发展和滨海新区的开发开放。目前，天津市利用的水资源主要包括地表水、引滦水、地下水和海水替代淡水。

#### 3.5.1.1  降水

根据天津市"908 专项"调查，1997—2006 年，天津市年均降水量为 $54.89 \times 10^8$ m³（表 3.5 – 1）。

表 3.5 – 1  天津市历年降水量                单位：$\times 10^8$ m³

| 年份 | 年降水量 |
| --- | --- |
| 1997 | 41.50 |
| 1998 | 66.60 |
| 1999 | 39.30 |
| 2000 | 47.98 |
| 2001 | 52.64 |
| 2002 | 40.94 |
| 2003 | 69.90 |
| 2004 | 72.60 |
| 2005 | 61.60 |
| 2006 | 55.80 |

从行政分区来看，天津市历年年均降水量除蓟县山区外，其他区县相差不多，滨海地区塘沽、汉沽和大港的年均降水量均高于天津市平均水平。天津市年降水量季节分配不均，由

于地处环渤海地区，面临渤海，季风气候特征明显，夏季温暖湿润，冬季寒冷干燥。主要降水集中在夏、秋两季，占全年降水量的 60% ~ 70%，1—4 月和 10—12 月降水量占全年的 20% ~ 30%。

#### 3.5.1.2　地表水

地表水资源，指河流、湖泊、冰川等地表水体的动态水量，即天然河川径流量。根据天津市水资源公报和"908 专项"调查数据，天津市年均地表水资源总量为 $10.55 \times 10^8$ $m^3$。

因为气候的原因，天津市地表径流年内分配极为不均。由于 70% ~ 80% 的降水集中在 7—9 月份，受降水量的影响，表现出年际变化大、季节分布极不均匀的特点。按地区分布北部较多，南部较少，天津市滨海地区塘沽、汉沽、大港多年平均地表水资源量均较少，塘沽、汉沽均低于天津平均水平（图 3.5 - 1）。

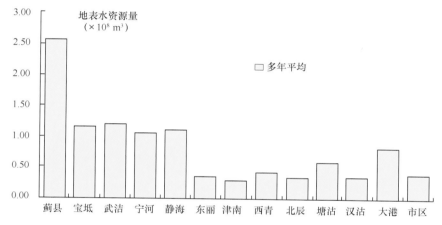

图 3.5 - 1　天津市各区县地表水资源量多年平均水平

作为一个大型城市，滨海新区开发开放的经济社会条件必然对用水保证率要求较高，而上述数据显示，天津市滨海地区地表水资源并不能作为城市建设和发展的稳定水源。

#### 3.5.1.3　地下水

地下水资源量，指地下水体（含水层重力水）的动态水量。一般用补给量或排泄量作为定量的依据，山丘区采用排泄量法计算，包括河川基流量、山前侧向流出量、潜水蒸发量和地下水开采净消耗量；平原区采用补给量法计算，包括降水入渗补给量、地表水体入渗补给量和山前侧向流入量。

天津市的地下水禀赋条件受地貌和水文地质的条件限制，占土地面积 80% 的平原地区均为咸水区，在厚达 60 ~ 220 m 的咸水层下，贮藏着几乎不可再生的深层地下淡水，天津地下淡水年可开采量约为 $7 \times 10^8$ $m^3$。

#### 3.5.1.4　水资源总量

水资源是基础性自然资源和战略性经济资源，随着天津市滨海新区开发开放步伐的不断加大，天津市水资源短缺形势十分严峻。天津市水资源总量情况如表 3.5 - 2 所示。

表 3.5 - 2　天津市水资源状况

| 水资源量 | 多年平均值 /×10⁸ m³ | 保证率/×10⁸ m³ | | |
|---|---|---|---|---|
| | | 50% | 75% | 95% |
| 地表水量 | 10.55 | 9.14 | 5.57 | 2.34 |
| 地下水量 | 8.32 | 8.32 | 8.32 | 8.32 |
| 外来水量 | 7.92 | 7.5 | 7.28 | 4.13 |
| 水资源总量 | 26.79 | 24.96 | 21.17 | 14.79 |

### 3.5.1.5　人均水资源量

人均水资源量是衡量一个国家或地区水资源量短缺程度的重要指标。中华人民共和国水利部在 1999 年综合联合国组织和著名专家的看法，并结合中国具体情况初步确定水资源短缺指标。当地区人均水资源量低于 500 m³、500 ~ 1 000 m³、1 000 ~ 1 700 m³、1 700 ~ 3 000 m³ 时，分别属于极度缺水、重度缺水、中度缺水和轻度缺水地区。由表 3.5 - 3 可以看出，1997—2006 年的 10 年间，天津市人均水资源量处于 100 m³ 左右，仅为全国人均水资源占有量的 6.9%，居全国最后一位，属于极度缺水地区。

表 3.5 - 3　1997—2006 年天津市与全国人均水资源量比较　　　　　单位：m³

| 人均水资源量 (m³) | 1997 年 | 1998 年 | 1999 年 | 2000 年 | 2001 年 | 2002 年 | 2003 年 | 2004 年 | 2005 年 | 2006 年 |
|---|---|---|---|---|---|---|---|---|---|---|
| 全国 | 2 253 | 2 727 | 2 242 | 2 186 | 2 105 | 2 200 | 2 125 | 1 856 | 2 145 | 1 927 |
| 天津 | 56 | 150 | 29 | 35 | 62 | 40 | 114 | 140 | 102 | 94 |

## 3.5.2　水资源开发利用

天津市的水资源供给在很大程度上依赖引滦入津工程、引黄济津工程以及地下水的开采。在此之前，天津市水资源奇缺，引滦入津工程改善了天津市的缺水局面。但是近年来，由于遭受连续干旱，天津市水资源短缺形势依然十分严峻。2000 年之后，天津市连续多次启用引黄济津工程，调用黄河水以弥补水资源的严重短缺。另一方面，由于地下水的长期超采，天津市的水环境日趋恶化，不合理的开采诱发了区域性水位持续下降、地面沉降等一系列的环境地质问题。

### 3.5.2.1　供水和用水①

1）供水

在天津市委、市政府的领导下，经过水利工作者多年的努力，通过引滦入津、引黄济津等重大水利工程，以及节约用水、再生水利用、海水利用等多种措施，天津市农业用水、工

---

① 李晓峰、张宏业等，《天津市不同后备水资源对比评价研究》，2006。

业用水和人民生活用水得到了基本保障。1997—2006 年天津市总供水量及构成如表 3.5 – 4 所示。

表 3.5 – 4　1997—2006 年天津市总供水量及构成

| 总供水量及构成<br>（×10$^8$ m$^3$） | 1997 年 | 1998 年 | 1999 年 | 2000 年 | 2001 年 | 2002 年 | 2003 年 | 2004 年 | 2005 年 | 2006 年 |
| --- | --- | --- | --- | --- | --- | --- | --- | --- | --- | --- |
| 地表水 | 16.97 | 14.78 | 18.44 | 14.41 | 11.17 | 11.74 | 13.40 | 14.90 | 16.02 | 16.10 |
| 地下水 | 7.17 | 6.75 | 7.08 | 8.23 | 7.97 | 8.22 | 7.10 | 7.10 | 6.98 | 6.76 |
| 其他 | — | — | — | — | — | — | — | 0.10 | 0.10 | 0.10 |
| 总供水量 | 24.14 | 21.53 | 25.52 | 22.64 | 19.14 | 19.96 | 20.50 | 22.10 | 23.10 | 22.96 |

以 2006 年为例，天津市总供水量为 22.96 × 10$^8$ m$^3$。其中地表水源供水量 16.10 × 10$^8$ m$^3$，包含引滦水量 5.81 × 10$^8$ m$^3$；地下水源供水量 6.76 × 10$^8$ m$^3$；深度处理的再生水回用量 0.08 × 10$^8$ m$^3$，海水淡化量 0.02 × 10$^8$ m$^3$，如图 3.5 – 2 所示。

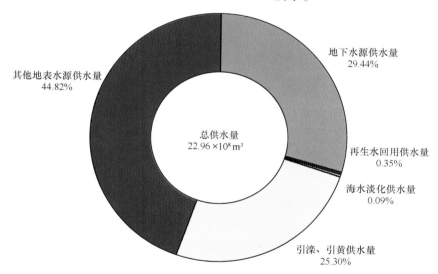

图 3.5 – 2　2006 年天津市供水量组成分布

从天津市总的供水情况来看，目前天津市的供水基本能够满足农业用水、工业用水和人民生活用水的需求。虽然海水淡化、再生水回用等作为天津市水资源总量的重要补充正在发挥着越来越重要的作用，但天津市供水形势依然很严峻。如引水工程供水所占比例较大，依赖外水程度很高，属于严重的资源型缺水城市；地下水长期处于超采状态，已经引发了一系列的生态环境问题。

2）用水

1997—2006 年天津市农业用水量、工业用水量和生活用水量情况如图 3.5 – 3 所示。

以 2006 年为例，天津市总用水量为 22.96 × 10$^8$ m$^3$，其中农业用水量为 13.62 × 10$^8$ m$^3$，占总用水量的 59.32%；工业用水量为 4.59 × 10$^8$ m$^3$，占总用水量的 19.99%；生活用水量为

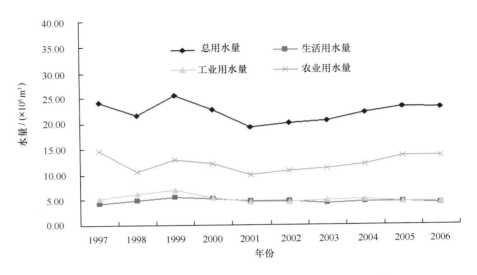

图 3.5 - 3　1997—2006 年天津市农业、工业、生活用水量情况

$4.26 \times 10^8 \ \mathrm{m}^3$，占总用水量的 $18.55\%$；生态用水量为 $0.49 \times 10^8 \ \mathrm{m}^3$，占总用水量的 $2.14\%$。

从 1997 年至 2006 年，天津市的万元 GDP 用水量一直呈下降趋势，约为全国水平的 $1/5$，水资源利用效率较高，是全国节水示范城市。天津工业用水重复利用率提高到 $85\%$，比全国平均水平高 34 个百分点。

### 3.5.2.2　水资源污染

天津市水体污染严重，水质日益恶化，水域污染不断加剧，水域生态环境十分脆弱。由于上游地区和于桥水库周边地区经济的发展，污染源增多，引滦水质明显下降。水域生态环境的恶化减少了可利用的水资源量，进一步加大了水资源供需的缺口。

根据天津市水利局水质监测资料可以看出，1999—2006 年，天津市 Ⅰ ~ Ⅲ类水质河长占评价河长的百分比低于 $30\%$，且呈下降趋势，Ⅳ ~ 劣Ⅴ类水质河长占评价河长的百分比占 $70\%$ 左右，且呈上升趋势，总体上天津市的河流水质呈不断下降趋势。

随着经济的快速发展，天津市的废污水排放问题越来越严重。天津市的市区污水主要由北塘排污河和大沽排污河排出，其他大部分地区的污水没有统一的措施，均就地排放。2005 年和 2006 年，天津市废污水排放总量分别为 $5.33 \times 10^8 \ \mathrm{t}$ 和 $5.24 \times 10^8 \ \mathrm{t}$，废污水排放总量中，工业污水占 $50\%$ 左右。从水库监测数据来看，对供水水库于桥水库和尔王庄水库水质监测评价表明，水库水质为"轻度富营养化"，主要污染物为总磷、总氮等。天津市水资源污染程度不断加剧，已导致其出现资源型缺水与水质型缺水并存的情况，更加剧了天津市水资源短缺的程度。

### 3.5.2.3　水资源需求

随着天津市人口的不断增长和经济的快速发展以及滨海新区的飞速发展，天津市水资源需求量不断增长。水资源的自然供给，依赖于一系列复杂的水文因素，如降水量、径流模数、河流系统的容量、地下水、蒸发和渗漏等。通过跨流域调水，可以增加水资源的供给量，但是没有从根本上增加水资源量，而且要受到调水地区水资源情况的制约。

天津市水利科学研究院《天津市水资源可持续利用与发展对策研究》中，对天津市 2020 年水资源供给量、需求量和缺水量进行了预测，预测结果如表 3.5 - 5 所示。

表 3.5 - 5　天津市水资源供需预测

| 年份 | 总供水量/×10⁸ m³ | | | 总需水量/×10⁸ m³ | | | 缺水量/×10⁸ m³ | | |
|---|---|---|---|---|---|---|---|---|---|
| 保证率 | 50% | 75% | 95% | 50% | 75% | 95% | 50% | 75% | 95% |
| 2020 年 | 26.2 | 23.5 | 15.9 | 53.92 | 56.58 | 56.58 | 27.72 | 33.08 | 40.68 |

到 2020 年，可供水总量在 50%、75%、95% 保证率情况下，缺水量分别为 $27.72 \times 10^8$ m³、$33.08 \times 10^8$ m³、$40.68 \times 10^8$ m³。特别是随着滨海新区开发开放步伐的加快，天津市生产、生活用水需求量将越来越大。

### 3.5.3　海水综合利用

目前天津市正在大力开展再生水利用、海水利用、微咸水利用等非常规水资源的开发，以补充常规水资源利用的不足。天津市作为沿海城市，海水利用已成为解决天津市滨海地区淡水资源短缺的一种重要途径。近年来，天津市在海水淡化、海水直接利用、海水化学资源利用方面取得了多项技术成果，具备了规模化应用和产业化发展的条件。

#### 3.5.3.1　海水综合利用现状

天津市是我国较早发展海水淡化与综合利用的地区之一，拥有一大批从事海水利用研究和成果转化的科研院所、高校和企业。海水利用主要分为三个方面：一是海水经淡化后，提供高质淡水，作为锅炉给水或其他工艺用水，或经适当处理后用作饮用水；二是海水代替淡水直接作为工业用水和生活杂用水，用量最大的是做工业冷却用水，其次还可用在洗涤、除尘、冲灰、冲渣、化盐制碱、印染等；三是海水化学资源提取及综合利用。

1）海水淡化

（1）天津市科委 1 000 t/日反渗透海水淡化示范工程

天津市 1 000 t/日反渗透海水淡化示范工程，于 2003 年 12 月建成投产，坐落于天津海晶集团塘沽盐场，是天津市第一个反渗透海水淡化工程，以天津海域水源为研究基础开展反渗透海水淡化。2004 年，在该示范工程平台上进行了二期项目——海水淡化产业链的研究，为按照循环经济理念建设万吨级以上海水淡化示范基地奠定了基础。

（2）天津大港电厂 2 套 3 000 t/日多级闪蒸海水淡化装置

1986 年，大港电厂引进两套 3 000 t/日多级闪蒸海水淡化装置，至 1990 年 5 月，先后共两台海水淡化闪蒸设备投入运行。2001 年，在满足生产用水的基础上，大港电厂海水淡化应用于居民饮用水的产品初步进入市场，注册成立"海得润滋食品有限公司"，配备了全自动消毒、清洗、罐装生产线，形成了每天上万桶的桶装水生产能力，成为当时华北地区最大的一家海水纯净水厂。

（3）天津开发区新水源 10 000 t/日低温多效海水淡化装置

2004 年，天津宝成集团与法国威尔公司签订合同，在天津建造万吨级低温多效海水淡化装置。该装置采用法国威尔公司技术，于 2006 年 2 月正式移交泰达新水源公司，2006 年 12 月正式产水，是当时我国第一台万吨级海水淡化设备。根据天津市开发区的用水需求，经过该设备处理的水源先期主要用于泰达五号热源厂二期锅炉补充水。

2）海水直接利用

（1）天津大港电厂二期海水直流冷却工程

1992 年，天津大港电厂二期工程四台机组全部采用海水直流冷却技术，年利用海水量 $17 \times 10^8 \mathrm{~m}^3$，年节约淡水 $6\,000 \times 10^4 \mathrm{~m}^3$，对保证天津市工业生产需要和居民生活用水发挥了重大作用。

（2）天津碱厂 $2\,500 \mathrm{~m}^3/\mathrm{h}$ 海水循环冷却技术示范工程

2004 年 7 月，国家海洋局天津海水淡化与综合利用研究所与天津碱厂合作建成 $2\,500 \mathrm{~m}^3/\mathrm{h}$ 海水循环冷却技术示范工程。该工程是我国首个具有独立自主知识产权的千吨级海水循环冷却工业化示范工程。通过将海水循环应用于纯碱生产系统中吸氨塔和真空吸收塔替代淡水循环冷却，每年可节约淡水资源 $63 \times 10^4 \mathrm{~m}^3$，年节约资金 149.9 万元，工程的综合运行成本较淡水循环冷却可降低 50%。

3）海水化学资源利用

（1）海水提溴

2001—2003 年，由国家海洋局天津海水淡化与综合利用研究所承担的"气态膜法海水（卤水）提溴新技术研究"取得突破。2004—2005 年，该所承担的"气态膜法海水卤水提溴技术与示范研究"项目建成了国内外最大规模的"气态膜法海水卤水提溴百吨级装置"。

天津长芦海晶集团有限公司开发的空气吹出、二氧化硫吸收、尾气封闭循环工艺，实现以低浓海水为原料进行提溴。目前，该技术成功实现产业化，该公司溴素年生产能力达到 $5\,000 \mathrm{~t}$。

（2）海水提钾

2000 年 1 月，由河北工业大学等单位研发的"海水提取硫酸钾高效节能工艺"新技术。2001 年 12 月，河北工业大学联合天津长芦海晶集团有限公司建成 $300 \mathrm{~t/a}$ 海水提取硫酸钾中试，在此基础上，河北工业大学等单位进行"沸石法海水提取硝酸钾新技术"研究，完成 $200 \mathrm{~t/a}$ 海水提取硝酸钾中试。天津长芦海晶集团公司在前期研究成果的基础上，实施天津市高新技术产业化项目"万吨级海水提取硝酸钾示范工程"建设，目前工程建设已经完成，产品质量达到进口级标准。

（3）海水提镁

2000 年，由国家海洋局天津海水淡化与综合利用研究所承担的"盐田卤水提取镁肥、高纯镁系物技术研究及应用开发"项目取得"盐田卤水提取硫酸镁肥中试技术"成果，建成 $1\,000 \mathrm{~t/a}$ 中试装置。2001 年，该所又研发出"无机功能材料硼酸镁晶须"，该材料具有成本低廉、性能优越等特点，于 2005 年启动天津市重点项目"新型功能材料硼酸镁晶须百吨级示范工程研究"。同时，还完成"$100 \mathrm{~t/a}$ 浓海水制取氢氧化镁中试技术"，完成百吨级中试。2006 年，天津长芦海晶集团有限公司完成奖状氢氧化镁中试，并利用此前一直排弃的混合盐制取硫酸镁和精制盐，化害为利，实现产业化，实现利润总额 $3\,500$ 余万元。

### 3.5.3.2 海水综合利用潜力[①]

#### 1）国内外海水综合利用技术及发展趋势

经过多年发展，海水淡化技术日趋成熟，规模不断扩大，产业发展快速，已成为解决全球水资源危机的重要途径。截至 2005 年年底，世界范围内共有 12 300 个淡化工程，海水淡化成本逐渐降低，总装机容量为 $4\,700 \times 10^4\ \text{m}^3/\text{d}$，解决了 1 亿多人口的供水问题；国外发达国家非常重视海水的直接利用，大量采用海水作为工业冷却水，其中海水直流冷却技术具有海水取水量小、工程投资和运行费用低和排污量小等优点，经过近百年发展已基本成熟，应用最为广泛，目前单套系统海水循环量已达 150 000 $\text{m}^3/\text{h}$，已进入大规模应用阶段；海水化学资源综合利用技术主要包括海水制盐、海水或浓海水中提取钾、溴、锂、铀及其深加工等技术，目前世界上有 100 多个国家生产盐，全世界每年从海洋中提取海盐 $6\,000 \times 10^4\ \text{t}$、镁及氧化镁 $260 \times 10^4\ \text{t}$ 和溴素 $50 \times 10^4\ \text{t}$ 等。

作为解决我国沿海地区水资源短缺的重要途径和发展循环经济、建设资源节约型社会的重要举措，海水利用事业发展迅速，日益受到党和国家的高度重视。经过近 50 年的发展，在国家科技攻关的持续支持下，我国海水利用科技攻关取得重大突破，先后建立了千吨级和万吨级示范工程，初步构建起具有我国特色的海水利用技术体系，部分领域已跻身国际先进水平。截至 2006 年年底，我国海水淡化工程产水量达到 $15 \times 10^4\ \text{m}^3/\text{d}$，待建工程产水规模接近 $200 \times 10^4\ \text{m}^3/\text{d}$，海水直接利用水量为 $330 \times 10^8\ \text{m}^3/\text{a}$。

综上所述，当前国内外海水利用已呈现出技术日趋成熟、规模日趋大型化、成本日趋降低和环境日趋友好化的趋势。海水利用不仅已经成为许多沿海国家解决淡水资源短缺、促进经济社会可持续发展的重大战略措施，而且正作为新兴产业不断向前发展。

#### 2）天津市海水综合利用形势

国务院关于加快滨海新区开发开放的战略部署为天津滨海地区发展海水利用提供了重要的外部条件和基础。特别是在党的"十七"大上，胡锦涛总书记特别提出要"更好发挥经济特区、上海浦东新区、天津滨海新区在改革开放和自主创新中的重要作用"。这表明滨海新区的地位和作用更加突出了，充分体现了中央对滨海新区的肯定。同时，党和国家对滨海新区的发展也提出了新的更高的要求。党和国家对滨海新区的重要战略，为滨海新区的进一步腾飞提供了重要的外部条件和基础，也为滨海地区发展海水利用提供了良好的契机。

天津市加快滨海新区开发开放的目标及《天津市海水淡化产业发展规划》的颁布实施为滨海新区发展海水利用提供了良好的政策环境。明确了海水淡化和综合利用的发展目标、发展重点以及推动海水淡化和综合利用产业发展的具体政策措施，提出要加强对海水淡化工作的领导、实施海水淡化产业发展扶植政策、争取国家政策和资金支持、搭建海水淡化创新平台、设立海水淡化专项发展资金、拓宽海水淡化融资渠道、建立适应市场竞争的企业组织结构、完善机制培养吸引人才以及组织实施一批海水淡化发展项目等具体政策措施。天津市委、

---

① 朱秀清，《天津市水资源可持续利用对策研究》，2006。

市政府对海水利用的高度重视和《天津市海水淡化产业发展规划》的颁布实施及天津市二十项重大项目的启动为滨海新区发展海水利用提供了良好的政策环境。

　　天津市滨海新区经济社会发展目标及产业结构优化升级为滨海新区发展海水利用提供了巨大的市场空间和发展前景。随着人口的增长、城市化进程的加剧及经济社会的快速发展，滨海地区水资源需求量将不断加大。随着滨海新区经济结构和产业布局的调整，滨海新区工业的趋海分布趋势将越来越明显，必将进一步加大滨海新区的用水压力。海水利用作为国内外公认的朝阳产业，在解决沿海地区水资源短缺问题的同时，其加工制造产业还将带动机械、加工、化工、材料、冶金等行业的发展，形成新的产业集群与创新集群。天津市滨海新区经济社会发展目标及产业结构优化升级为滨海新区发展海水利用提供了巨大的市场空间和发展前景。

## 3.6　海洋能源

　　海洋能是重要的可再生清洁能源，主要包括潮汐能、波浪能、海流能（潮流能）、海水温差能和海水盐差能，海洋能的开发利用前景十分广阔，重视并大力推进海洋能的开发利用将对于促进清洁生产、发展循环经济并推进滨海新区开发开放具有重要意义。

### 3.6.1　海洋能的基本情况

#### 3.6.1.1　海洋能定义

　　海洋能是一种蕴藏在海洋中的重要的可再生清洁能源，主要包括潮汐能、波浪能、海流能（潮流能）、海水温差能和海水盐差能。更广义的海洋能还包括海洋上空的风能、海洋表面的太阳能以及海洋生物质能等。从成因来看，潮汐能和潮流能来源于太阳和月亮对地球的引力变化，其他基本上源于太阳辐射。海洋能按储存形式又可分为机械能、热能和化学能。目前，开发海洋能的主要用途是发电。

#### 3.6.1.2　主要能量形式

　　（1）潮汐能。因月球引力的变化引起潮汐现象，潮汐导致海水平面周期性地升降，因海水涨落及潮水流动所产生的能量成为潮汐能。潮汐能的主要利用方式为发电，目前世界上最大的潮汐电站是法国的朗斯潮汐电站，我国的江夏潮汐实验电站为国内最大。

　　（2）波浪能。波浪能是指海洋表面波浪所具有的动能和势能，是一种在风的作用下产生的，并以位能和动能的形式由短周期波储存的机械能。波浪发电是波浪能利用的主要方式，此外，波浪能还可以用于抽水、供热、海水淡化以及制氢等。

　　（3）海水温差能。海水温差能是指涵养表层海水和深层海水之间水温差的热能，是海洋能的一种重要形式。低纬度的海面水温较高，与深层冷水存在温度差，而储存着温差热能，其能量与温差的大小和水量成正比。温差能的主要利用方式为发电。温差能利用的最大困难是温差大小，能量密度低，其效率仅有3%左右，而且换热面积大，建设费用高，目前各国仍在积极探索中。

　　（4）盐差能。盐差能是指海水和淡水之间或两种含盐浓度不同的海水之间的化学电位差能，是以化学能形态出现的海洋能。主要存在于河海交接处。同时，淡水丰富地区的盐湖和地下盐矿也可以利用盐差能。盐差能是海洋能中能量密度最大的一种可再生能源。据估计，世界各河口区的盐差能达 30 TW，可能利用的有 2.6 TW。我国的盐差能估计为 $1.1 \times 10^8$ kW，主要集中在各大江河的出海处。

（5）海流能。海流能是指海水流动的动能，主要是指海底水道和海峡中较为稳定的流动以及由于潮汐导致的有规律的海水流动所产生的能量，是另一种以动能形态出现的海洋能。海流能的利用方式主要是发电，其原理和风力发电相似。全世界海流能的理论估算值约为亿 kW 量级。我国属于世界上功率密度最大的地区之一，其中辽宁、山东、浙江、福建和台湾沿海的海流能较为丰富。

（6）近海风能。风能是地球表面大量空气流动所产生的动能。我国近海风能资源是陆上风能资源的 3 倍，可开发和利用的风能储量有 $7.5 \times 10^8$ kW。长江到南澳岛之间的东南沿海及其岛屿是我国最大风能资源区以及风能资源丰富区。资源丰富区有山东、辽东半岛、黄海之滨、南澳岛以西的南海沿海、海南岛和南海诸岛。

### 3.6.1.3　现状与前景

全球海洋能的可再生量很大。根据联合国教科文组织 1981 年出版物的估计数字，五种海洋能理论上可再生的总量为 $766 \times 10^8$ kW。其中温差能为 $400 \times 10^8$ kW，盐差能为 $300 \times 10^8$ kW，潮汐能和波浪能各为 $30 \times 10^8$ kW，海流能为 $6 \times 10^8$ kW。但难以实现把上述全部能量转化利用，目前可利用较强的海流、潮汐和波浪、大降雨量地域的盐度差，而温差利用则受热机卡诺效率的限制。海洋能技术上允许利用功率为 $64 \times 10^8$ kW，其中盐差能 $30 \times 10^8$ kW，温差能 $20 \times 10^8$ kW，波浪能 $10 \times 10^8$ kW，海流能 $3 \times 10^8$ kW，潮汐能 $1 \times 10^8$ kW（估计数字）。

我国海洋能资源十分丰富，可开发利用量达 $10 \times 10^8$ kW 的量级。其中，我国沿岸的潮汐能资源总装机容量为 $2\,179 \times 10^4$ kW；沿岸波浪能理论平均功率为 $1\,285 \times 10^4$ kW；潮流能 130 个水道的理论平均功率为 $1\,394 \times 10^4$ kW；近海及毗邻海域温差能资源可供开发的总装机容量约为 $17.47 \times 10^8 \sim 218.65 \times 10^8$ kW；沿岸盐差能资源理论功率约为 $1.14 \times 10^8$ kW；近海风能资源达到 $7.5 \times 10^8$ kW。目前，我国海洋能的开发利用除了潮汐能利用形成了较小的规模外，波浪能研究已进入示范试验并取得了一定的成果；潮流能开发利用技术研究已有多个部门正在进行关键技术研究，并取得了一定的突破。而其他形式的海洋能如海水盐差能、温差能等的研究与开发尚处于实验室原理试验阶段。

## 3.6.2　天津海洋能状况

2009 年 12 月，国家海洋局考察团视察天津，提出海洋能的开发利用前景十分广阔，要高度重视并大力推进海洋能的开发利用。一是做好海洋能发展战略研究，在借鉴国外先进经验的同时，提出适合我国海洋能发展的对策和路线图；二是做好"十二五"期间海洋能发展规划，并在国家能源规划中占有一席之地；三是积极推动海洋能的研究与示范，并多渠道争取对海洋能利用的支持；四是加强海洋能研发能力建设。

由于天津海域潮间带宽广的特点，主要类型的海洋能利用现在尚不多见，而海上风能的利用则因为天津海域海洋风能的优势而得以发展。

2009 年，天津开始建设首个风电场——天津大神堂风电场选址在天津市汉沽洒金坨村以南，大神堂村东侧 4 km 处，西距汉沽区约 19 km。该风电场将在潮间带周边安装目前国内陆上商业运行的单机容量最大、桨叶直径最长、技术最先进的具有自主知识产权的风电机组，并将首次采用国际最先进的分布式上网方式。该项目投入运转后每年为滨海新区的开发建设提供 $5\,213 \times 10^4$ kW 时清洁、可靠的绿色电能，每年可为国家节约标煤 $1.9 \times 10^4$ t、节水 $3.04 \times 10^4$ t，年减排二氧化碳 $6 \times 10^4$ t、氮氧化物 88 t、烟尘 10.4 t、二氧化硫 39.2 t。

从天津市风能协会获悉，截至目前，天津市风电整机、关键部件和配套企业已达到 50 家，总投资 126.45 亿元，从业人员 24 760 人。天津滨海新区吸引了世界和国内风电行业知名大公司和一批配套企业来津投资发展，已形成了以风电整机为龙头、零部件配套为支撑、风电服务业为基础的产业集群，成为全国最大的风电产业聚集地。

## 3.7 滨海旅游资源①

长期以来天津滨海毗邻旅游资源丰富的北京、秦皇岛、承德、泰安等，旅游市场竞争较为激烈；旅游资源开发滞后，品牌不突出，缺少具有轰动效应的旅游"拳头"产品；加之宣传促销滞后，旅游企业的规模化经营滞后，多数处于小、弱、散的状况，市场扩张能力不够强。天津旅游资源总体开发是以海河为主线，以市区为中心，以滨海新区和蓟县为两翼，形成"一带五区"的格局，而做足"海"字文章是滨海新区旅游规划中的侧重点。

### 3.7.1 旅游资源类型与分布

天津滨海旅游资源分为自然景观旅游资源和人文景观旅游资源两大类，共有旅游景点 80 多处，其中自然景观旅游资源景点 19 处，滨海地区 7 处；人文景观旅游资源景点 61 处，滨海地区 18 处（表 3.7 - 1）。

表 3.7 - 1　天津市主要旅游资源分类

| 类别 | 区域 | 景点/个 | 主要旅游景点名称 |
|---|---|---|---|
| 自然景观旅游资源 | 滨海地区 | 7 | 滨海、海河口（自然）、贝壳堤遗址、北大港水库风景区、官港森林公园、营城水库风景区、黄港生态风景区 |
| | 全市 | 19 | 滨海、海河口（自然）、贝壳堤遗址、北大港水库风景区、官港森林公园、营城水库风景区、黄港生态风景区、盘山、蓟县中上元古界标准地层、七里海湿地、宝坻断裂带系列温泉群（宝坻、东丽、塘沽地区）、八仙山国家级自然保护区、古潟湖湿地、九龙山国家级森林公园、翠屏湖、团泊洼鸟类自然保护区、东丽湖 |

① 国家海洋信息中心，天津市"908 专项"天津市潜在滨海旅游区评价与选划研究报告，2008。

| 类别 | 区域 | 景点/个 | 主要旅游景点名称 |
|---|---|---|---|
| 人文景观旅游资源 | 滨海地区 | 18 | 大沽口炮台、大沽船坞遗址、南大营炮台、潮音寺、航母主题公园、海河外滩公园、渤海儿童世界、滨海世纪广场、中心渔港、渔人码头、出海观光、洋货市场、天津港、天津经济开发区、保税区、石油化工盐田景观 |
| | 全市 | 61 | 大沽口炮台、大沽船坞遗址、南大营炮台、潮音寺、航母主题公园、海河外滩公园、渤海儿童世界、滨海世纪广场、中心渔港、渔人码头、出海观光、洋货市场、天津港、天津经济开发区、保税区、石油化工盐田景观、大都市风貌、中央商务区、天津博物馆、天津食品街、水上公园、天津乐园、天津电视塔、津城新貌、天津热带植物观光园、天津科技馆、平津战役纪念馆、周邓纪念馆、长城碑林、生态农业、特色工业黄崖关长城、独乐寺、九国租界旧址、近代名人政要故居、古文化街、广东会馆、石家大院、津门曲荟、天后宫、文庙、鲁班庙、孔庙、清王陵、古楼、李纯祠堂、吕祖堂、铃铛阁、西开教堂、望海楼教堂、大悲禅院、天妃宫、荐福观音寺、霍元甲故居墓园、天尊阁、北宁公园、人民公园 |
| 合计 | | 80 | 其中：滨海地区 25 个 |

## 3.7.2 主要旅游景区（点）

### 3.7.2.1 海河外滩公园

位于塘沽区海河入海口处，东起塘沽新华路立交桥，西至悦海园高层住宅小区，北至上海道解放路商业步行街，南临海河。海河外滩公园是天津市海河开发中的竣工项目，也是塘沽区的一项重要建设工程。该旅游区由文化娱乐区、商业休闲区、绿化景观区和高台景观区四部分组成，是集休闲、娱乐、购物、餐饮于一体的现代旅游景区。

### 3.7.2.2 航母主题公园

航母主题公园位于汉沽区蛏头沽村与高家堡子村之间，占地面积 5.57 km²，是以"基辅"号航空母舰为核心的旅游项目，以军事为特色主题，集武器装备展示、角色体验、培训拓展、休闲娱乐、国防教育、会议承办、外景拍摄等功能于一体的大型军事主题公园。

### 3.7.2.3 官港森林公园

位于大港区，其范围东南至八米河的河中线，西至西排干渠，北至区界。总面积为 22.85 km²，其中陆地面积为 17.71 km²，水域面积为 5.14 km²。官港森林公园生物物种繁多，木本、草本植物达 45 科，120 多种，有大量的野生珍禽栖息，体现出明显的平原森林特点和海陆交替带的独有景观，是现代生态森林及湿地旅游景区。

### 3.7.2.4 贝壳堤遗址

位于大港、塘沽等地。贝壳堤是距今 7 000 余年的古海岸遗迹，是由海生贝壳及其碎片，在潮汐、风浪的作用下，和细砂、粉砂、泥炭、淤泥质黏土薄层组成的堤状地貌堆积体，与海岸大致平行。滨海地区自陆向海排列有四道贝壳堤，反映了不同时期海岸线的变迁。第 1 道贝壳堤分布在蛏头沽—青坨子—高沙岭一线，是距今 500～700 年形成的；第 2 道贝壳堤分布在白沙岭—邓岑子—上古林—新马棚口一线，是距今 2 500 年前的古海岸线；第 3 道贝壳堤分布在荒草坨—崔家码头—巨葛庄—大苏庄一线，是距今 4 000 年前形成的；第 4 道贝壳堤分布在翟庄子一带，是距今 5 000 年前形成的。贝壳堤是人们了解海岸线变迁的科教基地和独特的旅游景观。

### 3.7.2.5 大沽口炮台

位于塘沽区海河入海口，占地总面积 1 km²。大沽炮台始建于道光二十年（1840 年），共有炮台 4 座，大炮 30 尊，驻军 8000～9000 人。第二次鸦片战争中，驻军与英军激战，打沉了联军军舰 4 艘。战后，清廷重新修建了大沽口炮台，在海河口南岸修建炮台 3 座，在北岸设炮台两座，分别以"威"、"震"、"海"、"门"、"高"字命名。1900 年八国联军入侵中国，再次被占领，后被拆除，现仅存南岸"海"字炮台。

### 3.7.2.6 塘沽滨海世纪广场

位于塘沽中心区，面积达 2.4×10⁴ m²。广场上矗立着 21 棵直径 1.35 m、高 21.2 m 的世纪柱，分别雕刻着各个世纪中外科技文化重大成果的图案，其中象征 21 世纪的柱子尚为空白。

另有两座由花岗岩和青铜雕筑的浮雕墙，分别雕刻着史前著名人物及其业绩，塘沽数百年历史沿革和主要成就的图案。广场浮雕总面积达 844.28 m²，堪称"中国之最"。

广场上设有一座大型喷泉，其中心喷泉的水柱喷射高度可达 100 余米，创中国目前陆地喷泉水柱高度之最。面积近 300 m² 的水幕，可显示激光打出的字样和图案。8 门水炮对射形成长达 20 m 的水廊，以及长达 60 m 的喷水时空隧道，游人穿行其间并不湿衣着。入夜，世纪广场上千盏彩灯大放光彩，成为天津滨海新区一颗璀璨的"明珠"。

### 3.7.2.7 潮音寺

位于塘沽区海河西岸的西大沽境内，始建于明永乐二年（1404 年），原名"南海大寺"，又名双山寺，明嘉靖皇帝下令重修，御笔更名题匾"潮音寺"。潮音寺是全国少有坐西朝东的庙宇。

潮音寺历史悠久，地理位置特殊，曾是塘沽经济、贸易、文化和民俗活动的中心，许多出海打鱼的人都来此烧香拜佛，以求得神灵保佑平安。现每年春节前后，寺内都举行祈福法会，寺外还有秧歌表演。潮音寺是集僧、道、俗为一体，融诸文化合一的综合性宗教场所。潮音寺由三层大殿南北四配殿和南北两跨院组成，内设柳仙亭，供奉观音菩萨等 14 尊佛，是宗教活动的场所。

## 3.7.3 旅游资源开发利用与保护现状

### 3.7.3.1 滨海地区旅游资源类型齐全，资源少品位低

从旅游资源的类型来看，天津滨海地区自然、人文两大旅游资源均具备，属于旅游资源

类型比较齐全的地区，但是由于天津滨海地区地处华北平原，受地理、地质等条件限制，不具备山脉自然景观旅游资源，更不具备世界级或国家级的旅游名山，且仅有的几处自然旅游资源也大多规模较小，品位较低，对游客缺少吸引力。人文旅游资源同样也存在着数量少、规模小、品位低的问题，且受周边地区特别是北京的影响较大，很难形成大的客流量。自然和人文旅游资源匮乏，是发展滨海地区旅游业的制约因素之一。

### 3.7.3.2　旅游产业布局不甚合理，产品不具吸引力

旅游产业是集食、住、行、游、购、娱六要素为一体的系统产业，需要专业化与集团化的协调发展，但天津滨海旅游产业没有形成具有竞争力的一体化经营，企业间的联合松散，价格竞争激烈，市场带有一定的无序性。天津旅行社目前有 200 余家（北京为 450 家，上海为 470 家），小、散、弱、差的现象严重，相互杀价争夺游客的现象严重；旅游产品开发与创新不足，难以吸引更多的外来游客；旅游产品的开发尚未形成规模，特别是还没有形成大的旅游景群，景区小而分散，难以对游客构成吸引力；旅游宾馆饭店的接待能力与游客的流量不匹配，高、中、低档客房的分配比例不尽合理，不能满足不同人群的需要。因此，调整滨海地区旅游产业布局，创新龙头产品，打造外地旅客进入的吸引力，是滨海旅游业发展的战略重点。

### 3.7.3.3　旅游尚未成为支柱产业，缺乏带动作用

旅游业由于具有关联度大、带动性强、辐射面广、就业容量大、经济效益明显等特点，已经成为我国乃至世界重点发展的产业。全国大多数省、市、自治区确立了旅游业支柱产业的地位，进而带动地区经济的持续发展。从理论上讲，能够成为支柱产业的标准是旅游收入相当于 GDP 比重的 5% 。目前，天津滨海旅游市场吸引游客的范围较小，对滨海经济的带动作用不够明显，旅游收入占 GDP 的比重较小，与地区经济地位不太相称。

### 3.7.3.4　地区性强势企业尚未形成，开发缺少后劲

全国各地针对自己的旅游资源状况，纷纷制定发展战略，确定市场定位，运用资产经营，转换经营机制，快速增强自身的竞争力，其中重要的途径就是培育若干个大型的旅游集团。如北京的国旅、中旅、青旅、首旅集团，上海的锦江、春秋集团，广东的广之旅集团等，并根据旅游市场的发展动向不断调整发展战略。而且，国内旅游集团发展壮大的重要途径就是通过公司上市进行融资，增强企业的竞争力。目前，我国资本市场中有 30 余家以旅游为主业的上市股份公司，而天津滨海地区迄今还没有一家以旅游业为主的上市企业，致使旅游业融资渠道过窄，产品开发缺乏后劲。

### 3.7.3.5　现代旅游资源建设迅猛，基本形成规模

天津滨海地区最大的优势旅游资源是现代旅游资源，依靠临海的区位优势，可以建设成为华北、西北地区最大的休闲度假旅游中心，成为天津、北京 1 000 万人以上超大城市居民休闲度假旅游的胜地。滨海地区已开发或正在开发的旅游景区（点）有：航母主题公园、海河外滩公园、渤海儿童世界、滨海世纪广场、官港森林公园、营城水库风景区、大沽口炮台、潮音寺、滨海"三田游"（盐田、油田、虾田）等。有的旅游景点已初具接待规模，并开始

纳客。今后 10～15 年滨海地区旅游景点的建设速度将加快,规模将不断扩大,类型更齐全,纳客能力大大增强,发展前景十分广阔。

### 3.7.3.6　旅游资源开发潜力大,发展前景广阔

天津有 3 000 km² 的海域资源,河湖水面广阔,可开展水上和水下娱乐活动;海岸带地势低,洼地众多,河流纵横,有的洼地和河流地段形成了独特的自然生态系统,成为较好的风景旅游区,有反映天津海陆变迁的最具特色的地貌景观贝壳堤,有丰富的地热资源。天津滨海新区已纳入国家总体发展战略布局,成为继深圳特区、浦东新区之后的又一个经济增长点。强大的经济实力,加速了滨海新区城市建设的发展步伐,会展中心、商务中心、工业园区、旅游娱乐设施等相继建立,使海陆旅游形成一个有机的整体。这些资源为旅游业的发展提供了较好的基础条件。

天津海岸线并不长,海域面积也不大,但地理位置优越,它背倚三北,周边内陆城市林立,人口众多。中国人均海岸线约 2.5 cm,属于非常少的国家,所以海域资源相对稀缺,这种稀缺现象在北方体现的尤其突出。天津海滨旅游要抓住这种优势,树立起良好的海滨形象,建设完备的海滨旅游设施,争取客源市场辐射京、津、冀、晋、鲁等省市。且随着人民经济收入的不断提高和物质文化生活的改善,国内旅游人数的增长势头将十分明显,天津滨海旅游客源市场潜力巨大。

## 3.8　海岛资源[①]

天津市拥有唯一大于 500 m² 的海岛三河岛,位于永定新河河口。

### 3.8.1　土地

三河岛包括陆地和潮间带两部分。陆地部分是三河岛的主体,除北侧的两座碉堡凸起于地表外,全岛大部被植被覆盖。潮间带为淤泥质裸滩地,主要分布在三河岛的南、北两侧,因潮汐涨落而周期性被海水淹侵。

### 3.8.2　湿地

三河岛湿地由环绕岛的淤泥质潮间带构成,总面积 40 700 m²,属于"沙泥质滩涂型"的"裸滩地"亚类。

1974 年,三河岛完全与陆地分离,形成一座人工岛。最初,三河岛周围并未发育潮滩。20 世纪 90 年代初,周边潮滩已发育 29 050 m²,2005 年增至 40 700 m²。

三河岛潮滩的形成,经历了由侵蚀为主到淤积为主的变化过程。1971 年永定新河开挖后,河道纳潮量增加,潮流动力增强。初期,落潮时河口区水流含沙量小,冲刷能力强,以侵蚀作用为主。1975 年后,随着上游河道的淤积,淤积末端逐年向河口推进,纳潮量减小,河口潮水由冲刷转为淤积。至 1994 年,河道累计淤积量达 4 213×10⁴ m³,淤积末端距三河岛

① 刘志广等,天津市"908 专项"海岛调查报告,2006。

不足 4 km（即屈家店闸下 58 km 处）。三河岛所在河段、北塘水道和毗邻的渤海湾西北部，长期为潮流控制，沉积过程以淤积为主，是岛周边形成淤泥质潮滩湿地的原因。

### 3.8.3　植被

三河岛陆地几乎全被天然灌草丛型植被覆盖，主要包括芦苇、碱蓬、狗尾草、白刺、白羊草、獐毛、白茅、猪毛蒿、鹅绒藤等。植被对保护三河岛地表免受雨水冲蚀，稳定岸坡，保持水分，起了重要作用。

近年来，岛东侧潮滩开始出现簇生大米草，是蛏头沽—青坨子之间人工固淤试验场的大米草逐渐扩散的结果。近 10 余年来，渤海湾西岸潮滩大米草的扩散是"向海湿地化"的重要表征之一。至于三河岛周边出现的大米草，则是从开放潮滩沿北塘水道向陆地方向上溯的结果。

### 3.8.4　土地利用

1974 年三河岛成岛以前，该地属军事用地。1974 年以后，三河岛逐渐由人工岛演化为海岛，土地分为陆地和潮间带（潮滩）两部分。陆地为未利用荒草地，潮滩为未利用裸滩地。三河岛形成至今，从未被开发利用（表 3.8 - 1）。

表 3.8 - 1　三河岛各历史时期土地利用类型登记表

| 年代 | 土地利用类型 | 备注 |
| --- | --- | --- |
| 嘉靖二十九年（1550 年）至清初 | 军事用地 | 明嘉靖二十九年，为抵御倭寇入侵，于此修建炮台一座，即北营炮台。后倭患永销，炮台即废弃。明万历年间，为抵御清兵侵扰，经过修整，明政府又重新启用北营炮台。清兵入关后，北营炮台被清军占领，并被视为海防要地 |
| 清初至清道光二十年（1840 年） | 未利用地/瞻仰景观休闲用地 | 清廷平定四方以后，认为从此"海氛永息"，北营炮台再次废弃。至清乾隆间，炮台已成为士人登临览胜之地 |
| 清道光二十年（1840 年）至清光绪二十七年（1901 年） | 军事用地 | 清末为抵御列强侵略，开始在东部及东南沿海设防。北营炮台作为北塘炮台的一部分，再次被启用 |
| 清光绪二十七年（1901 年）至民国 26 年（1937 年） | 未利用地 | 1901 年，根据《辛丑条约》，大沽、北塘等地炮台及兵营均被拆除 |
| 民国 26 年（1937 年）至 20 世纪 60 年代 | 军事用地 | 1937 年日本发动侵华战争后，在北塘炮台的基础上修筑碉堡等军事设施。国民党统治时期沿用了原有工事。20 世纪 50—60 年代，为防止国民党军队反攻大陆，在北营炮台基础上修筑了 4 座钢筋混凝土碉堡 |
| 1970 年至今 | 未利用地 | 1974 年三河岛形成后，由于孤悬于河道中，与陆地连通十分困难，因此一直未得到开发利用，仅在个别年份 4—10 月间有渔民在岛上临时居住 |

### 3.8.5  环境破坏与保护

三河岛自 1974 年形成以来，一直受到潮汐、洪水的侵蚀。仅 1990—2005 年的 15 年间，三河岛陆地面积就减少了 2 100 m²，占原陆地总面积的 14%，平均每年被侵蚀 140 m²。

三河岛以古炮台三合土地基为基础，上覆人工填土。三合土地基坚实而难以破坏，人工填土则松散易被侵蚀。因此，三合土地段抗侵蚀能力强，而人工填土受到潮水、洪水侵蚀就比较严重。

岛北侧边缘的中段，地表与相邻滩面高差约 50 cm，三合土基础已被侵蚀出一个缺口。岛的南侧、西侧和东侧，主要为人工填土，受到的侵蚀更为严重，形成高 1.5~2.5 m 的人工填土陡崖。三河岛自北向南，抗侵蚀能力逐渐减弱，受到的破坏逐渐增强。总之，三河岛北侧较稳定，岛的南侧、西侧和东侧的人工填土陡崖，因受海水浸泡、冲蚀而不断蚀退。尤其南侧，是破坏最为严重的岸段。

三河岛自形成以来，从未得到人工管护。面对不断遭受侵蚀的现状，保护岸坡已成当务之急。建议自南向北，沿岛基部修建护坡，以阻止潮水的侵蚀。北侧可以选择在靠近岸边潮滩上堆放石块的方法，加以保护。

# 第 4 章　海洋灾害

海洋灾害系指海洋环境发生异常或激烈变化，导致在海上或海岸发生的灾害。由于天津海域区位的特殊性，天津海域是海洋灾害的多发区，每年都有不同类型的海洋灾害发生，给天津滨海地区带来严重的经济损失，甚至人员伤亡，已经成为制约海洋经济快速发展的一个重要因素。

天津市海洋灾害按灾害形成因素可划分为：海洋环境灾害、海洋地质灾害、海洋生态灾害和人为灾害四种类型。

## 4.1　海洋环境灾害

天津市海洋环境灾害主要有风暴潮灾害、海浪灾害和海冰灾害等，其中海浪灾害多伴随风暴潮灾害发生。

### 4.1.1　风暴潮灾害

风暴潮是强烈的大气扰动在近岸水域引起的海面异常升降现象，其主要致灾因子是风暴增水。当风暴增水和暴雨、天文大潮叠加时会给沿海地区造成更大的危害。近年来，由特殊的地理位置、地形、气象、天文潮、地面沉降等多种因素相互作用引发的风暴潮成为天津市沿海地区发生频率较高，危害程度最大的海洋灾害。

#### 4.1.1.1　风暴潮形成的因素

（1）地理位置和地形因素

天津市沿海地区属于中纬度大陆边缘季风气候区，天气过程复杂，冷暖空气活动十分频繁，温带气旋和北上热带气旋或台风等一些天气过程的扰动，容易在沿海引发风暴潮。渤海湾呈喇叭形，是深入大陆的半封闭浅海，海底坡度在 1/2 000 左右，这种海岸地形使风暴潮能量容易聚集，非常有利于风暴潮的发展。另外，天津市滨海地区属于沿海低平原，地面坡度平缓，平原高程一般较低，平均 2~3 m（大沽基面，以下同），沿岸海堤 4~5 m，因而，容易受到风暴潮的侵袭，使灾情加重。

（2）气象因素

天津市海域冷暖空气活动频繁，春、秋季节多温带气旋过境；在盛夏和初秋，往往又受到北上热带气旋或台风的影响。受这两种天气系统产生的持续偏东大风的作用，在渤海湾这一超浅海域内极易形成 1 m 以上的风暴增水，导致天津市沿海风暴潮灾害的发生。同时，伴随这两种天气系统产生的较强降水，沿海地区受潮水顶托而排涝不畅，使风暴潮灾害更加严重。

（3）天文潮因素

如果风暴潮高峰时正和天文大潮相遇，两者的潮势叠加就会使水位暴涨，导致特大风暴潮灾害的发生。据统计，天津市滨海地区历史上风暴潮最大值发生在天文潮高潮时的次数，占风暴潮发生总数的 68.6%。可见，多数风暴潮灾害的发生是由风暴增水与天文潮高潮叠加引起的。

（4）地面沉降因素

1950 年以来，由于严重超采地下水，天津市沿海地区普遍发生地面沉降，并形成了塘沽区、汉沽区、大港区等沉降漏斗。塘沽区和汉沽区 1959—2002 年沉降中心最大累积沉降量分别达到 3.18 m 和 3.0 m。地面沉降不仅使沿海地面标高损失，同时，还降低了海堤的防潮能力和河道的泄洪、排涝能力，加大了灾害性潮位出现的机会和灾害强度，为风暴潮灾害的发生提供了有利条件。

### 4.1.1.2　天津市海域风暴潮灾害

天津市海域风暴潮属于温带风暴潮。据记载，近 20 年来，天津市共发生 6 次较大风暴潮，平均 3～4 年发生一次。其中 1992 年和 2003 年发生的风暴潮最大，损失最为惨重（表4.1–1）。

表 4.1–1　近 20 年天津海域发生的较大风暴潮情况

| 时　间 | 地点 | 灾害状况 | 经济损失/亿元 | 原　因 |
|---|---|---|---|---|
| 1985 年 8 月 18 日 | 天津沿海 | 工厂停工，民舍倒塌 | 0.6 | 9 号台风影响，特大海潮 |
| 1992 年 9 月 1 日 | 天津沿海 | 工厂停工，民舍倒塌 | 3.99 | 16 号强热带风暴影响 |
| 1993 年 11 月 16 日 | 天津沿海 | 新港被淹 | | 温带风暴潮 |
| 1997 年 8 月 20 日 | 天津沿海 | 工厂停工，民舍倒塌 | 1.28 | 11 号台风影响 |
| 2003 年 10 月 11 日 | 天津沿海 | 港口、油田、渔业等遭受不同程度的损失，失踪 1 人 | 1.2 | 受北方强冷空气影响 |
| 2003 年 11 月 25 日 | 天津沿海 | | | |

1992 年天津遭遇了 1949 年以来最严重的一次强海潮袭击，潮位高达 5.93 m，增水达1.72 m，有近 100 km 海挡漫水，被海潮冲毁 40 处，大量的水利工程被毁坏，沿海的塘沽、大港、汉沽三区和大型企业均遭受严重损失。天津新港的库场、码头、客运站全部被淹，港区内水深达 1.0 m，有 1 219 个集装箱进水。新港船厂、北塘修船厂、天津海滨浴场遭浸泡，北塘镇、塘沽盐场、大港石油管理局等 10 多个单位的部分海挡被潮水冲毁。天津防洪重点工程之一的海河闸受到较严重损坏。港口和盐场的 30 余万吨原盐被冲走。大港油田的 69 眼油井被海水浸泡，其中 31 眼停产。沿海三个区 3 400 户居民家进水。有 1 200 km² 养虾池被冲毁。

2003 年 10 月 11 日和 11 月 25 日，天津市沿海地区出现两次风暴潮灾害，共造成直接经济损失约 1.2 亿元。

10 月 11 日风暴潮：受东北 9～11 级大风和天文大潮的共同影响，最高潮位达 533 cm，超过警戒水位 43 cm，潮灾波及天津市沿海三个区。11 月 25 日风暴潮灾害：受冷高压南下影响，最高潮位为 505 cm，超过警戒水位 15 cm。海水倒灌造成沿岸部分地区上水，塘沽区一号路南侧船闸、新港船厂及天津港客运码头附近部分地区被海水浸泡。

虽然近几年天津市海域风暴潮发生频繁，据统计，从 2004 年到 2007 年间共发生 68 次；但因预防有力，基本没有造成重大损失。2004 年发生风暴潮灾害一次，主要受温带气旋影响，最高潮位为 4.92 m，超警戒水位 2 cm。本次风暴潮损毁汉沽堤坝 3 处，150 户渔民受灾。2005 年 9 号台风 "麦莎" 北上，受其影响，天津沿岸出现增水，最高潮为 520 cm，超过警戒水位 30 cm；2 月 14—16 日、3 月 7—10 日、6 月 26—27 日、10 月 20—24 日 4 次温带风暴潮影响天津市海域。其中 10 月 20—21 日的过程超过警戒水位 2 cm，最高潮位为 492 cm，部分低洼地段上水，未造成严重损失。2006 年天津海域全年共发生 19 次温带风暴潮过程，并未造成重大经济损失。其中最强的一次发生在 2006 年 10 月 10 日，实测高潮位为 479 cm，接近警戒潮位。2007 年天津海域温带风暴潮增水达到或超过 50 cm 的有 44 次，其中达到或超过 100 cm 的有 4 次。2007 年较为严重的一次风暴潮出现在 3 月 3—4 日，是天津海域自 1969 年以来同期最强的一次温带风暴潮及海浪灾害过程。这次过程是由强冷空气南下和黄海气旋共同引起，实测高潮位 469 cm，天文潮 338 cm，高潮时增水幅度 115 cm，最大增水值 118 cm，天津近海最大波高 3.5 m，由于防范及时，并未造成重大损失。

## 4.1.2　海浪灾害

### 4.1.2.1　灾害性海浪状况

海浪系指海水在外力作用下向一定方向传播的波动现象。其外力主要来自于风，其次来自地震海啸等自然力的作用。当海浪波高达到 4 m 以上时，就能掀翻海上船只，摧毁海上和海岸工程，造成人员伤亡和财产损失，称之为灾害性海浪。

我国沿海灾害性海浪影响范围较广。但渤海是一个面积不大的浅水内海，外海波浪不易传入，使得该海区出现的灾害性海浪以风浪为主；因渤海海域狭小，风区短，其风浪能在较短时间内达到稳定，因此，渤海的灾害性海浪在我国各海域中是最少的，主要为寒潮浪和气旋浪。天津海域位于渤海的西部—渤海湾的顶端，灾害性海浪发生频率较低，不过，灾害性海浪一旦发生，也会给沿海经济造成重大损失。

### 4.1.2.2　天津近海波浪的季节性变化特征

天津海域波浪的变化特征与风场的变化相对应，风场的变化具有明显的季节性，因而，波浪的变化特征也具有明显的季节性。

春季，因常有高压停留在海上，所以经常吹偏东风，因而该季的波浪多来自于西北—西南方向，偏西向最强。夏季，整个海区基本盛行东南风，但风力较小，大风天不多，因而波浪也较小，为天津弱浪季节。秋季，是过渡季节，风向由西南向转为偏北向，强风向来自偏北向，大尺度的波浪多来自西北—东向，东北东最强。

### 4.1.2.3　天津海域的海浪灾害

近年来，天津海域海浪灾害发生频繁。2007 年 3 月 3—6 日，受黄海气旋和北方冷空气的共同影响，渤海地区发生了严重的海浪灾害，天津沿海先后出现波高 4 ~ 6 m 的巨浪和狂浪。汉沽海域受其气旋浪的影响，2艘船舶被毁，2人失踪，财产损失数十万元。2008年天津沿海共发生8次灾害性海浪过程，其中9月22—23日发生的海浪灾害较大，由于防御得当，损失较小。

### 4.1.3 海冰灾害

海冰是海水在一定大气条件下大面积冻结而形成的。海冰对海上航行、捕捞、海上采油等生产活动均构成一定的威胁，其破坏力来自海水冻结过程中的膨胀挤压力及海冰运动过程中的推力。

海冰灾害是渤海和黄海北部特有的海洋灾害。

#### 4.1.3.1 海冰形成的因素

海水结冰是一个复杂的物理过程，既受气温、风向风速、降雪和海水温度的影响，同时也受波浪、潮汐、海流等水文条件的影响。当海水的温度降至冰点并继续降温时，海冰便开始出现。气温越低，结冰的面积越大，冰层越厚。风向对于海水结冰的影响为向岸风有利于冰的堆积，大量流冰会涌向海岸和港口，在那里冻结成固体；而离岸风则可将海冰带到离岸较远的区域融化，使沿岸海冰的密度减少，甚至出现无冰区。1969年2—3月，渤海湾曾发生严重冰封，除了温度较低的原因外，还因当时盛行东北风，大量流冰随风被推向湾内且堆积于此，致使该年渤海湾冰情特别严重。海面风速的大小基本反映冷空气的强度，同时，蒸发失热量与风速成正比，风速越大，海面失热越多，温度降低幅度越大，结冰越快。

大量降雪对海面的冰情也能产生明显的影响。当海水的温度接近冰点时，降至海面上的雪不融化，直接形成黏状冰。冰面上的雪能够使海冰减少对太阳辐射的吸收，从而增加海冰的厚度，延缓海冰的融化过程。浮在海面上的"雪冰"使波浪减少，有利于海冰生成；大量的降雪增加海冰的凝结核，使其容易结冰。

水温对海水结冰的影响表现在相同气温条件下，水温高的海区降至冰点的时间会慢一些。比如塘沽和大连两地，塘沽附近每年都结冰，而同一纬度上的大连则较少结冰，甚至塘沽气温比大连气温高时，塘沽的冰情也比大连的重。例如，1969年渤海冰封时，大连海面仅有少量的流冰，造成这种情况的原因之一，就是因为大连的水温比塘沽水温偏高所致。

除了水文气象条件外，盐度、深度以及河口含沙量的多少对海水结冰也影响较大。它们一方面能加剧海水的混合，延长表层海水温度达到冰点的时间；另一方面又使得冰晶难以形成，从而延缓海水的结冰过程。

#### 4.1.3.2 海冰发生的时间和空间特征

天津海域每年都有不同程度的结冰现象。一般年份初冰期开始于12月上旬，终冰期为翌年的3月上旬，冰期大约为3个月。

天津海域一般只有少量的固定冰，宽度0.1~0.3 km，而在个别河口固定冰宽度为1.5~2.5 km，平均厚度20 cm左右，最大冰厚为50 cm左右。

#### 4.1.3.3 天津海冰灾害状况

历史上天津海域发生过多次海冰灾害，给沿海经济活动带来灾难，不过由于全球气候变暖，近 40 年来，除 1966 年、1969 年和 1980 年出现严重海冰灾害，给天津交通运输、石油开采带来巨大损失外，其他年份基本没有发生大的海冰灾害。

以 1969 年海冰灾害为例，据不完全统计，2 月 5 日至 3 月 6 日期间，进出天津港的 123 艘客货轮中，有 7 艘被海冰推移搁浅，19 艘被海冰夹住不能航行，25 艘在破冰船解救下始得进港；"若岛丸"等 5 艘万吨货轮，在航行中螺旋桨被冰碰坏；还有 2 艘分别被冰挤压得船体变形或货舱进水。位于渤海湾的海上石油探井封井，"海一井"平台支座的拉筋全部被冰割断，"海二井"石油平台被冰推倒海中，位于天津港码头横堤口附近的观测平台也被海冰推倒。

## 4.2 海洋地质灾害

天津市所辖海域的地质灾害主要是地面沉降，以及活动断层、浅层气、埋藏三角洲前缘和水下沙脊等地质类型可能引起的潜在地质灾害。

### 4.2.1 地面沉降

#### 4.2.1.1 概况

根据 2001 年《政府间气候变化专业委员会（IPCC）第三次评估报告》，20 世纪由于全球气候变暖导致全球海平面平均以 1 ~ 2 mm/a 的速度上升。该报告还根据温室气体的不同排放情况预测，全球海平面高度在 1990—2100 年期间将上升 9 ~ 88 cm。全球加速上升的海平面与区域构造沉降、沉积层压实、人为地面沉降相叠加，使包括天津市沿海在内的中国若干三角洲和滨海平原相对海平面大幅度上升。近 50 年来，中国沿海海平面平均上升速率为 2.5 mm/a，略高于全球海平面上升速率；与 2000 年相比，2003 年天津沿海海平面上升幅度最大，达 25 mm；到 2013 年，天津沿海海平面比 2003 年平均海平面高 57 mm。

相对海平面上升是一种缓发性累进型海洋灾害，其形成原因复杂，危害比较大。20 世纪以来，天津滨海地区相对海平面上升幅度比较大，除了全球海平面上升因素外，区域构造沉降、沉积层压实，尤其是超采地下水引起的地面沉降是造成本区相对海平面大幅度上升的主要原因。

#### 4.2.1.2 地面沉降的形成因素

（1）区域构造沉降和沉积层压实因素

天津沿海地区坐落在新华夏构造体系的黄骅坳陷构造带上，自晚新生代以来，地壳长期处于下沉状态，沉积厚度达数千米，其中可压缩性土层占 60% 以上。根据王若柏等的研究，天津滨海地区由于区域构造活动和地层压缩作用产生的地壳沉降速率一般达到 2.0 mm/a 左右。

（2）人为地面沉降因素

如前所述，天津沿海地区由于长期超量开采地下水，已形成了塘沽区、汉沽区、大港区 3 个沉降中心。尽管 1986 年以来天津市"控沉"计划的实施，使地面沉降的恶性发展势头得到控制，但是，2002 年天津沿海大部分地区地面沉降速率仍达到 25 ~ 35 mm/a，远远高于

2.5 mm/a 这一全国平均海平面上升速率。可见，人为地面沉降是导致天津沿海地区相对海平面大幅度上升的主要原因。

### 4.2.1.3　天津市地面沉降状况

天津市地面沉降状况依然严峻，由于严重超采地下水，天津市沿海地区普遍发生地面下沉，并形成了塘沽区、汉沽区、大港区等沉降漏斗。据专家推算，天津市地面沉降速率维持在15～20 mm/a，1959—2002 年塘沽区和汉沽区沉降中心最大累积沉降量分别达到 3.18 m 和 3.0 m，使得风暴潮灾害加重。

### 4.2.2　潜在地质灾害

据天津市"908 专项"的近海海洋综合调查结果显示，天津海域存在活动断层、浅层气、埋藏三角洲前缘和水下沙脊四种地质类型。这些地质类型各有自己的特点，其中活动断层具有时间新、活动性强的特点；浅层气具有分布广泛，形状复杂，延展宽度由数十米至数千米不等的特点；埋藏三角洲前缘具有沉积速率高、沉积构造复杂、沉积结构坡降大且不稳定的特点；水下沙脊具有沉积速率高、沉积构造复杂、沉积结构坡降大且不稳定的特点。这些地质类型的存在，极有可能引发地震、断层、火灾、滑坡等地质灾害，将给海上构造物、海底管道、人员构成安全隐患，也必将导致巨大的经济损失，严重威胁滨海新区的安全。

## 4.3　海洋生态灾害

天津海域生态灾害主要为赤潮灾害，物种入侵在天津海域较少发生，在这里不再赘述。

### 4.3.1　赤潮的概念[①]

赤潮系指海洋中某一种或多种海洋浮游生物在一定环境下暴发性繁殖或聚集而引起的一种能使局部水体改变颜色的有害生态异常现象。

赤潮大多数发生在近岸、内海、河口、港湾或外海有水团交汇或上升流的水域，成因多与水体富营养化有关。其颜色可以呈现为红色、红褐色、灰褐色、黑褐色、棕黄色、白色、蓝绿色等，有些赤潮如膝沟藻、裸甲藻等引起的赤潮可无颜色。赤潮一般可分为有毒赤潮和无毒赤潮两类。

### 4.3.2　赤潮的危害

赤潮的发生会给所在海域带来一系列危害。在起始阶段，藻类通过光合作用消耗掉水体中大量的二氧化碳，使得水体环境变成碱性。一般而言，海水中的 pH 值通常在 8.0 ～ 8.2 之间，赤潮发生时，水体 pH 值可升高到 8.5 以上，有的 pH 值甚至可达 9.3。pH 值增大会影响各类海洋生物的生理活动，导致种群结构的改变。在发展和维持阶段，赤潮生物能够阻挡阳光，降低水体透明度，导致深层水草、造礁珊瑚和生活于水草中的海洋动物大量死亡，底层生物量锐减。在消亡阶段，赤潮生物大量死亡分解，还会产生甲烷、硫化氢等有毒恶臭物，

---

①　赵冬至等，中国典型海域赤潮灾害发生规律，2010。

使水体发臭变质，引起腐败现象，致使鱼、虾、贝类受到致命威胁，海洋生态系统也可能因此而破坏。此外，部分以胶状群体生活的赤潮藻，可吸附于鱼类、贝类的鳃上，使海洋动物呼吸和滤食活动受损，致使大量的海洋动物窒息死亡。很多赤潮生物，尤其是甲藻门的种类，体内或代谢产物中，含有生物毒素，能直接毒死鱼、虾、贝类，且生物毒素在海洋生物体内积累后，能够沿食物链上传，对人类生命构成致命威胁。

### 4.3.3　赤潮形成的因素[①]

赤潮是一种复杂的生态异常现象，其发生机理比较复杂，目前尚无定论。但有些因素对赤潮的发生具有显著影响。

（1）海水化学成分

随着经济的高速发展和沿海地区人口的膨胀，工业废水、生活污水和地表径流将大量陆源污染物质排入海洋，海洋遭受严重污染，造成海域的富营养化。海水中大量氮、磷、微量元素和有机营养物质的增加，为赤潮生物快速生长繁殖提供了充足的物质基础。

（2）水文因素

天津海域所处的渤海湾为内海海湾，水体流动较弱，波浪和潮差小，自身水体交换异常缓慢。据专家估计，整个渤海湾海水的循环周期为 40～200 年。另外，随着天津滨海新区被国务院纳入国家发展规划，天津近岸海域围填海规模空前，导致海水动力条件减弱，自身纳污净化能力受到限制，为赤潮的发生提供了必要的水文环境。

（3）气象因素

气温、降水、风速等气象因素对赤潮发生具有显著的影响。一般海水水温 20～30℃为赤潮发生的适宜温度。其中，夜光藻赤潮的适宜水温为 20～22℃，其种群密度在水温高于 20℃时随水温上升而增加；当水温超过 25℃时则随水温而迅速降低；当超过 26.5℃时，一般只是零星出现。1 周内突然水温升高大于 2℃，就有发生赤潮的可能。监测资料表明，赤潮发生时，海域多处于干旱少雨，天气闷热，水温偏高，风力较弱，或者潮流缓慢的环境状态下。

总之，渤海特殊的水文和气候气象条件是赤潮发生的主要因素，人类不合理的生产、排污活动则为赤潮生物的暴发提供了充足的营养物质。在有赤潮生物存在的海域，在高温、闷热、无风的条件下，当营养物质浓度、海水理化性质和局部水文气象条件耦合到一个适合的阈值时，赤潮生物便开始暴发性繁殖和聚集，导致赤潮灾害的发生。

### 4.3.4　赤潮灾害状况[②]

自 20 世纪 70 年代以来，天津海域共发生赤潮事件数十起；进入 21 世纪，赤潮发生频率有增加的趋势（表 4.3－1）。其中 2004 年发生赤潮 2 次，第一次发生在 5 月底，一直持续到 6 月下旬，此次赤潮覆盖海域面积约 700 km²，而且具有毒性，从发生规模到持续时间都属于多年不遇；第二次赤潮，发生在 7 月 5—8 日，面积约为 20 km²，与第一次赤潮相比，面积较小，持续时间短。2005 年天津近岸海域发生赤潮 1 次，主要赤潮种类为棕囊藻，赤潮异弯藻、微型原甲藻等多种赤潮生物。从 6 月 1 日开始，10 日之后逐渐消退，面积约 750 km²，

① 国家海洋信息中心，天津市"908 专项"天津市海洋资源环境可持续利用综合评价报告，2008。
② 赵冬至等，中国典型海域赤潮灾害发生规律，2010。

无贝毒毒素检出，未造成直接经济损失。2006年天津海域发生3次影响较大的赤潮。赤潮发生次数较上年增加，累计面积增大。2007年天津海域共发生赤潮3次。赤潮发生次数与上年相同，累计面积有所减少。赤潮主要影响到沿岸海水养殖及海洋捕捞。

表4.3-1　天津海域赤潮事件

| 发生海域 | 发生时间 | 面积/km² | 优势藻种 |
|---|---|---|---|
| 天津港防波堤外至2号灯标之间的南北海域 | 2001.5.31 | 0.00 | 圆筛藻 |
| 天津港东突堤以东海域的港池及航道 | 2001.6.2~3 | 0.00 | 圆筛藻 |
| 天津新港船厂附近海域 | 2002.7.14~21 | 5.00 | 微型原甲藻 |
| 塘沽海河船闸至海河口 | 2002.7.4~5 | 2.00 | |
| 天津大沽锚地以西海域移动到大沽锚地以东海域 | 2003.7.2~8 | 100.00 | |
| 天津塘沽东侧 | 2004.5.31 | 8 | 中肋骨条藻 |
| 塘沽驴驹河赤潮监控区和天津港附近海域 | 2004.6.3 | 500 | 裸甲藻（毒） |
| 天津塘沽附近海域 | 2004.6.11 | 2 500 | 三宅裸甲藻（毒） |
| 天津海滨浴场以东 | 2004.6.12 | 2 | 赤潮异弯藻（优势种）、米氏凯伦藻（伴生） |
| 天津塘沽附近海域 | 2004.6.15 | 5 | 红色中缢虫 |
| 天津驴驹河及大沽锚地 | 2004.6.15 | 15 | 红色中缢虫 |
| 天津驴驹河赤潮监控区 | 2004.6.21 | 10 | 红色中缢虫 |
| 大沽锚地 | 2004.6.21 | | 红色中缢虫 |
| 天津港、大沽锚地及捞鱼尖附近海域 | 2005.6.2 | 1 017 | 裸甲藻sp（有毒） |
| 天津港南侧 | 2006.6.4 | 2~3 | |
| 天津驴驹河赤潮监控区 | 2006.6.26 | 约60 | 赤潮异湾藻 |
| 天津附近海域 | 2006.8.8~11 | 600 | 夜光藻 |
| 天津驴驹河赤潮监控区及毗邻海域 | 2006.10.8~19 | 200 | 球形棕囊藻 |
| 驴驹河海域 | 2007.5.5 | 130 | 中肋骨条藻 |
| 天津北塘附近海域 | 2007.10.16 | 约30 | 球形棕囊藻 |
| 北塘、汉沽附近海域 | 2007.11.10 | 约80 | 浮动弯角藻 |
| 北塘、汉沽附近海域 | 2007.11.12 | 约40 | 浮动弯角藻 |
| 天津塘沽东南约40 km处 | 2009.5.31 | 700 | |
| 天津港航道以北至汉沽近岸 | 2009.8.1 | 300 | 中肋骨条藻 |

## 4.4　人为灾害

天津海域人为灾害主要是溢油灾害。海上溢油灾害主要是海上作业和航行过程中的溢油造成的海上污染灾害。海上溢油，一方面直接污染海水，另一方面漂浮在海面的油体，阻挡了海洋与大气之间的物质和能量交换，造成海水的"沙漠化"，使海洋生物窒息死亡。天津海域发生的海上溢油灾害比较频繁，其中2002年发生的溢油事件较为严重。

2002年11月23日，凌晨4时8分，英费尼特航运有限公司所属马耳他籍"塔斯曼海"油轮与大连旅顺顺达船务有限公司所属"顺凯 1 号"货轮，在天津大沽口东部海域约 23 n mile 处发生碰撞，"塔斯曼海"轮所载 205.924 t 文莱轻质原油入海，造成附近海域严重污染。

## 4.5　海洋灾害对天津滨海地区社会经济的影响及防治对策

随着天津滨海新区被纳入国家发展战略，滨海新区建设和海洋经济活动广泛展开，海洋灾害对天津滨海地区社会经济的影响也日趋严重，有必要采取有效的防灾减灾措施，以使海洋灾害对滨海地区社会经济的影响最小化。

### 4.5.1　海洋灾害对天津滨海地区社会经济的影响

（1）风暴潮

天津沿海地区是天津市现代化经济新区，区内有港口、油田、开发区和众多大型企业，盐业、水产养殖业发达，因而海洋灾害的直接经济损失和影响非常大。如 1992 年 9 月 1 日，受 16 号热带风暴影响，天津沿海遭受了严重的风暴潮侵袭，造成新港码头和仓库进水，道路、桥梁被冲，盐场、虾池被毁，万户居民受淹，直接经济损失近 4 亿元。此外，由于海水对泄洪河水的顶托和对滨海平原的入侵，风暴潮还加重了本区的洪涝灾害和土壤盐渍化程度，使当年农作物大面积减产。

（2）相对海平面上升的影响

相对海平面上升对沿海地区生态环境的影响是不容低估的。相对海平面上升将对港口与码头工程、海堤与防潮闸工程以及河道、河堤等防洪工程设施产生直接而长远的影响，同时，也会加大城市防洪与排涝困难，使风暴潮灾害和洪涝灾害加剧。另一方面，随着海平面上升，一是加大了海水入侵强度，使沿海地下淡水层咸化，增高地下水矿化度，使土壤发生次生盐渍化；二是造成岸滩破波点上移，其结果是高潮滩变窄、沉积物粗化，进而使滩面消浪和抗冲能力减小，引起海岸侵蚀；三是将淹没大片滨海湿地，破坏自然生态保护区和赖以存在的旅游和生物等资源，也使沿岸生态系统改变，生态环境恶化。

（3）赤潮灾害的影响

天津海域是赤潮的多发区。赤潮的发生，不仅使天津的海洋渔业、海水养殖业受损，同时还破坏了海洋生态系统的平衡，引起海洋环境变异，另外，赤潮还能间接引起食物中毒，危及人类健康。

（4）海冰灾害的影响

海冰灾害的发生，摧毁石油平台、造成海上运输受阻。1969 年的海冰灾害，有数十艘船只被海冰夹住，不能主动航行，随冰漂移，其中有的搁浅，有的被海冰挤压，船体变形，舱室进水，有的螺旋桨被海冰碰坏，以致渤海的交通运输处于严重瘫痪，甚至造成人员伤亡，给国家造成的直接经济损失近亿元，间接经济损失数亿元。

（5）其他灾害的影响

天津海域的海浪灾害、地质灾害及人为灾害的发生相对较少，对天津滨海地区社会经济的影响也较小。

### 4.5.2 海洋灾害的防治对策

（1）加强对海洋灾害的研究和预报，建立和完善海洋灾害预报服务系统

海洋灾害一旦发生，将给天津沿海地区的社会经济带来巨大的危害，及时准确的海洋灾害预报，在防灾减灾工作中起着关键作用，也会减小对社会的危害程度。因此，必须加强对海洋灾害的科学研究，寻求海洋灾害发生的规律，采取应对措施。

首先，引进新方法、新技术，进一步增加对海洋环境预报的投入，要加强和完善海洋台站观测及浮标观测系统，收集可靠准确的海洋信息资料。随着计算机应用和观测技术的发展，特别是遥感技术的应用，传统的方法在海洋环境与灾害数据时空处理上均已无法满足现实的需要。充分利用RS、GIS和GPS等技术，及时监控海洋动态变化过程，对可能带来灾害的风暴潮等提前发出预报，使滨海新区政府和居民有所准备，尽可能减小灾害损失。对海洋环境做出适时监测，定期发布沿海环境质量报告，对有可能发生赤潮的地区进行重点监测和预报，并提出防治策略，减小赤潮发生的几率。

其次，要建立完善的海洋灾害资料数据库系统，为海洋灾害研究、防灾减灾提供信息服务。多年来，科研人员在海洋灾害的预测、防灾、抗灾、救灾以及灾害调查等方面做了大量的工作，积累了丰富的资料，获得了一批研究成果，建立了海洋灾害资料数据库，使分散的资料系统化、规范化，为制订防灾、救灾措施提供了可靠的依据。

另外，要加强海洋灾害发生、发展的机理研究，以及海洋灾害预报技术研究，提高海洋灾害预报能力。

（2）积极开展防灾减灾宣传工作，促进防灾工程建设

海洋灾害要以预防为主，防灾减灾宣传工作也是一项"软性"投入，具有十分重要的现实意义。要普及海洋知识，充分利用广播电台、电视、报刊、网络等传播媒介，使海洋防灾减灾知识家喻户晓；要开展防灾减灾的基本技能训练，对公众、从事海上作业的人员以及沿岸地区与海洋打交道的人员，进行以海洋减灾为基础训练内容的技能培训工作；要对海洋减灾专业人员和领导干部进行减灾决策训练，提高减灾的反应、决策和指挥调度能力。灾后的应急反应也是减轻灾害的关键措施之一，也是防灾工程的重要内容，迅速而准确的反应能大大减轻灾害损失，特别是人员伤亡。

（3）加强和完善海岸带综合管理体制，减少人为海洋灾害的发生

加强海岸带的综合管理体制建设，制订有关法规，避免由于管理不善而增加的人为灾害。

制订海洋总体规划，实施海洋综合管理，做到科学合理地开发利用海洋。沿海滩涂围海造地、海水养殖、工业基地建设等，要根据当地实际情况进行科学论证，统筹规划，合理开发建设，不增加新的沿海脆弱性区域，以便获得更大的综合效益。

加强海洋环境保护工作。近年来，天津海域海洋污染呈上升趋势，形势严峻，加强海洋污染监测、预防、控制和监督，完善海洋污染的综合管理，最大限度地减少海洋污染的发生；同时建立重点海域排污总量控制制度，开展对天津海域的污染治理和保护。

（4）加强海岸带防护工程建设，提高防灾标准

首先，制订统一的海洋灾害划分、调查和评估标准。各种自然灾害之间在时间、空间和成因上存在一定的联系，在滨海沿海，由大风、海浪和风暴潮等共同造成的灾害，其调查和统计是很难分开的，所以制订海洋灾害的调查、划分和评估标准非常必要。

其次，有了统一的标准，在经济发展的同时，要增加防灾工程的投入，提高沿海防护工程的防御能力。高标准的防护工程具有安全的保障，也是天津滨海新区海洋经济建设的基础，还有利于增强沿海抵御自然灾害的能力。

再次，对滨海新区实施的一批投资巨大的资源开发与经济建设项目，其起围高程、地基标高和工程设计标准的确定等，都必须考虑未来数十年、乃至上百年大浪或相对海平面上升因素的影响，避免由于设计上的失误造成不应有的损失和投资浪费。

（5）建立海洋灾害的调查、评估和分析业务

针对天津市主要海洋灾害的特点，对大的海洋自然灾害进行综合性的科学、技术和社会调查，是当前和今后海洋减灾特别急需的工作。当前的重点是有针对性对每种灾害制订出灾后综合考察计划，包括制订一些规范、手册之类的准备工作。除一般性社会调查方法和制度外，应尽量采用遥感技术、通信技术和计算机信息处理技术等。

# 第5章　滨海社会经济①

滨海社会经济重点对天津市滨海社会经济概况、海洋经济及主要海洋产业发展等相关内容进行阐述。

## 5.1　滨海社会经济概况

滨海社会经济概况主要包括社会服务概况、行政区划现状、区域经济发展情况、人口与就业、沿海城镇发展、教育与科技、沿海功能园区等方面的内容，对天津市社会经济发展总体水平进行了分析阐述。

### 5.1.1　社会服务概况

#### 5.1.1.1　社会服务设施

2006年年末天津市共有邮电局所818处，其中滨海三区134处。全年邮电业务总量完成225.9亿元。其中电信业务总量212.32亿元，邮政业务总量13.58亿元。年末长途光缆线路总长度达到2 884.40 km，局用电话交换机总容量619.19万门，公网固定电话用户达到435.76万户。公网电话本地通话量96.86亿次，长途电话通话量11.99亿次，其中国际及港澳台长途电话0.18亿次。年末移动电话用户600.99万户，全年短信业务总量104.35亿条。全年发送邮政函件9 279.46万件，其中特快专递352.32万件。

2006年年末天津市各类金融机构达2 981个，其中，银行类机构2 094个，证券经营公司74个，保险机构458个。天津市金融业完成增加值179.40亿元。

2006年年末天津市共有各类卫生机构2 383个，其中医院、卫生院和社区卫生服务中心472个，卫生防疫、防治机构40个，妇幼保健机构23个。卫生机构拥有床位4.4万张，其中医院、卫生院和社区卫生服务中心4.2万张。天津市卫生技术人员6.2万人，其中执业医师及执业助理医师2.54万人，注册护士2万人。

#### 5.1.1.2　城乡居民生活

2006年天津市城镇单位从业人员人均劳动报酬27 252元。随着提高企业退休人员养老待遇标准和机关事业单位工资改革政策的出台，城市居民人均可支配收入达到14 283元。农村居民人均纯收入7 942元。

居民生活水平继续提高，城市居民人均消费性支出10 548元。居民消费结构向良性变

---

① 天津统计局，天津市"908专项"天津市沿海社会经济调查报告，2008。

化，恩格尔系数为 34.9%。

居民居住条件继续改善，城市居民人均住房建筑面积 26.05 m²，农村居民人均住房面积 26.43 m²，分别比 2005 年提高 1.08 m² 和 0.37 m²。

## 5.1.2　行政区划现状

天津市区域总面积为 1.19×10⁴ km²，南北长 189 km，东西宽 117 km，疆域周长约 1 290.8 km。其中，市辖区面积 7 399 km²，市辖县面积 4 361 km²。现辖 15 个区、3 个县，共有 118 个镇、20 个乡，104 个街道办事处。市辖区中，和平区、河东区、河西区、南开区、河北区和红桥区为中心六区，东丽区、西青区、津南区和北辰区为环城四区，塘沽区、汉沽区和大港区 3 个区为滨海区，此外还有武清区和宝坻区。市辖县包括宁河县、静海县、蓟县 3 个县。

## 5.1.3　区域经济发展情况

### 5.1.3.1　经济发展水平与趋势

2006 年天津市完成地区生产总值 4 359.15 亿元，比上年增长 14.5%，提前 4 年实现了 GDP 翻一番，率先完成了"三步走"战略第二步总量发展目标。按常住人口计算，天津人均地区生产总值达到 41 163 元，增长 11.9%，约合 5 164 美元，比 2003 年的 3 126 美元增加了 2 038 美元，3 年时间跨越两个 1 000 美元台阶。按照世界银行 2002 年标准，天津经济发展已达到上中等收入国家平均水平，在全国 31 个省（自治区、直辖市）中，成为继上海、北京之后第三个人均 GDP 达到 5 000 美元以上的地区。

财政收入快速增长。2006 年，天津市财政收入突破 900 亿元，达到 926.33 亿元，比上年增加 200.52 亿元，一年跨越两个百亿元台阶，增速为 27.7%，占天津生产总值的比重达到 21.3%，比上年提高 1.7 个百分点。收入增幅连续 3 年保持在 26% 以上，收入总量 3 年翻了一番，为经济社会发展提供了坚实的财力保障。地方一般预算收入为 417.05 亿元，增长 25.7%。

工业经济效益持续走高。2006 年，天津市规模以上独立核算工业企业完成主营业务收入 8 794.35 亿元，比上年增长 23.4%。实现利税总额突破千亿元，达到 1 003.39 亿元，其中利润 693.00 亿元，增长 25.6%，连续 4 年保持快速增长。天津工业经济效益综合指数达到 240.52，比上年提高 32.82 个百分点。总资产贡献率为 15.48%，比上年提高 1.84 个百分点。资本保值增值率为 115.32%，比上年提高 5.76 个百分点。

三大需求迅速扩大。市场活跃，居民消费跃上新台阶。2006 年天津市社会消费品零售总额完成 1 356.79 亿元，比上年增长 14.0%。消费层次提升，购买力显著增强。城市居民人均消费突破万元，城市居民家庭人均消费性支出达到 10 548 元，增长 9.3%。消费结构发生明显变化，恩格尔系数为 34.9%，比上年下降 1.8 个百分点，城市居民用于服务性消费支出 3 111 元，增长 11.2%，占居民消费性支出的 29.5%，比上年提高 0.5 个百分点。每百户家庭拥有家用汽车达到 4.6 辆，比 2004 年增长了 1 倍，每百户家庭拥有手机 143.7 部，超过每家一部的水平。固定资产投资快速增长，投资结构进一步优化。2006 年全社会固定资产投资完成 1 849.80 亿元，比上年增长 22.0%，净增加投资 332.96 亿元，是历年增加最多的一年。

其中城镇固定资产投资完成 1 709.66 亿元，增长 23.4%。工业优势产业投资力度继续加大，天津工业投资完成 690.34 亿元，增长 29.6%，拉动天津城镇固定资产投资增长 11.4 个百分点，其中六大优势产业共完成投资 451.90 亿元，增长 29.2%，占工业投资比重为 65.5%。能源工业投资得到加强，共完成投资 280.39 亿元，增长 48.0%，占城镇固定资产投资的 16.4%，比上年提高 2.7 个百分点。服务业投资保持较快增长，全年完成 1 004.45 亿元，增长 20.0%，占天津城镇投资的比重为 58.8%，其中交通运输、仓储、邮政业投资增长 21.5%，房地产业增长 22.0%，水利、环境、公共设施管理业增长 21.8%。重点大项目建设得到加强。全年投资在 10 亿元以上的大项目共完成投资 746.94 亿元，增长 51.3%，有力地拉动了天津城镇整体投资的增长。对外贸易规模迅速扩大，进出口总额 3 年翻一番。2006 年天津外贸进出口总值突破 600 亿美元，达到 645.73 亿美元，增长 21.0%，连续 5 年保持在 20% 以上快速增长，比 2003 年增长 1.2 倍，翻了一番多。出口和进口均跃上 300 亿美元台阶，分别达到 335.40 亿美元和 310.33 亿美元，比上年增长 22.3% 和 19.5%。实现贸易顺差 25.07 亿美元，是历史上最多的一年。机电产品和高新技术产品出口增长快速。天津机电产品出口 234.7 亿美元，增长 26.4%，占天津出口的 70%。高新技术产品出口 154.3 亿美元，增长 23.7%。百强企业出口实力雄厚，合计出口 242.37 亿美元，增长 22.3%，占天津出口的比重为 72.3%。外贸出口的大幅度增加，保持了对天津经济的拉动力。

利用外资向优势产业和新领域集中。2006 年，天津市实际直接利用外资合同金额 81.12 亿美元，增长 10.8%；实际到位 41.31 亿美元，增长 24.1%。利用外资朝向服务业、新能源等不断集中。全年服务业合同利用外资 42.59 亿美元，增长 40.7%，占天津合同利用外资额的比重达到 52.5%，比上年提高 11.2 个百分点；实际到位达到 14.43 亿美元，增长 82.7%，增幅快于制造业 73.5 个百分点。新能源领域成为引资新亮点。风力发电、海水淡化、工业气体、新型电池等一批新能源项目落户津门。

存贷款规模继续扩大。截至 2006 年末，天津市金融机构（含外资）本外币各项贷款余额 5 415.72 亿元，增长 14.2%，比年初增加 780.14 亿元，比上年多增 131.20 亿元。年末天津金融机构（含外资）本外币各项存款余额 6 839.20 亿元，增长 12.2%，比年初增加 854.52 亿元，其中储蓄存款 2 922.70 亿元，当年增加 349.68 亿元，比上年多增 27 亿元。

### 5.1.3.2　产业结构特征与变化

2006 年，天津市三次产业结构比为：2.7∶57.1∶40.2。第一产业基本稳定，第二产业比重比 2000 年提高 6.3 个百分点，第三产业比重比 2000 年下降 4.7 个百分点。

第二产业推动力最强，增速最快。2006 年，天津第二产业完成增加值 2 488.29 亿元，增速为 17.7%，高于 GDP 增速 3.2 个百分点，占天津 GDP 的比重达到 57.1%，比 2000 年提高了 6.3 个百分点。其中，规模以上工业完成工业增加值 2 443.84 亿元，完成工业总产值 8 527.70 亿元，以高新技术产业为引领、优势产业为支撑的格局逐渐形成，对天津经济的带动作用更加显著。2006 年，天津高新技术产业产值完成 2 713.01 亿元，增长 24.3%，占天津工业的比重达到 31.8%。电子信息、汽车、石油化工、冶金、生物技术与现代医药、新能源及环保六大优势产业完成产值 6 391.60 亿元，增长 27.5%，占规模以上工业的比重达到 74.9%，比上年提高 1.2 个百分点，对工业增长的贡献率为 80%。重点工业产品保持较快增长。全年天然原油开采 1 943.09 × $10^4$ t，增长 9.0%。水泥生产超过 600 × $10^4$ t，达到

$607.33 \times 10^4$ t，增长 23.9%。成品钢材产量 2 117.51 $\times 10^4$ t，增长 23.2%。无缝钢管产量突破 $200 \times 10^4$ t，达到 216.59 $\times 10^4$ t，增长 21.0%。全年轿车产量突破 40 万辆，达到 41.03 万辆，增长 26.0%。移动电话机产量突破 1 亿部，达到 1.01 亿部，增长 48.3%。

第三产业始终保持稳定较快增长，从 2001 年到 2006 年连续 6 年保持了 11% 以上的增长速度。2006 年，天津第三产业增加值完成 1 752.63 亿元，增长 11.1%，占 GDP 的比重为 40.2%。交通运输、仓储、邮政业、房地产业稳定发展，批发零售业、住宿餐饮业和金融业增幅较高。全年交通运输、仓储和邮政业完成增加值 252.86 亿元，比上年增长 6.8%。全年实现全社会货运量 4.28 $\times 10^8$ t，增长 6.5%；客运量 5 670 万人，增长 21.2%。滨海国际机场货邮和旅客吞吐量快速增长，分别达到 9.68 $\times 10^4$ t 和 276.65 万人次，比上年增长 20.7% 和 26.1%。全年港口吞吐量达到 2.58 $\times 10^8$ t，比上年增长 7.0%；集装箱吞吐量完成 595 万标准箱，比上年净增 115 万标准箱，增长 23.9%。邮电业务总量 227.79 亿元，增长 29.2%。批发和零售业增加值完成 468.12 亿元，增长 11.2%。批发零售贸易业购销总额达到 1.3 万亿元，全年销售额超亿元的大型商业企业已达 501 家。住宿餐饮业增加值完成 79.41 亿元，增长 10.5%。旅游休闲餐饮市场火爆，成为服务业发展中的新亮点。金融业增加值完成 186.87 亿元，增长 11.9%，信贷规模进一步扩大。房地产业增加值完成 160.72 亿元，增长 7.3%。商品房销售面积达到 1 458.60 $\times 10^4$ m$^2$，实现销售收入 696.27 亿元，分别增长 4.0% 和 21.2%。

## 5.1.4　人口与就业

### 5.1.4.1　人口

#### 1）人口数量变化及其影响因素

解放以后，天津城市规模不断扩大，人口总量从 1949 年的 402.54 万人增加到 2005 年的 1 042.53 万人，增长了 2.59 倍，天津总面积为 11 919.70 km$^2$，逐渐发展成为区域经济中心。

回顾天津市人口增长的总体情况，可以将其形成和发展的过程划分为以下 5 个阶段。

第一个阶段为 1949—1960 年，是人口规模大幅度增长的阶段，此间 1952 年到 1958 年为新中国成立后的第一次生育高峰，这阶段人口总量年平均增长率达到 3.43%，成为各阶段人口增幅之首。

第二个阶段为 1961—1977 年，是人口总量增长趋势在起伏中缓慢下降的阶段，此阶段的人口总量的年平均增长率为 1.18%。

第三个阶段为 1978—1990 年，是人口在一定程度上得到有效控制的时期，同时也是人口总量增长回升的阶段，年均增长幅度达到 0.57%。

第四个阶段从 1991—2004 年，是人口增长进入后人口转变时期，人口总量持续增长，增长速度趋缓。2004 年天津常住人口达 1 023.67 万人，与 1990 年相比增加了 145.13 万人，增长 16.52%，人口年增长率为 0.57%；比第三个阶段的人口年均增长率下降了 0.57 个百分点。

第五个阶段从 2005 年至目前，人口总量进入了一个新的发展期，随着天津经济的快速发展和滨海新区的开发开放，近年来，天津逐渐吸引了大量的外来人口，到 2006 年年底，天津常住人口达到 1 075 万人，比 2004 年增加了 51.33 万人，增幅达到 5.01%，年均增速达到

2.68%，仅次于第一阶段的年均增长幅度。表明天津在今后一个时期将进入人口发展的一个上升期。

2）人口的性别、年龄构成状况

（1）人口性别比的变化

人口性别构成是人口的基本特征之一，一般认为总人口性别比合理的区间值在 90～105 之间。综观 5 次人口普查的数据可以看出（表 5.1-1），除 1953 年第一次人口普查，天津市人口性别比高于合理值，此后的四次普查均在合理值范围内，说明天津人口性别比仍较为均衡。

表 5.1-1　5 次人口普查性别比

| 年份 | "一普" 1953 年 | "二普" 1964 年 | "三普" 1982 年 | "四普" 1990 年 | "五普" 2000 年 |
|---|---|---|---|---|---|
| 性别比（女＝100） | 112.45 | 105.12 | 103.13 | 103.62 | 103.99 |

天津市总人口性别构成变化主要有两个特征：一是变化稳定。1982 年第三次人口普查时，天津市总人口的性别比为 103.13，到达最低值；1990 年第四次普查时为 103.62，比 1982 年仅提高了 0.49；2000 年第五次普查时为 103.99，比 1990 年提高了 0.37。总人口性别比的变化幅度减少。二是比值较低。除 1953 年第一次人口普查天津市人口性别比高于同期全国平均水平（107.56）5.54 以外，此后的 4 次普查均显示出，天津市的人口性别比低于全国平均水平，其中，1982 年的第三次人口普查低于全国平均水平 3.17。20 世纪 80 年代以后，天津市总人口性别构成开始逐年回升，并维持在较为标准的人口性别比范围内。2000 年第五次普查时达到 103.99，低于全国平均水平 2.75。

（2）人口年龄分布、结构及其特征

人口年龄构成是指某一人口群体在某一时点上的年龄分布状况，是分析研究人口发展规模和速度的重要指标，不同的年龄结构会对社会经济产生不同的影响。根据 5 次人口普查和两次人口简易普查数据分析（表 5.1-2），天津年龄结构的变化分为以下 3 个阶段。

表 5.1-2　各年龄组人口状况

| 年份 | 合计（万人） | 各年龄组人口数/万人 | | | 各年龄组人口占总人口比重/% | | |
|---|---|---|---|---|---|---|---|
| | | 0～14 岁 | 15～64 岁 | 65 岁及以上 | 0～14 岁 | 15～64 岁 | 65 岁及以上 |
| 1953 | 449.63 | 160.69 | 268.19 | 20.75 | 35.74 | 59.65 | 4.61 |
| 1964 | 620.74 | 267.66 | 327.68 | 25.4 | 43.12 | 52.79 | 4.09 |
| 1982 | 776.41 | 187.75 | 545.36 | 43.3 | 24.18 | 70.24 | 5.58 |
| 1990 | 878.54 | 199.48 | 622.27 | 56.79 | 22.71 | 70.83 | 6.46 |
| 1995 | 940.51 | 203.46 | 660.43 | 76.62 | 21.63 | 70.22 | 8.15 |
| 2000 | 1 000.91 | 167.46 | 749.61 | 83.84 | 16.73 | 74.89 | 8.38 |
| 2005 | 1 042.53 | 131.36 | 810.27 | 100.9 | 12.60 | 77.72 | 9.68 |

第一阶段：20 世纪 70 年代以前，为少年人口增长期。0～14 岁组少儿人口规模和占总人

口比重均呈上升趋势。

第二阶段：20世纪70年代至20世90年代中期，为少年人口波动下降，老年人口逐步上升阶段。进入20世纪90年代后，天津人口开始进入老龄化初期阶段。

第三阶段：20世纪末至目前，少年人口不断减少，劳龄人口和老年人口继续增加，步入老龄化社会阶段。到2005年人口年龄结构老化程度进一步加剧。10年来天津65岁及以上老年人口规模增长了31.69%，与同期常住人口增长10.85%相比，高了20.84个百分点。老年人口的增长速度大大快于天津常住人口的增长速度，显示出天津老龄化程度在进一步加剧。

### 5.1.4.2 就业

1）就业人口的城乡分布

城镇地区和乡村地区就业人口的规模与该地区总人口规模有着直接的关系。

2005年天津就业人口中，城镇就业人口为312.76万人，占天津就业人口的57.65%；乡村就业人口为229.76万人，占天津就业人口的42.35%。与2000年相比，城镇就业人口5年间共增加16.15万人，年均增幅为1.07%，低于天津就业人口2.19%的年均增长速度；乡村就业人口增加了39.48万人，年均增幅达3.84%，高于天津就业人口年均增长速度。

2）就业人口的产业特征

1990年以来天津市加快了改革开放的步伐，产业结构调整继续深化，就业结构得到显著改善，劳动力的流动较为活跃。2005年天津第一产业就业人口为81.79万人，占天津就业人口的15.08%；第二产业就业人口为227.38万人，占41.91%；第三产业就业人口为233.35万人，占43.01%。三次产业的就业结构为15.08∶41.91∶43.01。第三产业就业人口在总量和结构上都超过了第二产业，成为吸纳劳动力就业的重要渠道，为拉动就业增长发挥了重要作用。

## 5.1.5 沿海城镇发展

### 5.1.5.1 城镇分布特征

沿海地区城镇化水平最高。天津市各区县城镇化水平呈现以市中心为核心，向外扩散性递减的趋势，除市中心外，沿海地区（塘沽、汉沽、大港三区）的城镇化率最高，发展速度也快于天津平均水平。2005年沿海地区的城镇人口为128.83万人，城镇化率达到97%的水平，与2000年相比，城镇人口增加了22.78万人，城镇化率提高4.1个百分点。沿海三区城镇化水平的快速提高与其地理位置和经济的高速发展有着直接关系。

### 5.1.5.2 城镇结构特征

城镇规模不断扩大。一个城市行政建制的变化决定着城市化的进程。至2005年，天津设置的街道办事处共有101个，镇政府有120个，乡政府仅有20个。沿海地区已全部是城镇建制，有20个街道办事处和8个镇政府。与2000年相比，天津街道办事处和镇政府数量均在增加，分别增加了10个和6个；乡政府减少的数量达到78个。表明天津社会经济发展对城镇水平的提升起到积极促进作用。

城市化水平不断提高。1982年天津城市化水平为68.7%，1990年是69.56%，到2000年达到71.99%，此后保持持续上升，到2005年已达75.11%。从1982年到2000年18年的时间，城市化水平仅增长了3.29个百分点，从2000年到2005年仅用了5年时间，增长了3.12个百分点，呈现加速增长态势，显示出近年来天津城镇化进程进入快速增长阶段。1982—2005年间，城镇人口从533.36万人增至783.06万人，增长46.8%；同期天津总人口从776.41万人增加到1043万人，增长34.3%，其中，在2000—2005年间，在总人口增长4.2%的同时，城镇人口增长了8.67%。城镇人口的增长速度要远远快于总人口的增长速度。

## 5.1.6 教育与科技

### 5.1.6.1 教育基础条件

1）各种文化程度人口规模状况

2005年，天津市接受过各种程度教育的人口共有945.51万人，比2000年增加49.68万人，年平均增长速度为1.09%。在各种受教育人口中，具有大学专科及以上文化程度的为139.92万人，占6岁及以上人口的14.02%；具有高中（含中专）文化程度的209.86万人，占21.03%；具有初中文化程度的377.79万人，占37.86%；具有小学文化程度的217.94万人，占21.84%。

2）平均受教育年限明显增加

2005年人口抽样调查结果显示，天津市6岁及以上人口的平均受教育年限为9.42年，与2000年人口普查时的8.93年相比，增加了0.49年。这一变化，说明天津6岁及以上人口的平均受教育年限已达到了高中阶段。

### 5.1.6.2 科技发展条件

2006年天津市科技领域的各项指标均保持稳定增长，其中科学研究与试验发展经费（以下简称R&D）投入大幅度提高，科技发展综合实力显著增强。

1）科技队伍壮大，科技人员素质提高

2006年天津市从事科技活动的人员为9.91万人，比2005年增加0.71万人，增长7.7%。其中，科研院所科技活动人员为0.97万人，减少2.3%；高等院校科技活动人员为1.35万人，增长8.7%；各类企业科技活动人员为7.43万人，比上年增长8.6%。科研院所、高等院校、企业科技活动人员占天津科技活动人员总数的比重分别为9.8%、13.6%和75.0%。

科技活动人员中科学家和工程师为6.90万人，比上年增加0.67万人。其中，科研院所为0.64万人，减少2.1%；高等院校为1.15万人，增长10.2%；各类企业为4.98万人，比上年增长12.4%。科学家和工程师占科技活动人员比重为69.7%，比上年增长2个百分点，企业科技人员素质进一步提高。

2）科技投入增加，R&D 经费投入占 GDP 比重大幅提高

2006 年天津市科技活动经费支出总额为 212.34 亿元，比上年增长 27.2%。其中，科研院所科技活动经费支出 16.35 亿元，减少 18.5%；高等院校支出 16.14 亿元，增长 19.4%；各类企业支出为 175.74 亿元，增长 33.8%；其中，大中型工业企业支出为 125.90 亿元，增长 34.4%。科研院所、高等院校、企业科技活动经费支出占经费总支出的比重分别为 7.7%、7.6% 和 82.8%。

在发明专利申请中，科研院所为 111 件，比上年增长 54.2%；高等院校为 861 件，增长 19.6%；各类企业为 1 483 件，比上年减少 37.2%。科研院所、高等院校、企业发明专利申请数占天津发明专利申请总数的比重分别为 4.5%、34.7% 和 59.8%。

天津市 R&D 总支出为 95.24 亿元，比上年增长 30.6%。其中基础研究经费支出为 3.49 亿元，比上年增长 25.2%；应用研究经费支出为 17.18 亿元，增长 74.1%；试验发展经费支出为 67.64 亿元，增长 26.6%。基础研究、应用研究、试验发展经费支出所占比重分别为 4.0%、19.4% 和 76.6%。分部门来看，科研院所 R&D 经费支出 9.82 亿元，增长 7.0%；高等院校支出 13.42 亿元，增长 22.6%；各类企业支出为 70.43 亿元，增长 35.1%。其中大中型工业企业支出为 49.11 亿元，比上年增长 27.8%。在天津 R&D 总支出中，科研院所、高等院校、企业支出的比重分别为 10.3%、14.1% 和 74.0%。企业所占比重比上年提高了 2.5 个百分点，企业技术创新的主体地位逐年稳固。天津 R&D 经费支出占 GDP 比重达到 2.18%，比上年提高 0.2 个百分点。

3）科技成果逐年增长

2006 年天津市共有项目（课题）20 681 项，比上年增长 18.8%。天津发表科技论文数达到 25 044 篇，比上年增长 9.3%；出版科技著作 1 261 种，增长 14.1%。

2006 年天津市专利申请量为 4 456 件，其中发明专利申请为 2 480 件，减少 21.4%；拥有发明专利为 3 068 件，增长 1.8%。科研院所专利申请数为 185 件，比上年增长 39.1%；高等院校为 1 101 件，增长 22.3%；各类企业为 3 131 件，比上年减少 12.8%。科研院所、高等院校、企业发明专利申请数占天津专利申请总数的比重分别为 4.2%、24.7% 和 70.3%。

## 5.1.7 沿海功能园区

天津是我国较早开发开放的东部沿海城市之一，伴随着改革开放，天津市的各类功能园区也在全国较早地发展起来了。天津市现有国家级各类功能园区 3 个，分别是：天津经济技术开发区、天津新技术产业园区和天津港保税区。3 个功能园区功能各有侧重，共同成为天津改革开放的排头兵，在各自方面对天津的改革开放起到了引领作用。

天津经济技术开发区（TEDA - Tianjin Economic - Technological Development Area）于 1984 年 12 月 6 日经中华人民共和国国务院批准建立，为中国首批国家级开发区，享受国家赋予的有关优惠政策，成为致力于吸引国内外投资发展以高新技术产业为主的现代化工业园区。天津经济技术开发区位于天津市东南，距市中心 50 km，紧靠天津新港和塘沽市区，东临渤海，西临京山铁路，南至新港四号路，北至北塘镇。其西面 38 km 有天津国际机场，南面有京津塘高速公路和海河，东南面 2 km 有天津新港；周边自然资源有大港油田和渤海海上油田，有驰名中外的长芦盐田，有储量丰富的煤田和优质陶土，有丰富的地热资源和适于发

展养殖业的 130 km 的海岸线。

天津新技术产业园区是 1991 年 3 月经国务院批准成立的首批国家级高新技术产业开发区之一，规划面积 55.24 km²，位于市区西南部，由华苑产业区、政策区（南开科技园）和辐射区（包括武清开发区、北辰科技工业园、塘沽国家海洋高新技术开发区）组成。

天津港保税区 1991 年 5 月经国家批准设立，是我国北方规模最大，华北、西北地区唯一的保税区。建区 15 年来，保税区以建设服务中国北方的国际物流中心为目标，坚持思路上与时俱进，工作上持之以恒，瞄准国内领先、世界一流，"十五"期间经济总量翻了两番，现代物流、国际贸易和工业加工三大产业全面发展，主要指标保持年均 30% 以上的增长速度，位居全国保税区前列，在环渤海和中国北方发展中发挥了重要的服务辐射和带动作用。

## 5.2  海洋经济及主要海洋产业发展

21 世纪是全面开发利用海洋资源的世纪。天津作为中国北方最大的沿海开放城市和中央直辖市，搞好海洋资源开发利用，保护海洋环境，加快海洋经济发展，对于完善社会主义市场经济体制、加快实现现代化具有重要意义。

天津位于环渤海地区的中心地带，依托三北，腹地广阔，区位条件优越，天津港已成为我国北方最大的综合性贸易口岸；天津拥有海岸线 153.669 km，所辖海域约 3 000 km²，石油、天然气、海盐等资源丰富，海水中多种化学元素可供开发利用，人文、自然景观各具特色，滨海旅游资源丰富；天津的海洋工业初具规模，形成了油气开采、石油化工和海洋化工三大优势产业，是我国重要的石油开采加工和海洋化工基地；海洋科技实力和研发能力较强，基础设施不断完善。以上条件有机组合，促进了天津海洋经济发展，海洋经济日益成为天津经济新的增长点，海洋经济优势产业正在逐步形成，海洋产业结构不断调整逐步升级，海洋经济发展的巨大潜力正在显现出来。

### 5.2.1  海洋经济总体发展情况

海洋经济是开发利用海洋的各类产业及相关经济活动的总和，主要包括海洋渔业、海洋石油天然气、海盐及海洋化工、海洋船舶、海洋生物医药、海水淡化及综合利用、海洋交通运输和滨海旅游等产业。据国家海洋局核算，2006 年全国海洋生产总值 20 958 亿元，同比增长 13.97%，占国内生产总值比重达 10.01%；天津海洋生产总值 1 368.99 亿元，占天津生产总值的 31.5%，占到全国的 6.5%。分产业看，海洋第一产业 3.49 亿元，占天津海洋生产总值的 0.3%；海洋第二产业 900.9 亿元，占 68.8%；海洋第三产业 464.6 亿元，占 33.9%，其中海洋交通运输业 136.46 亿元，占到海洋第三产业的 29.4%，滨海旅游业 206.99 亿元，占到海洋第三产业的 44.6%。

表 5.2 - 1  天津市海洋经济总体情况统计

单位：亿元

| 指标名称 | 2001 年 | 2002 年 | 2003 年 | 2004 年 | 2005 年 | 2006 年 |
|---|---|---|---|---|---|---|
| 海洋生产总值 | 693.94 | 784.53 | 859.41 | 1 148.3 | 1 220.8 | 1 368.99 |
| 海洋产业增加值 | 358.55 | 416.16 | 440.77 | 555.35 | 650.23 | 753.48 |
| 主要海洋产业增加值 | 322.88 | 375.87 | 395.02 | 503.12 | 590.3 | 684.74 |

表5.2－2 天津市海洋经济三次产业构成

单位：亿元

| 指标名称 | 2001 年 | 2002 年 | 2003 年 | 2004 年 | 2005 年 | 2006 年 |
|---|---|---|---|---|---|---|
| 海洋生产总值 | 693.94 | 784.53 | 859.41 | 1 148.3 | 1 220.8 | 1 368.99 |
| 海洋第一产业 | 2.43 | 2.86 | 3.46 | 3.25 | 3.11 | 3.49 |
| 海洋第二产业 | 397.38 | 429.77 | 522.08 | 735.66 | 780.5 | 900.9 |
| 海洋第三产业 | 294.13 | 351.9 | 333.87 | 409.39 | 437.19 | 464.6 |

## 5.2.2 主要海洋产业

### 5.2.2.1 海洋渔业

随着渔业经济的发展，渔业已不仅仅是满足市民对水产品的需求，渔业作为优势产业更重要的是在发展农村经济、提高农民收入中起到重要作用。近年来，天津根据渔业资源及环境变化，及时调整政策，以优化水产养殖、控制近海捕捞，开拓远洋渔业，稳步拓展水产加工，以着力提升水产品质量为主线，加大渔业结构调整和渔民转产转业力度，海洋渔业呈现出由捕捞向养殖转变、由近海向深海远洋转变、数量型向效益型转变的良性发展趋势。

近年来，天津海洋渔业重点实施"走出去"战略，积极调整捕捞结构，发展远洋渔业。主要是在西南大西洋公海鱿钓渔场、大西洋、印度洋金枪鱼钓等6个渔场作业。截止到2006年，天津沿海已形成规模的渔港共有8个，分别是北塘渔港、东沽渔港、蛏头沽渔港、蔡家堡渔港、大神堂渔港、新马棚口渔港、老马棚口渔港和唐家河渔港，年末渔业机动渔船拥有量759艘，总功率$5.04 \times 10^4$ kW；海洋渔业机动渔船拥有量749艘，总功率$5.01 \times 10^4$ kW。与此同时，天津按照农业部部署，实施近海渔业减船转产计划，拆解渔船，转产渔民，进一步保护了近海渔业资源。2006年年末，天津渔业人口6.58万人，同比减少0.87万人，降幅达到11.68%。其中，传统渔民3.70万人，同比减少1.25万人，降幅为25.2%；渔业劳动力3.69万人，降幅为5.87%。

2006年天津市海洋捕捞量和海水养殖产量分别达到$3.28 \times 10^4$ t和$1.65 \times 10^4$ t，其中，海水养殖产量增长幅度较大，与2003年相比，天津海水养殖产量增长幅度达87.0%。在数量增长的同时，海水养殖也在向工厂化、集约化方向发展，海水育苗、海珍品养殖等特色产业发展速度加快，并初步形成鱼、虾、蟹、贝等多品种育苗格局。到2006年年底，天津具有一定规模的海珍品、南美白对虾、彭泽鲫、滩涂贝类养殖园区共计77处，示范池塘养殖规模达到$6.5 \times 10^4$ hm²，工厂化养殖车间（包括温棚）达到$13 \times 10^4$ m²，滩涂贝类养殖面积达到$1 \times 10^4$ hm²，特别是天津的南美白对虾养殖面积达到$20 \times 10^4$ hm²，成为渔业经济中的一个主导产业和支柱产业。

表5.2－3 天津市2000—2006年海洋渔业分类产值

单位：万元

| 指标名称 | 2000 年 | 2001 年 | 2002 年 | 2003 年 | 2004 年 | 2005 年 | 2006 年 |
|---|---|---|---|---|---|---|---|
| 海洋渔业总产值 | 47 374 | 62 328 | 75 996 | 89 568 | 99 556 | 103 955 | 114 478 |
| 海洋捕捞总产值 | — | — | — | 35 422 | 42 919 | 40 585 | 52 455 |
| 海水养殖总产值 | — | — | — | 46 067 | 47 675 | 45 073 | 43 360 |
| 海洋渔业服务业总产值 | | | | | | | |

续表 5.2 - 3

| 指标名称 | 2000 年 | 2001 年 | 2002 年 | 2003 年 | 2004 年 | 2005 年 | 2006 年 |
|---|---|---|---|---|---|---|---|
| 海洋水产品加工总产值 | 8 645 | 7 966 | 6 720 | 220 | 240 | 260 | 265 |
| 海洋渔业相关产业总产值 | — | — | — | — | — | — | — |
| 海洋渔业机械仪器仪表制造总产值 | 1 001 | 247 | 577 | — | — | — | — |
| 海洋渔绳渔网制造总产值 | 12 187 | 14 415 | — | — | — | — | — |
| 海洋渔用饲料药剂制造总产值 | — | — | — | 505 | 450 | 600 | 612 |
| 海洋渔业批发、零售业总产值 | 26 300 | 38 100 | 41 000 | 37 500 | 44 800 | 38 700 | 48 800 |
| 海洋渔业仓储总产值 | — | — | — | — | — | 1 200 | 1 224 |
| 海洋休闲渔业总产值 | — | — | — | — | — | 567 | 578 |
| 海洋渔业增加值 | — | — | — | 42 221 | 49 770 | 50 691 | 56 319 |
| 海洋捕捞增加值 | — | — | — | 16 619 | 23 056 | 21 676 | 28 034 |
| 海水养殖增加值 | — | — | — | 23 500 | 24 337 | 22 879 | 22 027 |
| 海洋渔业服务业增加值 | — | — | — | — | — | — | — |
| 海洋水产品加工增加值 | — | — | — | 100 | 110 | 104 | 106 |
| 海洋渔业相关产业增加值 | — | — | — | — | — | — | — |
| 海洋渔业机械仪器仪表制造增加值 | — | — | — | — | — | — | — |
| 海洋渔绳渔网制造增加值 | — | — | — | — | — | — | — |
| 海洋渔用饲料药剂制造增加值 | — | — | — | 253 | 225 | 120 | 122 |
| 海洋渔业批发、零售业增加值 | 17 346 | 25 186 | 27 131 | 24 767 | 29 123 | 25 217 | 33 619 |
| 海洋渔业仓储增加值 | — | — | — | — | — | 300 | 306 |
| 海洋休闲渔业增加值 | — | — | — | — | — | 253 | 258 |

## 5.2.2.2 海洋油气业

按照《2006 年中国海洋经济统计公报》（下同）的划分标准，海洋油气业是指在海岸线向海一侧任何区域内进行的原油、天然气开采活动。

近年来，根据原油可持续供应战略，我国加大了对海上石油的勘探力度，在渤海海域成功探明了大规模的原油资源，对天津市海上油气开采产生了积极的推动作用，逐步成为天津的支柱海洋产业。据国家统计局普查中心资料显示，2006 年天津市海洋油气业实现增加值占天津海洋生产总值的比重为 23.0%，比 2005 年和 2004 年分别提高 2.4 和 4.2 个百分点。特别是渤海油田的开发使天津市原油的产出结构发生了根本性变化，渤海海油已超过大港陆油成为天津市原油产出的主要来源。作为天津市唯一一家海上油气开采企业，中海油（中国）有限公司天津分公司目前开发海上采油平台 13 个，2006 年原油产量 1 412.01 ×10$^4$ t，占天津比重 72.7%；天然气产量 7.24 ×10$^4$ m$^3$，占天津比重 69.0%。

根据天津市海洋经济发展"十一五"规划要求，应提高海岸带和渤海海域油气资源的勘探水平，扩大开采能力，实现资源向储量的快速转化；完善罐区、管道等储运设施和基础条件，提高港口石油的接卸能力，争取建设国家战略石油储备基地；重点抓好长芦、板桥等四个油田的开发工作，实现可持续发展；加快开发蓬莱 19 - 3 油田，力争渤西油田油气资源就近在天津上岸，就地加工。

#### 5.2.2.3　海洋盐业

海洋盐业是指利用海水（含沿海浅层地下卤水）生产海盐以及加工制成盐产品的生产活动。

天津市沿海海水含盐度高，成盐质量高，是全国重要的海盐产区，也是世界著名"长芦盐"的主要产地。隶属于天津渤海化工集团公司的海晶集团和汉沽盐场两家制盐企业，均系国有大型海盐生产企业，分别拥有 1 000 年和 800 余年的悠久历史，盐田总面积 337.8 km²，拥有国内最先进的海盐生产系统，原盐质量稳居国内先进水平；2006 年原盐的产量 236.10 × 10⁴ t，占全国海盐总产量的 1/10。作为国家定点食用盐生产企业，海晶集团和汉沽盐场担负着华北地区近亿人的食盐供应，经过几代科技工作者的不断努力和长期的生产实践，形成了独特的精制盐生产技术，产品享誉海内外市场，成为一些行业、客户的专用盐和特供盐。

作为海洋化工的基础原料，原盐对天津市氯碱、纯碱等化工产品的快速发展起到了重要的支撑作用；而作为劳动密集型产业，海洋盐业吸纳了大批劳动力就业，为社会稳定作出了积极贡献。目前天津市工业用盐供不应求，2006 年渤化集团总用盐量 295 × 10⁴ t，缺口近 80 × 10⁴ t。由于原盐的运价负担能力较低，不适宜长距离大量运输，而天津市合理运距内可采量不超过 100 × 10⁴ t，因而天津市盐田的稳定发展至关重要。

自 1985 年以来，天津市盐场已为经济发展建设提供了 80.5 km² 的土地资源（原盐减产约 67 × 10⁴ t），为滨海新区的发展和天津经济效益的增长作出了重要贡献。在滨海新区新一轮开发开放和原盐需求不断增大的情况下，天津市应坚持以下两个原则，加快盐田调整步伐。第一，要坚持统一规划、分步实施的原则。原盐生产有其自身规律，比如，盐田走水路线充分利用盐田位差，可以节省动力资源；制盐设施投资较大而且建设周期较长，如新建结晶池需要 7 年左右时间才能达产。因此，盐田调整必须统一规划，分步实施，同时要保证调整后的相对稳定。第二，要坚持制盐改造和海水淡化相结合的原则。为保证海洋化工生产的稳定性，天津市在盐田面积逐步减少的情况下仍要保持 70% 左右的原盐自供能力，因而必须加快制盐改造步伐，提高生产效率。其有效途径之一就是利用海水淡化后产生的浓海水制盐，这样不仅可以提高盐田单产，进一步节约土地资源，还可以解决浓海水直排对渤海湾造成的污染问题，从而取得一举数得的效果，实现资源优化配置，促进循环经济发展。目前，规模为 200 万千瓦的汉沽北疆发电厂和 20 × 10⁴ t/d 海水淡化项目已经开工建设，从而为天津市盐田调整和海水淡化的有机结合提供了发展良机。

#### 5.2.2.4　海洋船舶工业

海洋船舶工业是指各种海洋船舶、海上固定及浮动装置的制造、修理及拆卸活动。

海洋船舶工业是一个高度配套性的总装工业，其配套范围涉及国民经济 116 个产业部门中的 97 个部门，对相关产业的带动作用十分突出；同时，海洋船舶工业也是资金、技术和劳动密集型产业，规模经济效应显著，有利于促进技术进步，扩大劳动力就业。基于上述原因，加之近年来国内外海洋船舶市场需求持续旺盛，国家对船舶制造业的扶持力度也不断加大。国务院通过的《船舶工业中长期发展规划》明确提出，"十一五"期间，我国将重点建设环渤海湾、长江口、珠江口区域三个现代化大型造船基地，并制订了船舶工业发展的产业政策和规划，在税收、投融资、技术引进等方面给予政策支持。现在实施的出口退税下调政策就没有将船舶产品列入下调目录。目前，海洋船舶制造业已被列为国家重点产业，国务院《关于加快振兴装备制造业的若干意见》提出，重点开发大型海洋石油工程装备、$30 \times 10^4$ t 矿石和原油运输船、海上浮动生产储油轮（FPSO）、10 000TEU 以上集装箱船、LNG 运输船等大型高技术、高附加值船舶及大功率柴油机等配套设备。

天津市拥有广阔的海岸线和良好的水域条件，劳动力资源丰富，在技术和资金等方面均有一定的比较优势，适宜发展造船工业。天津规模以上海洋船舶制造企业共 4 家，分别是天津新港船厂、天津新河船舶重工有限责任公司、中港集团天津船舶工程有限公司和天津市船厂，2006 年造船完工量 18 艘，实现收入 19.31 亿元，占天津规模以上船舶工业企业总收入的90%。近几年来，天津市海洋船舶制造业在技术和质量水平上有了较大幅度的提高，但与上海、江苏、辽宁等国内造船工业发达地区相比还存在较大差距，目前主要存在以下几个方面的问题。

第一，行业规模总体偏小

2006 年天津市规模以上海洋船舶制造业实现工业增加值 4.91 亿元，比 2005 年增长45.6%，虽然增速较快，但总量仅占全国的 1.8%；造船产量为 $10.55 \times 10^4$ t，仅占全国的0.7%，造船能力利用率还不到 50%（47.7%）。

第二，生产效率有待提高

由于标准化生产水平较低、零部件配套程度不深以及管理水平落后等原因，天津市造船企业的生产效率普遍不高，生产周期过长，占用资金较大，生产成本偏高，直接导致价格优势的丧失，从而影响了出厂船舶的竞争力。

第三，研发投入力度不够

天津市造船企业研发投入明显不足，新工艺研究项目水平较低，独立设计能力较弱，还没有新产品投产，这一点与国内外先进企业存在较大差距。

第四，船舶配套产业发展滞后

在船舶工业生产提速的同时，上游配套产业发展相对滞后，由于一些配套产品不能按期到货，影响了造船计划的连续性；另一方面，供需失衡引起配套产品价格提升，加大了船厂的成本压力。

第五，"增产不增效"现象突出

随着钢材、水电等原材料和能源价格的持续上涨，造船企业的成本压力逐渐加大；加之大型船舶建设周期较长，合同签订时间较早，因而尽管近年来船价不断上扬，生产销售增长较快，但经济效益并未取得大的改观。

尽管天津市海洋船舶制造业存在上述种种问题，但国内外良好的需求前景为造船工业提供了广阔的发展空间。一方面，国际贸易的快速稳定增长，要求远洋船队运力规模进一步扩大；另一方面，由于现有船队的船龄结构相对老化，今后相当长的时间内将有一大批老旧船舶需要更新。在新增需求和更新需求的双重推动下，船舶市场需求将继续保持较高水平。据有关部门预测，2011—2015 年每年需新建船舶约 700 万载重吨，而世界每年新船需求量预计可保持在 5 000 万载重吨左右。

根据天津市海洋经济发展"十一五"规划要求，应抓住国家支持船舶工业发展的历史机遇，积极增加投入，更新改造基础设施，扩大造船修船能力和规模，重点发展高技术、高附加值的大型集装箱船、专业用船、豪华客船、特种工程船舶和大型海洋构筑物。结合临港产业区的建设，加快实施新港船厂搬迁改造，建设 50 万吨级和 30 万吨级船坞各一座，从修造中小型船舶向大型船舶发展。

### 5.2.2.5　海洋化工业

海洋化工业是指以海盐、溴素、钾、镁及海洋藻类等直接从海水中提取的物质作为原料进行的一次加工产品的生产活动。

天津市海洋化工业历史悠久，基础雄厚，是全国重要的海洋化工生产基地，也是我国现代化学工业的发源地。2006 年天津市规模以上海洋化工企业共 33 家，生产海洋化工产品近 30 种，销售收入合计 71.96 亿元，占企业总收入的 64.7%。其中主要产品产量分别为：聚氯乙烯 $78.35 \times 10^4$ t，占天津比重 71.5%；烧碱 $78.07 \times 10^4$ t，占天津比重 87.9%；纯碱 $88.37 \times 10^4$ t，占天津比重 100%；三种产品收入合计 48.11 亿元，占海洋化工产品收入的 2/3。

1）海洋盐化工

以盐业优势资源为基础，天津市海洋盐化工得到了快速发展，烧碱、纯碱、聚氯乙烯、环氧丙烷、环氧氯丙烷、四氯化钛等主导产品生产装置能力位居全国前列，工艺技术始终保持在全国领先水平。其中，作为天津市十二大产品基地的主导产品 PVC 实现了跨越式发展，2006 年渤海化工集团该产品生产能力已达到 $130 \times 10^4$ t，居全国 PVC 生产企业第一位，世界 PVC 生产企业第五位。

根据天津市海洋经济发展"十一五"规划要求，应加快渤海化工园建设，促进海洋化工、石油化工、煤化工的紧密结合。利用石油化工改造传统氯碱工业，淘汰落后工艺和设备，发展聚氯乙烯、重质纯碱、环氧丙烷、环氧氯丙烷等产品；积极开发功能性、特种专用聚氯乙烯树脂。实施天津碱厂向临港产业区的搬迁改造，采用联碱法纯碱工艺，消除碱渣污染，形成 $80 \times 10^4$ t 纯碱、$30 \times 10^4$ t 合成氨、$50 \times 10^4$ t 甲醇等生产能力，扩大精细化工规模。

2）海洋石油化工

近年来，渤海油田的开发为天津市海洋石油化工业提供了有利的发展条件。渤海油田开采的重质高含酸原油具有腐蚀性强的特征，不利于分散、掺合加工，必须集中就近加工，天津市地域优势明显。另外，重质高含酸原油只适合裂解原料而不适合炼汽煤柴油的特性，恰好可以为乙烯提供裂解原料，从而可以解决困扰天津市扩大乙烯规模的原料"瓶颈"，同时也能缓解当前全国汽煤柴油炼制能力相对过剩而裂解原料相对不足的现状。因此，渤海油田重质高含酸原油的开采，为天津市海洋石油化工业走炼化一体化道路、发展大炼油和大乙烯创造了极为有利的条件。

根据天津市海洋经济发展"十一五"规划要求，应加快百万吨级乙烯炼化一体化、蓝星化工新材料基地、百万吨级聚酯等大型石化项目的建设，提高石油加工能力，发展油漆、染料、涂料、化学助剂、顺酐、苯酐、环氧树脂等下游产品，形成石化产业集群。

### 5.2.2.6　海洋生物医药业

海洋生物医药业是指从海洋生物中提取有效成分利用生物技术生产生物化学药品、保健品和基因工程药物的生产活动。

天津市规模以上海洋生物医药企业共 7 家，生产海洋生物医药产品 37 种，2006 年实现销售收入 0.23 亿元，占企业总收入比重 2.8%，占天津医药制造业比重 0.1%。目前天津市海洋生物医药业刚刚起步，规模较小，但发展前景极为广阔。

应根据天津市海洋经济发展"十一五"规划要求，加强海洋生物活性物质、胡萝卜素系列产品、蓝藻基因工程制备抗癌药和重点海洋生物药品与保健品的研究与开发，建立中试基地和海洋生物物质资源库。建设海洋生物技术产品与药物生产基地，扩大盐藻养殖和盐藻天然胡萝卜素制品的产业化规模，完善天津泰达华生生物园的基础设施建设和功能。加强卤虫、沙蚕开发技术和高效健康海水养殖配套技术研究，发展鱼类增殖技术、工厂化养殖技术、病害检疫和控制技术、近海生物控制和生物修复技术、珍贵海产品繁育和养殖技术等，尽快形成产业化。

### 5.2.2.7 海洋工程建筑业

#### 1）海洋工程项目情况

2006 年在调查要求范围内总共有海洋工程项目 17 个，其中项目建设地坐落在塘沽区 11 个，汉沽区 5 个，大港区 1 个。占 3 个区总的建设项目个数（896 个）的 1.9%。建设性质以新建为主，扩建 2 个，单纯购置 1 个，其余为新建项目。

海洋工程项目整体特点为投资规模大，建设进度快，资金到位情况好。17 个海洋工程项目计划总投资 541.04 亿元，其中投资规模在亿元以上的项目 7 个，10 亿元以上的 3 个，百亿元以上的 2 个。中海油（中国）有限公司天津分公司的油气田勘探开发项目和天津港集团的天津港扩建工程投资规模都在 200 亿元以上，累计完成投资和新增固定资产均超百亿元。

#### 2）海洋工程涉海法人单位情况

天津有海洋工程涉海法人单位 355 个，占全部建筑业企业个数的（1 103 个）32.2%。其中，绝大部分为内资企业（352 家），三资企业只有 3 家，均为外商合资经营企业。内资企业中，国有企业 73 家，所占比重为 20.7%。

涉海法人单位各项经济指标情况较好，企业的营业收入合计、资产总计合计、劳动报酬、利润总额及专业人员数等总量经济指标占全部建筑业企业相应总量的比重均达六成以上，高于企业个数所占比重水平 1 倍以上。其中利润总额所占比重最高，达到了 86.8%；其次为主营业务收入（84.1%）；最低为劳动报酬（66.8%）。

### 5.2.2.8 海水利用业

海水综合利用业是指利用海水生产淡水及将海水应用于工业生产和城市生活用水的生产活动。

天津市规模以上海水淡化企业有两家，分别是华北电网有限公司天津大港发电厂和海得润滋食品有限公司，2006 年淡化水生产能力合计达 6 000 t/d，淡化水产量 $97.2 \times 10^4$ t，能力利用率为 44.4%，实现销售收入 860 万元。其中，天津大港发电厂也是天津市唯一一家海水直接利用企业，在生产过程中利用海水循环冷却，2006 年海水利用量达 $8.50 \times 10^8$ t，发电量 18.65 kW·h，占天津发电量比重为 5.2%。

天津市属重度缺水地区，人均水资源占有量为 160 $m^3$，仅为全国人均水平的 1/15，远远低于人均 600 $m^3$ 的国际警戒线。据统计，城市用水中 80% 用于工业，工业用水中的 80% 左右是冷却用水。近年来，天津市国民经济增长较快，但由于产业结构不断得到合理调整，工业用水增长相对缓慢。目前，天津市的生活和工业用水主要靠外调的滦河水和黄河水，但外调水的供应能力已接近极限，即使将来可以从"南水北调"获得补充，其供应能力和价格也是一个问题。因此，发挥临海优势，走海水淡化之路是解决天津市淡水紧缺问题最有效的途径，也是实现可持续发展的客观要求。

从目前来看，海水淡化的成本比自来水价格高出 1 倍左右，但从长远考虑，"南水北调"后天津市自来水价格可能会有所上调，同时随着海水淡化技术的不断提高，成本会逐渐回落，二者的费用差异将越来越小。另外，目前远程调水的费用只计算日常运行费和管理费，而没有将国家的工程投资费用、引水渠道的土地占用费、设备费以及引水过程中造成的间接损失计入调水成本，如果将这些费用计算在内，那么，远程调水的距离越长，其成本就越高，使用自来水的价格甚至可能会高出海水淡化的成本。

随着世界经济的快速发展和淡水资源的日益短缺，海水利用业的市场潜力也越来越大，经有关部门预测，到 2020 年仅海水淡化的国际市场需求就将达到 700 亿美元。目前，大多数沿海国家都建设有相当规模的海水淡化厂或海水淡化示范装置，国际海水淡化的产水成本与消费的自来水价格基本相当。我国沿海各市也都把海水利用作为解决缺水问题的一条新途径，纷纷制订相应的优惠政策，推动海水淡化利用的发展。天津市在海水淡化利用方面起步较早，1986 年 8 月大港发电厂引进美国 ESCO 公司两套 3 000 t/d 的多极闪蒸海水淡化装置（MSF），总造价 540 万美元，这是我国电力系统首次引进该种类型的设备，对我国海水淡化技术的发展和海水资源的利用产生了深远影响。20 世纪 90 年代初，大港发电厂开始进行海水淡化的民用开发工作，2001 年 10 月投资组建了国内首家采用海水淡化技术的饮用水企业——海得润滋食品有限公司，先后开发了海得润滋纯净水、矿化水、果汁饮料等系列产品，并于 2005 年实现了产品出口。目前，天津市在海水利用技术方面居于全国领先地位，要充分发挥这一优势，进一步强化海水利用意识，积极从政策层面对海水淡化工程进行扶植和引导，让海水淡化形成规模，为天津市工业的可持续发展提供有力支持。

天津市海洋经济发展"十一五"规划拟建立海水资源综合利用区，主要包括汉沽区北部的北疆电厂、海晶集团（塘沽盐场）、大港电厂及其附近地区，总面积约 200 $km^2$。重点发展海水直接利用、海水淡化、盐化工和海洋精细化工，并延伸下游产品，成为节约型的海水资源综合利用示范区。天津海水淡化工程应根据"十一五"规划要求，建成开发区 $2 \times 10^4$ t/d 级低温多效工艺海水淡化示范工程和大港新泉海水淡化工程，建设塘沽海晶集团、北疆电厂等海水淡化工程。发展浓海水制盐及海水化学资源提取等海水综合利用产业，扩大海洋精细化工产品规模，提高钾盐、镁、溴生产能力，保持海水综合利用技术与产业水平国内领先优势。建设天津碱厂 $1 \times 10^4$ t/h 海水循环冷却示范工程，逐步在临港工业区石油、化工建设项目中扩大海水循环利用规模，在大港电厂二期扩大海水直接利用规模。同时，发展海水淡化设备，使成套设备生产能力达到 $20 \times 10^4$ t，建成我国最大的海水淡化设备制造基地。

## 5.2.2.9 海洋交通运输业

天津地处环渤海中部，城市经济发展以海而兴，海洋为天津经济发展提供了广阔领域。

交通运输、仓储及邮电业全年实现增加值335.67亿元，占天津服务业增加值1 732.93亿元的19.4%。其中，交通运输、仓储及邮政业256.97亿元，与上年相比增长7.2%，电信业78.7亿元，增长27.0%。

1）基础设施不断完善

经过多年建设，铁路、公路、水上、航空现代化立体交通体系日趋完善，一大批重点交通设施项目的建设为增强区域辐射起到了积极带动作用。在道路建设上，天津市全年共投入51亿元，确保高速公路、干线公路和农村公路三个层次路网建设全面推进，唐津、京福、京沪、京沈、津蓟、津晋、威乌、京津塘、津滨等多条高速公路通达"三北"和华东地区，服务环渤海和滨海新区的现代化大交通体系已初步形成。

铁路客运方面，天津站、天津西站、天津北站承担着天津市旅客运输任务，铁路交通网延伸至我国大部分地区。

公路客运方面，共有客运站28个，共开通长途客运线路近900条，客运线路通车里程达到$18 \times 10^4$ km，辐射东北、华北、华东、华中等地区。城市公共交通方面，地铁一号线投入试运营，市区快速路新增40 km，累计已达160 km，地铁二号线和九号线开工建设，海河综合开发和旧路改造等城市基础设施建设取得新进展。

水上客运方面，天津港客运码头占地面积$6 \times 10^4$ m²，建筑面积$1.5 \times 10^4$ m²，码头岸线总长度449.5 m，拥有万吨级泊位3个（停靠最大吨位游轮$7.8 \times 10^4$ t），7个国际国内旅客等候厅，设计年吞吐能力60万人次，并已成功接载世界豪华游轮停泊。现有航线3条，分别是天津—大连、天津—神户（日本）、天津—仁川（韩国）。

航空客运方面，随着天津市人均消费水平的不断提高，越来越多出行的人们开始选择快捷的航空运输工具。

2）旅客运输快速上升

2006年，交通运输业企业完成客运量5 670万人，与上年运量相比增长21.2%，增速比上年提高了7个百分点。其中，铁路完成1 632万人，增长5.3%；公路完成3 807万人，增长28.6%；水运完成3.48万人，增长10.1%；空运完成226.92万人，增长37.9%。从增速上看，2006年与上年增速相比，除水运有所回落外，其他的运输方式分别提高了1.3、8.1和30个百分点。天津完成旅客周转量163.4亿人千米，同比增长15.0%。其中，铁路96.51亿人千米，增长6.4%；公路35.6亿人千米，增长34.7%；水运0.38亿人千米，增长4.9%；空运30.97亿人千米，增长25.6%。天津城市公共交通完成客运量9.56亿人次，增长5.8%。

3）水上货物运输有增有缓

2006年，在远洋运输方面，正值新货运船舶交付使用高峰期的到来，上半年国际航运价格走势低落，但随着下半年国际航运价格逐步回暖，使得全年水上运输业并未受到太大影响。在公路运输方面，随着近两年国际原油价格不断上涨，我国成品油价格也随之多次大幅度调涨，这对低价运营的道路运输业来说，再次加大了运营成本。天津道路运输企业全年完成货运量$4.28 \times 10^8$ t，同比增长9.0%，增速与上年相比提高了4.2个百分点。其中，铁路完成

$0.84 \times 10^8$ t，增长 23.5%；公路完成 $2.03 \times 10^8$ t，增长 2.2%；水运完成 $1.33 \times 10^8$ t，增长 11.7%；其他运输方式完成 $0.08 \times 10^8$ t，增长 15.5%。完成货物周转量 $12\ 149.29 \times 10^8$ tkm，与上年相比基本持平。其中，铁路 $352.73 \times 10^8$ tkm，增长 0.8%；公路 $75.8 \times 10^8$ tkm，增长 2.4%；水运 $11\ 716.46 \times 10^8$ tkm，与上年基本持平；其他运输方式 $4.3 \times 10^8$ tkm，增长 38.7%。

### 4）天津港货物吞吐量迅速增加

天津港是综合性较强的港口，在集装箱、煤炭、金属矿石、石油制品等多方面都具有一定优势。经过多年的经营建设，天津港已发展成为国际型港口，航线已通达世界 180 个国家和地区的 400 多个港口。同时在乌鲁木齐、石家庄、郑州等地设立了"无水港"，开辟了通往腹地的绿色通道，港口货物吞吐量中 70% 以上、口岸进出口总值的 55% 以上都来自腹地省市。天津港本着走国际枢纽港口之路的主旨，先后与马士基、东方海外、新加坡港务集团、中远集团等共同投资近 67 亿元建设北港池集装箱码头一期和三期等工程，在克服国家限制煤炭、金属矿石进出口，大秦线铁路运力调整，大连、营口、秦皇岛、黄骅、京唐、青岛、日照等环渤海地区诸多港口生产能力不断增强，以及曹妃甸港陆续投产使用等因素影响的同时，加快港口建设和发展，逐步改进服务，充分发挥集聚功能，依靠腹地货源，大力拓展国际中转业务，充分发挥天津港的辐射和带动区域经济发展的作用。全年完成货物吞吐量 $2.58 \times 10^8$ t，增长 7.0%，其中，外贸货物吞吐量 $1.40 \times 10^8$ t，增长 13.5%；集装箱吞吐量 595 万标准箱，增长 23.9%。天津港已成为环渤海地区率先实现年吞吐量过 $2.5 \times 10^8$ t 的大港。货物吞吐量和集装箱吞吐量分别排在全国各港口中的第四位和第六位。

### 5）天津滨海国际机场吞吐量继续保持两位数增长

随着天津机场 F 级跑道的建设成功，国际第五航权的授予，使得天津机场已具备了国际先进机场的条件。2006 年，天津机场扩建工程完成投资额 16.2 亿元，为工程总投资的 54%。全年累计完成旅客吞吐量 276.65 万人，与上年相比增长 26.1%；完成货邮吞吐量 $9.68 \times 10^4$ t，增长 20.7%；完成飞机起降 5.49 万架次，增长 15.6%，其中，承担运输任务的客、货机起降 3.46 万架次，增长 32.5%，承担训练等任务的起降架次有所减少。在天津机场"落地过夜"的航空公司飞机由年初的不足 10 架，已增至现在的 14 架。新通航城市 7 个，新增组合航线 10 条，每周新增出港航班 116 个，周航班达 882 个。开辟新加坡—天津—美国的国际货运航线，填补了天津至北美航线的空白。

### 6）邮政、电信业发展水平居全国前列

2006 年，邮电业继续保持了良好的发展势头，天津完成邮电业务总量 225.89 亿元，增长 26.9%。邮政业务总量 13.58 亿元，增长 20.1%；邮政储蓄收入完成 4.69 亿元，增长 20.9%，增幅居全国首位；全年发送函件 9 279.46 万件，增长 10.7%，其中，特快专递 352.32 万件，增长 6.2%。电信业完成电信业务总量 212.32 亿元，增长 27.3%；实现电信业务收入 96.6 亿元，增长 10.4%。公用电信网电话用户净增 93.50 万户，增长 9.9%，电话用户数为 1 036.75 万户，达到一个新的等量级。本市通信行业依然保持了较

大规模投资建设，2006年共投资32.2亿元，年末局用电话交换机总容量达619.19万户，电信能力持续提高。年末公网固定电话（含小灵通）用户达到435.76万户，普及率达到每百人40.7部，位列全国第六；移动电话用户达到597.5万户，普及率达到每百人57.9部，位列全国第五；互联网拨号上网用户达到308.97万户，增长14.9%，宽带接入用户达到91.63万户，增长40.2%。短信业务仍然保持快速增长势头，短信业务量达到104.35亿条，增长36.8%。受互联网的影响，长途电话也依然保持增长态势，但国际及港澳台长途通话量大幅度下降，全年长途电话通话量达11.99亿次，增长24.4%，国际及港澳台长途通话量0.18亿次，下降12.7%。

7）加快"两港"建设，推进天津现代综合交通体系建立

继续加快天津港建设，重点加快25万吨级深水航道二期、北港池集装箱码头、30万吨级原油码头、南疆散货物流中心、北疆集装箱物流中心、天津国际贸易与航运服务区等项目建设，并加快东疆港保税区建设。届时，天津港将实现货物吞吐量超$3 \times 10^8$ t，集装箱吞吐量超700万标准箱，成为我国北方第一大港。

加快天津滨海国际机场建设。加快机场新航站楼建设，使得飞行区建设具备验收条件，加快建设空客A320飞机组装项目配套跑道工程。吸引和支持国内外航空公司在津增开新的航线航班，建立基地，增加运能，使天津滨海国际机场客货运量跃上一个新的台阶。

### 5.2.2.10 滨海旅游业

旅游业作为现代服务业领域中的重要产业。具有关联度高、带动性强、市场扩张力大等综合效益。2006年，以"新天津、新风貌、新景观"为主题，天津推出了海河新貌游、滨海风情游、津味民俗游、名街休闲游、农家生态游、红色记忆游、工农业体验游等旅游精品线，天津旅游业实现了又好又快发展。

1）2006年旅游业发展形势

2006年，天津接待海外旅游者88.6万人次，旅游外汇收入6.26亿美元，比上年分别增长19%和22.9%。在接待国际游客中，外国人占到接待总人数的92.2%，比上年增长20.3%；商贸旅游人数超过了半数，其次为观光旅游人数；日本、韩国、美国、新加坡、菲律宾、马来西亚成为本市主要接待外国人的客源国。天津国内旅游业呈现快速稳定的发展态势，接待人数和旅游消费持续增长。天津接待国内旅游者5 480.77万人次；旅游消费602.91亿元，比上年分别增长9.3%和11.2%。一日游游客人数增长居首位，增幅达到9.8%，占天津接待人次总量的45.7%；宾馆、饭店等单位接待的过夜游客人数保持稳步增长，比上年增长了8.8%；家庭接待人数逐年上升，比2005年上升了9.7%。随着滨海新区纳入全国发展战略，滨海新区正在成为天津市旅游业的亮点，2006年接待游客和综合旅游收入的比重分别占接待国内旅游者的11.2%和8.8%，比上年有明显上升。

截至2006年年底，天津A级景区已达31个，其中4A级景区10个；工农业旅游示范点5处；星级饭店116家，客房1.6万间，其中五星级饭店6家；各类旅行社265家，其中国际社29家。

### 2）滨海新区成为天津市旅游业的亮点

2006 年，天津海洋经济得到了快速发展，滨海旅游业作为海洋经济重要组成部分，自然生态、海洋特色、文化品味、滨海新貌等特点日益显现，已逐步建成海洋旅游基地。

滨海新区接待国内旅游人数 615.6 万人次，旅游消费 52.9 亿元，分别占天津接待国内旅游人数的 11.2% 和 8.8%。出游人数 153.41 万人次，占天津出游人数的 6.9%。滨海新区旅游业在天津的地位和作用明显提升，已成为天津市旅游业的亮点。接待国内旅游人数占天津一成多，一日游成为旅游的主体。一日游人数 304.94 万人次，占天津的 12.2%；宾馆接待过夜人数 269.35 万人次，占天津的 10.4%；家庭接待过夜人数 41.31 万人次，占天津的 10.5%。旅游消费得到快速增长。2006 年旅游消费 52.9 亿元，已占到天津接待国内旅游消费的 8.8%，其中，餐饮、交通、景区游览、文娱、购物等消费均比上年有不同程度的增长。

### 3）滨海新区旅游业的优势将日益突出

"十一五"期间，为适应海洋经济的发展，努力营造滨海旅游氛围，形成旅游产业巨大优势。滨海新区重点开发建设 4 个旅游集聚区，打造 8 个旅游品牌。4 个旅游集聚区是：建设国际游乐港、主题公园、天津中心渔港、北塘渔人码头、海滨旅游度假区及游艇项目，打造滨海休闲旅游度假集聚区、建设响螺湾公园、大沽炮台遗址公园，打造海河下游休闲旅游教育集聚区、保护和开发古海岸与湿地、北大港湿地、官港森林公园等生态旅游资源，打造生态旅游集聚区、开发建设东丽湖、黄港水库景区，打造水上旅游度假集聚区。8 个旅游品牌是：以大型海港旅游项目群为依托的亲海休闲游，"大沽烟云"为主的爱国主义教育游，天津港和游艇基地为主的游轮游艇游，开发区为主的工业游，综合服务设施为依托的商务会展游，解放路商业街、洋货市场为依托的滨海美食购物游，湿地、湖泊、森林为依托的生态游，滨海特色养殖区和种植区为依托的渔业、农业、观光游。

### 4）天津旅游业发展中的几个问题

（1）产业规模偏小

尽管天津旅游业近几年取得长足的发展，但整体规模同国内一些地区相比仍存在着较大差距。大型骨干企业较少，旅游企业"小、散、弱、差"的特征突出。

2006 年年底，天津市有星级饭店 116 家，相当于北京市 597 家的近 1/5；相当于上海市 317 家的 1/3 左右；相当于重庆市 207 家的 1/2 多。其中五星级饭店 6 家，相当于北京市 36 家的 1/6；相当于上海市 26 家的 1/4 多；相当于重庆市 5 家的 1.2 倍。

天津市有国际、国内旅行社 265 家，其中，国际旅行社 29 家，占旅行社总数的 10.9%，相当于北京市 147 家的近 1/5；相当于上海市 53 家的 1/2；相当于重庆市 25 家的近 1.2 倍。

（2）品牌不突出，复游率较低

天津山、河、湖、海、泉五大旅游资源俱全，但国际和国内的知名度还不够高，景区、景点特色不足，游客的复游率低。从目前旅游市场发展情况看，大众化旅游活动已经不能满足多层次群体的需要。特色是旅游业的灵魂，个性化旅游消费逐渐成为时尚。问卷调查显示：游客意见最大、最集中的几个方面，一是导游人员的素质和服务水平低；二是住宿标准、餐饮质量质价不符；三是宾馆、饭店和餐馆人员的服务质量差；四是景区景点的卫生条件差；五是主要接待场所秩序较混乱，环境卫生较差；六是个别出租汽车司机收费不规范等。改善软环境，提高服务质量和水平已是亟待解决的问题。

（3）企业亏损面较大

众多旅游企业为了争夺市场份额，不得不进行恶性价格竞争，导致整个行业在总收入不断增加的同时，利润率却不断下降，甚至导致亏损的情况。据统计，2006年在天津限额以上住宿业中，亏损企业为71家，亏损面为53.4%，亏损额为1.04亿元；天津189家旅行社中，亏损企业为78家，亏损面为41.3%，亏损额为764万元。

此外，天津市旅游业要素不配套、不平衡的情况也相当突出，旅游交通不顺畅，商务会展、信息咨询等旅游公共服务设施不配套。旅游产业的内部没有形成紧密的产业群；外部与旅游业密切相关的行业缺乏有机整合，尚未形成有序衔接的产业链，这些问题都将制约旅游业的快速发展。

### 5.2.2.11 其他海洋产业

#### 1）海洋教育

海洋教育是指在高等院校和中等专业学校中设置与海洋有关的专业教育。天津教育综合实力强，师资力量雄厚，海洋教育发展空间广阔。截至2006年年底天津市共有高等学校45所、中等专业学校37所，其中天津大学、南开大学、天津科技大学、天津农学院等院校开设了与海洋有关的专业，占天津高校比重不足10%。根据《中国海洋统计年鉴2007》提供的资料，2006年天津市招收海洋专业本科生、专科生1043人，约占天津招生人数1%，年末在校生2828人，毕业522人。招收海洋专业博士、硕士研究生69人，占天津比重0.6%，毕业54人，年末在校生217人。成人高等教育招生183人，年末在校生372人。中等职业教育招收281人，年末在校生385人。开设海洋专业的高等学校有教职工10350人，其中专任教师5215人，占天津专任教师的20.7%。2006年天津高等学校每一教师负担学生数已达15人。

#### 2）海洋科技

海洋科研是以服务海洋事业为发展方向，天津作为沿海直辖市，海洋科技实力和研发能力较强。根据《中国海洋统计年鉴2007》提供的资料，天津拥有涉海科研机构11个，从业人员2656人。海洋科研人员1711人，具有研究生以上学历309人，其中博士学历34人，大学学历935人；中高级科研人员1103人，居全国第二位。2006年天津海洋科研机构筹集科技经费4.21亿元，占天津的2.2%，其中政府资金2.06亿元，占天津政府资金的7.3%。2006年海洋科技机构共开展342项课题研究，其中应用研究48项，试验发展97项，成果应用77项，开展科技服务120项；发表科技论文320篇；专利申请受理63件，专利授权40件，其中发明专利20件，拥有发明专利总数74件。近年来已取得具有国内外先进水平的海洋科研成果数百项，海洋油气、港口及航道、海水淡化、海洋信息、海洋观测以及相关海洋工程技术全国领先，聚氯乙烯、离子膜烧碱、重质纯碱、环氧氯丙烷生产工艺先进。设立了全国唯一的国家级海洋高新技术开发区，形成了海洋高新技术发展的重要载体，为海洋科技研发搭建了宽广舞台。

3）海洋环保

天津市近岸海域海水环境污染状况较重，部分海域属于严重污染海域，受污染海域主要为汉沽—塘沽附近大部分海域、大港附近部分海域、大沽锚地，主要污染物为无机氮和活性磷酸盐。

2006 年，天津海域海水环境质量总体污染物状况较上年加重。全海域未达到清洁海域水质标准的面积约 2 870 km²。全年工业废水排放量 22 978×10⁴ t，比上年减少 23.6%，其中3% 直接排放入海；工业废水排放达标率 99.77%，比上年降低 0.17 个百分点。对天津辖区内2 个重点入海排污口及其邻近海域和 13 个一般入海排污口实施了海陆同步、多项目、高频率监测，统计结果表明天津入海排污口总体环境状况污染严重，87% 的排污口存在超标排放现象。渤海湾生态系统处于亚健康状态。全年增养殖区发生了 3 次影响较大的赤潮，其中 10 月份赤潮面积较大，历时较长，受灾面积 210 km²。

天津近岸海域污染形势严峻，海洋环境保护任务艰巨。2006 年疏浚物 153×10⁴ m³，安排治理废水施工项目 63 项，当年竣工 57 项，其中在滨海新区开工 22 项，当年完成20 项。截至 2006 年年底，天津已建海洋类型自然保护区 2 个，其中国家级 1 个。保护区面积 1 432.40 km²。渤海湾海洋生态监控区面积 3 000 km²。

4）海洋管理服务

海洋管理服务主要是指海域使用管理、海洋倾倒废物管理、海洋执法、海洋预报、海洋监测、海洋调查、海洋档案利用、海洋标准化监督管理等一切为海洋合理开发、合理使用进行的行政管理和提供的相关服务。2006 年，天津共有海洋行政管理机构 7 家，从业人员 72 人。全年发放海域使用权证书 26 本，确权海域使用面积 1 120 km²；签发疏浚物海洋倾倒许可证 21 份，管理倾倒区 2 个，面积 7.07 km²；海滨观测台站 44 个。实施海洋专项执法检查 6 次，发生违法行为 18 起；海洋公益性预报服务 1 300 余次，海洋监测获得数据4 700 余个。

# 第6章 海洋可持续发展

本篇重点从海洋环境资源综合评价情况、新型潜在滨海旅游区评价与选划情况以及新型潜在海水增养殖区评价与选划情况三个方面进行分析论述，并结合天津海洋发展特点，提出天津市海洋可持续发展的对策与建议。

## 6.1 海洋环境资源综合评价

海洋环境资源综合评价内容包括：海洋资源状况、海洋环境状况、海洋经济现状的分析评价，同时针对海洋资源开发潜力进行深入研究，探寻海洋资源可持续利用方式。

### 6.1.1 海洋资源状况与评价

天津市作为环渤海地区经济中心和沿海开放城市，拥有北方地区少有的综合优势，海港、空港等交通枢纽齐备，开发区、保税区、海洋高新技术产业园区完善，生态城、产业区各具特色，有能力担当起新一轮经济发展的中坚力量。经对本市的海洋资源状况分析评价结果可以看出，海洋资源开发利用在社会经济中的贡献日显突出，根据其开发利用情况可划分为优势资源、潜在资源、有限资源和过度开发资源四种。

（1）优势资源

海洋油气资源和港口资源为天津市的优势资源。天津海洋油气资源分布广，储量大，在海上和沿海陆域地区均有分布，是我国海洋油气资源储量最丰富的海区之一，开发潜力很大。目前，天津市海洋油气产值已占其海洋生产总值的36%，成为天津市第一大海洋产业，在天津经济发展中扮演着重要角色。随着我国经济快速发展，特别是与石油产品消费密切相关的汽车、电力、纺织等行业的发展，必将带动石油消费需求的持续攀升，进而进一步加速海洋油气资源的勘探开发。天津港地理位置优越，背靠两个特大城市，腹地辽阔，港口交通便利，公路、铁路四通八达，为天津港的货物进出和货源奠定了基础。近年来，天津港的生产规模不断扩大，经济效益不断提高，已成为北方最大的综合性外贸港、国家主枢纽港和欧亚大陆桥东端的理想起点之一，并朝着多功能、综合性、国际性、现代化和具有自由港性质的港口方向发展。2007年天津海洋交通运输产值占天津市海洋生产总值的24%，成为天津市第二大海洋产业；交通运输用海面积占天津市用海总面积的75.8%，远远超过其他省（直辖市、自治区）1.6%~22.4%的水平，由此可见，交通运输在天津海洋经济中的重要地位。虽然天津港区位优势很明显，但也应该清醒地看到，它尚存在许多问题，特别是港口回淤等问题，在今后激烈的市场竞争中处于不利地位。

（2）潜在资源

滨海旅游资源是天津市的潜在资源。天津滨海地区地理位置优越，区位优势明显。天津海域是凸入大陆最深的海区，周边内陆地区城市密集，人口众多，且距天津海域最近，是内

206

陆地区游客亲海旅游的理想之地。特别是随着我国经济的快速增长，内陆地区人民收入的提高，外出旅游的人数会成倍增加，而天津滨海地区将会成为这些游客的首选地，客源潜力很大。但天津滨海地区受地理、地质等条件的限制，不具备山脉自然景观旅游资源，更不具备世界级或国家级的旅游名山，且现有的旅游资源也大多规模偏小，国际和国内的知名度不高，对游客缺少吸引力。目前，天津正在加快以海洋为特色的现代人文旅游景观的建设，其在规模和数量上都会有一个质的飞跃，发展潜力很大。2007 年天津市滨海旅游产值仅占天津市海洋生产总值的 3%，今后将有可能发展成为天津市的第一大海洋产业。

（3）有限资源

盐业资源是天津市的有限资源。作为天津市传统的海洋产业，天津市盐业资源无论从质量上还是从数量上都占有一定优势，其产量仅次于山东省和河北省居全国第三位，质量在世界闻名。但随着天津滨海新区建设步伐的加快，各种建设用地量大幅度增加，挤占了盐田用地，使盐田面积呈逐年减少态势。2000—2006 年的 6 年间，天津市盐田总面积就减少了近 100 km$^2$，年均减少 15 km$^2$。因此，今后天津市提高海盐产量的关键是提高单位面积产量和发展海水综合利用。

（4）过度开发资源

海洋渔业资源是天津市过度开发的资源。天津市海洋渔业资源衰退严重，渔业在海洋经济中所占比重正逐年减小。导致天津市海洋渔业资源衰退的主要原因是海洋污染和过度捕捞，此外周边各省的过度捕捞，更加重了天津海洋渔业资源的衰退。主要表现在：一是渔获种类逐年减少，捕捞品种由 1950 年的 64 种减少到目前的 20 种，其中鱼类由 50 种减少到 11 种，大型无脊椎动物由 14 种减少到 9 种。二是主要经济种类逐年减少，低质种类逐年增加。经济种类小黄鱼、鳓鱼、带鱼、花鲈、黑鳃梅童鱼、半滑舌鳎、刀鲚、银鲳、蓝点马鲛、日本鲟和三疣梭子蟹等资源数量锐减。本市的浅海滩涂可养殖面积广阔，尚有许多没有利用，养殖潜力很大。因此，海水养殖将是天津市今后增加水产品产量的主要途径。

影响天津市海洋资源可持续利用的主要原因有两方面，即海洋污染和过度开发。陆源污染物是造成天津海域污染的主要原因，因此与相关部门一起加强陆源污染物的管理和排海总量控制是治理海洋污染的关键。另外，围填海造地虽然缓解了天津市滨海新区建设用地不足的矛盾，但同时也对天津的海洋环境和海洋资源造成了一定的负面影响，今后应加强控制，严格控制围填规模，并采用新的围填技术，将负面影响降低到最低程度。

## 6.1.2　海洋环境状况与评价

各项研究成果和数据表明，快速增长的各项经济指标也间接地反映出天津市海洋环境正面临着越来越大的压力，近岸海洋环境污染较重，海洋环境质量恶化的总趋势还未得到有效遏制。本市海洋环境质量污染源主要来自陆源污染和海上污染两方面，其中陆源污染是造成近岸海域污染的主要污染源。目前，天津市海洋环境的总体状况是：

第一，天津市海洋环境形势依然严峻，沿海地区工业废水和生活污水的排放已造成天津近岸海域污染呈现持续严重的趋势，海域富营养化程度日益增高，海水质量承载能力逐年降低，连续几年均超过了其承载能力。

第二，随着天津沿海经济的快速发展，大量占用海岸带和海域，尤其是围填海工程、城市化建设、各种海洋设施建设等，对海洋环境产生严重的影响和损害。海洋沉积环境和生物质量仍较差，排污口污染状况严重，污染面积较大，海水、沉积物和生物环境质量存在不同程度的超标现象。

第三，新兴海洋产业蓬勃发展，但对海洋环境的影响评估和相应的管理措施缺乏，大量兴建的港口码头、堤坝渠闸、油气平台、人工岛、跨海路桥、海岸防护、离岸排放、海底管线等海洋工程建设以及大型河口工程已经对海洋环境尤其是局部海域的生态功能造成严重损害，造成海洋生境破碎和食物链破坏。陆地径流稳定的淡水和泥沙入海量，是维持近岸海域生态环境的基本条件；但沿海陆域和流域人为实施河流改道、建闸筑坝、截流排污等水利和港池、航道开挖或环境工程等，造成正常入海的径流或泥沙减少，破坏原有平衡而形成回淤，以及码头、护岸和防波堤等建设引起的局部水动力减弱造成悬沙落淤等。

第四，由于海洋生态环境的损坏，从而引发赤潮、风暴潮等海洋灾害频繁发生，发生的频次有逐年增多的趋势，给海洋渔业、交通运输业等海洋产业以及人们的生命财产带来不同程度的影响。天津滨海新区建设纳入国家发展战略后，城市规模将进一步扩大，临海和临港工业及产业的快速发展，海洋资源利用量将持续增长，海洋环境将面临更大考验。因此，在未来海洋经济发展中应坚持开发保护并重原则。遵从海洋生态环境、自然资源的客观性，转变生产方式和管理方式，实现经济效益、社会效益和环境效益的统一。

## 6.1.3 海洋经济现状与评价

近几年，尤其是国家提出发展滨海新区之后，天津市海洋经济发展较快，2001—2006年的5年间，天津市主要海洋产业总产值平均增长速度达到38%以上，海洋石油与天然气、海洋交通运输、海洋化工、滨海旅游等产业取得快速发展，已经初具规模。第一产业在天津市沿海地带产值中所占比例很低，而且所占比例下降较快。第二、三产业所占比例较大。对天津市经济发展而言，海洋经济的发展不仅仅是地区生产总值的一个增长点，而且已经成长为地区的支柱产业。随着《国务院推进天津滨海新区开发开放有关问题的意见》的出台，进一步明确了天津滨海新区开发开放的重大意义、功能定位和主要任务，标志着滨海新区已纳入国家总体发展战略。滨海新区是天津市发展海洋经济的主要载体，滨海新区的发展为海洋经济的发展创造了更加有利的条件，为海洋经济发展提供引导和支撑作用。

从2000年到2006年，天津市主要海洋产业经济总产值占地区社会经济总产值的比重呈不断上升的趋势。比较天津市海洋经济三次产业总产值与天津市社会经济三次产业总产值，可以看出，自2003年起海洋经济第一产业占社会经济第一产业总产值的比重呈下降趋势，这与渤海环境恶化，渔业生物资源由于过度捕捞而日益匮乏有很大关系。第二产业所占比重稳中有升，第三产业所占比重大幅度增长。海洋石油与天然气、海洋交通运输仍是天津海洋经济的支柱产业，滨海旅游今后有望成为海洋经济的另一个主要拉动力量。天津市拥有国内最先进的海盐生产系统，原盐质量稳居国内先进水平，但总量上由于全国海洋化工在近一段时间内总体上发展较快，一定程度上削弱了天津海洋化工的优势。海洋船舶制造业在技术和质量水平上有了较大幅度的提高，但与上海、江苏、辽宁等国内造船工业发达地区相比还存在较大差距。天津地理、区位条件优越，海洋资源较为丰富，海洋经济发展具有较好的条件，应着力把天然的临海优势尽快转化为现实的海洋经济优势，重点发展海洋高新技术产业、港口经济、海洋旅游业、海洋石油产业、海洋化工及盐业，使海洋经济成为天津经济发展的重要支撑力量和新的经济增长点。

虽然天津市海洋经济取得了令人瞩目的成绩，但还面临着经济规模相对较小、局部海域环境污染严重、开发利用资金投入不足等问题。为保证海洋经济健康迅速地发展应当充分利用现有的资源优势、区位优势、政策优势、人才和技术设备优势，大力发展工业、港口、物流、旅游等产出效益高的产业；加强海洋产业结构优化，以建设乙烯炼化一体化、渤海化工园建设、新港船厂异地新建等重大项目为突破口，以建设成北方国际航运中心和国际物流中心为目标，大力发展油气资源开发、石油化工、海洋化工和船舶工业，完善滨海新区服务功能；完善海洋经济发展政策体系，明确海洋经济主管部门，统一协调解决海洋经济发展中的重大问题，优化海洋经济发展的环境；加强海洋生态环境的保护与修复，实现海洋经济可持续发展，树立市民的环保意识，加大环保宣传力度，发挥群众的监督作用，争取社会各界对海洋环境保护工作的关注与支持。

## 6.1.4 海洋资源开发潜力

### 6.1.4.1 海洋资源与环境承载能力分析

可持续发展强调海洋发展的可持续性、协调性、公平性，强调发展不能脱离自然资源与环境的约束，在实践中，就要把握好海洋资源承载能力和海洋环境承载能力，根据海洋资源承载能力和海洋环境承载能力，确定合理的海洋发展速度与发展规模。

（1）海洋资源承载能力

海洋资源承载能力是指海洋资源能够支持海洋环境与海洋经济协调发展的能力或限度，是海洋可持续发展的一种基础性保障或支撑能力。

随着天津市滨海新区纳入国家开发战略布局，产业布局向沿海地区转移，海洋资源利用规模空前。以天津沿海滩涂资源利用为例，近年来，天津市围填海需求将达 200 km²，甚至更多，这些开发海域大部分处于滩涂区域，然而天津市滩涂面积仅约 336 km²，而且一些滩涂是泄洪区或海洋特别保护区，是限制开发利用海域，滩涂资源开发利用已严重超载。

天津市海洋资源的开发已经影响到海洋环境与海洋经济的协调发展，以及海洋的可持续发展，如果不能协调天津海洋资源的开发力度，将影响海洋资源的永续利用和海洋资源循环的可再生性，进而影响天津滨海新区建设的顺利进行。

（2）海洋环境承载能力

海洋生态环境承载力是指在满足一定生活水平和环境质量要求下，在不超出海洋生态系统弹性限度条件下，海洋资源、环境子系统的最大供给与纳污能力，以及对沿海社会经济发展规模及相应人口数量的最大支撑能力。海洋生态环境对人类的贡献是巨大的，据粗略统计，全球海洋生态系统价值为每年 461 220 亿美元，每平方千米的海洋平均每年给人类提供的生态服务价值大约为 57 700 美元，所以，人们已经预言："没有健康的海洋，人类就会灭亡。"

近年来，由于陆源污染物过度排放、沿岸水产养殖污水的排海、港口含油废水未处理排放以及天津近岸海域的开发力度较大，导致天津海洋环境超载，海洋环境污染严重，海岸带生态环境遭到破坏，甚至引起某些生态功能的丧失，严重影响了天津海洋环境的可持续发展。

（3）结果分析

由于天津市海洋资源相对有限，海洋环境的影响也日显突出，仅走消耗海洋资源发展海洋经济的路子有非常大的局限性，必须充分发挥区位优势、海洋科技优势，着力发展那些节约资源和能源的海洋产业；发展科技密集型、技术密集型、高附加值的海洋产业；发展那些利用国内、国外两种资源的"大进大出"海洋产业。跳出行政区划发展海洋经济的思路，要充分提高海域的开发利用效率，向区域附近的深海区资源和渤海湾以外的海洋资源利用拓展，推进渤海湾—渤海海域以及外海的综合发展。积极实施海陆一体化开发战略，依托临海区位优势，发展外向型经济，促进资金和技术向沿海区流动，形成沿海经济带。

### 6.1.4.2　海洋资源可持续利用方式

海洋为经济发展提供了极为广阔的天地，各类海洋资源的直接开发利用会形成许多海洋产业。这些海洋产业由于自身发展的需要，会通过产业的前、后、侧向联系带动许多相关产业的形成与发展，逐步会围绕海洋资源的开发利用形成海洋产业动力链，对区域经济的发展产生极为深远的意义。

（1）适度开发滩涂资源

海涂围垦历来是沿海地区土地开发的重要内容之一。在土地资源十分紧张的今天，围涂造地为沿海地区提供了大量宝贵的土地资源，为沿海经济发展提供新的空间，对区域可持续发展具有更为深远的意义。然而，围垦会产生一系列的生态环境效应，如对海水泥沙运动、潮流等都有一定影响。围垦时应充分考虑围垦对其他产业发展的影响，如围垦会导致港口和航道淤积加剧，对港口运输发展极为不利。因此，围垦时一定要统筹兼顾，科学论证，以避免顾此失彼。

（2）积极发展海洋旅游

海洋旅游具有独特的魅力，吸引着无数的游客。天津应充分利用丰富的滨海旅游资源，今后随着基础设施的不断完善，在积极发展海洋旅游的同时，应注意旅游与资源、环境的保护，协调与其他海洋产业及其他社会经济活动的关系。未来应走海洋"生态旅游"和"科学旅游"的道路，保证海洋旅游资源的可持续利用。

（3）积极为渤海油气开发服务

在渤海海域已发现丰富的油气资源，对天津市海上油气开采产生了积极的推动作用。天津市应充分利用这一优势，做好油气上岸的配套工作，把天津建设成为渤海油气的陆上基地和加工基地。

（4）大力开拓远洋捕捞

近海主要经济鱼类资源已严重衰退，必须坚决采取保护措施。对于资源已遭严重破坏的种类，除应保护产卵场、设立幼鱼保护区之外，对其中某些种类要采取禁捕和增殖的措施，以恢复资源。对于尚有一定资源数量的种类，则应加强管理，合理安排生产，控制捕捞强度，使其持续利用。

海洋水产增殖、养殖是今后增加水产品产量的重要途径，天津市今后应处理好海洋捕捞与养殖的关系。外海和远洋渔业是开创海洋渔业新局面的一个重要步骤，应采取切实有效的措施，力争近期内取得较大的进展。

（5）推进"科技兴海"战略

要加强海洋科学研究与技术开发。依托渤海监视监测基地，在天津建立海水化学资源综合利用工程中心，加强科技攻关和科技成果的转化。建议制订有关政策，加强盐田保护，确保盐田土地资源的相对稳定。建议有关部门尽快制订海水淡化优惠政策，减免原盐生产的资源税，减轻企业负担，增强企业实施盐田技改能力。建立国家级海洋高新技术开发区，大力开发海洋石油、天然气勘探技术，发展海洋交通运输。

（6）注重海洋生态环境保护

加强海洋污染监测。根据天津市海洋环境及资源特点，划定各区域类别、范围及界线，进行监视、监测。对已污染的区域，不仅要了解环境污染物的浓度水平，更应注意是否产生污染损害。

认真执行天津海洋环境保护规划，控制陆地污染，实行对陆源污染总量控制。应确定沿海排污口和可接受的排放量水平，对陆源污染物排放实行总量控制，可采用污水处理措施，消除和减少有可能在海洋环境中富集到危险水平的有机卤化物和其他有机化合物以及引起沿海水域富营养化或赤潮的氮磷污染物的排放；开发实施无害环境的土地利用技术和方法，减少水道和港湾产生污染海洋环境的径流量。

### 6.1.4.3　开发潜力总体评价

（1）天津市海域资源环境的开发已超过其承载力，引发了诸多的资源环境问题，包括生态环境遭到破坏、海洋灾害频繁暴发等，减缓了天津市海域资源环境的可再生速度，影响到天津海洋资源环境的可持续发展，也影响到沿岸地区经济社会的发展。必须采取必要措施，合理利用海洋资源，保护海洋环境，加快海洋资源环境可再生速度，促进天津市海洋资源环境的可持续发展。

（2）海洋经济总量的影响因素涉及众多方面，但主要影响因素还是科技投入与科技创新水平、社会经济水平和海洋经济自身特点和环境状况。海洋经济自身特点主要体现在海洋交通运输业和海洋船舶业增速较快、海洋油气业、海洋化工业（含石化）海洋支柱产业优势突出、滨海旅游业保持平稳的增长趋势，这些有利因素都有望进一步拉动海洋经济总量。从目前来看，海洋科技力量投入对海洋经济总量的促进并不明显，但是今后海洋经济总量的进一步扩大，必须要依靠科技投入和科技进步以突破自身发展的"瓶颈"。此外，滨海新区的发展被纳入到国家战略部署也将会对天津海洋经济产生巨大带动作用，海洋经济总量也必然会有较大的飞跃。

（3）在综合分析天津市海洋开发利用现状的基础上，运用层次分析法构建了天津市海洋可持续开发评价模型，并确定了指标值标准化和评价值合成方法。经过计算可以看出，现有天津市海洋资源可持续开发的量化评价指标值偏低，为0.48。分析结果可知，海洋开发获得的经济效益不高，主要是因为海洋开发水平偏高，资源相对稀缺，岸线利用率高，用海类型多，但是由于处于开发利用的初始阶段，海洋开发获得的经济效益不高，并且随着海洋资源的大量开发利用，海洋环境质量下降。

（4）未来天津市海洋经济的健康发展，很大程度上依赖海洋资源的集约式开发和利用，同时应注重海洋环境的保护和治理。在具体资源利用方式选择上，要从适度开发滩涂资源、积极发展海洋旅游、加大渤海油气开发力度、大力开拓远洋捕捞、推进"科技兴海"战略、切实保护海洋生态环境等方面入手。

## 6.2　新型潜在滨海旅游区评价与选划[①]

通过开展滨海旅游资源评价、滨海旅游环境影响评价，对潜在滨海旅游区进行市场化分

---

① 国家海洋信息中心，天津市"908专项"天津市潜在滨海旅游区评价与选划研究报告，2008。

析，进一步合理选划天津市潜在滨海旅游区。

## 6.2.1　滨海旅游资源评价

### 6.2.1.1　滨海地区旅游资源类型齐全，但自然和人文旅游资源少，品位低

天津滨海地区自然景观旅游资源共有7处，即滨海、海河口（自然）、贝壳堤遗址、北大港水库风景区、官港森林公园、营城水库风景区、黄港生态风景区；人文景观旅游资源有18处，即大沽口炮台、大沽船坞遗址、南大营炮台、潮音寺、海河（人文）、航母主题公园、海河外滩公园、渤海儿童世界、滨海世纪广场、天津港、天津经济开发区等。从旅游资源的类型来看，天津滨海地区自然、人文两大旅游资源均具备，属于旅游资源类型比较齐全的地区，但是由于天津滨海地区地处华北平原，受地理、地质等条件限制，不具备山脉自然景观旅游资源，更不具备世界级或国家级的旅游名山，且仅有的几处自然旅游资源也大多规模较小，品位较低，对游客缺乏吸引力。人文旅游资源同样也存在着数量少，规模小，品位低的问题，且受周边地区特别是北京的影响较大，很难形成大的客流量。自然和人文旅游资源匮乏，是发展滨海地区旅游业的制约因素之一。

### 6.2.1.2　滨海地区旅游资源开发潜力大，发展前景广阔

天津有3 000 km² 的海域资源，河湖水面广阔，可开展水上和水下娱乐活动；海岸带地势低，洼地众多，河流纵横，有的洼地和河流地段形成了独特的自然生态系统，成为较好的风景旅游区，有反映天津海陆变迁的最具特色的地貌景观贝壳堤，有丰富的地热资源。天津滨海新区已纳入国家总体发展战略布局，成为继深圳特区、浦东新区之后的又一个经济增长点。强大的经济实力，加速了滨海新区城市建设的发展步伐，会展中心、商务中心、工业园区、旅游娱乐设施等相继建立，且发展前景十分广阔，使海陆旅游形成一个有机的整体。这些资源为旅游业的发展提供了较好的基础条件。

天津海岸线并不长，海域面积也不大，但地理位置优越，它背倚三北，周边内陆城市林立，人口众多。中国人均海岸线约2.5 cm，属于非常少的国家，所以海域资源相对稀缺，这种稀缺现象在北方体现得尤其突出。天津海滨旅游要抓住这种优势，树立起良好的海滨形象，建设完备的海滨旅游设施，争取客源市场辐射京、津、冀、晋、鲁等省市。且随着人民经济收入的不断提高和物质文化生活的改善，国内旅游人数的增长势头将十分明显，天津滨海旅游客源市场潜力巨大。

### 6.2.1.3　现代旅游资源开发建设迅猛，基本形成规模

天津滨海地区最大的优势旅游资源是现代旅游资源，依靠临海的区位优势，可以建设成为华北、西北地区最大的休闲度假旅游中心，成为天津、北京1 000万人以上超大城市居民休闲度假旅游的胜地。滨海地区已开发或正在开发的旅游景区（点）有：航母主题公园、海河外滩公园、渤海儿童世界、滨海世纪广场、官港森林公园、营城水库风景区、大沽口炮台、潮音寺、滨海"三田游"（盐田、油田、虾田）等。有的旅游景点已初具接待规模，并开始纳客。今后10～15年滨海地区旅游景点的建设速度将加快，规模将不断扩大，类型更齐全，纳客能力大大增强，发展前景十分广阔。

### 6.2.2　滨海旅游环境影响评价

#### 6.2.2.1　旅游开发活动对海洋资源环境的影响分析

各项研究成果和数据表明，海洋环境污染主要是受城市排污及工业废水的排放的影响，滨海旅游的生活垃圾对海洋环境造成的影响目前并没有进行深入的研究，尚未形成系统的研究成果。

为了更好地分析和研究天津滨海旅游发展对海洋环境的影响，报告利用 2001—2006 年天津滨海旅游总收入及滨海旅游人数数据对主要污染物（四项营养盐）数据进行一元统计回归，分析滨海旅游的发展是否能构成海洋环境、资源的显著影响。

由于未能找到天津历年来准确的滨海旅游相关数据，实证分析数据主要采用天津市 2001—2005 年旅游人数和旅游总收入。报告采用一元回归统计方法并非是为了通过构建解释变量和被解释变量之间的定量稳定方程，而仅仅是为了定性地分析二者之间是否存在一定的影响。此外，考虑到天津滨海旅游人数和收入是天津旅游数据的一部分且合理假定这一部分比例是随时间稳定的，这就相当于乘以一个系数，所以用天津旅游相关数据进行替代并不会影响检验结果（数据来源《中国近岸海域环境质量公报》和《海洋统计年鉴》）。

在主要污染物（四项营养盐）对滨海旅游人数和旅游收入计量结果中，除了滨海旅游收入和人数与活性磷酸盐计量模型被接受外，其他计量统计模型均未通过检验，这说明滨海旅游相关指标除对天津海域活性磷酸盐含量有显著影响外，其他各项污染物含量指标均与被解释变量不存在明显因果关系。活性磷酸盐含量水平之所以受滨海旅游人数和收入影响较大，主要是因为磷酸盐主要来自食品添加剂和日用洗涤剂，食品添加剂和日用洗涤剂往往伴随着滨海旅游人数的不断提高而被大量使用，并通过生活用水直接排放到海洋中，从而（显著影响海水中元素的含量）造成污染。

从计量结果看，总体上天津滨海旅游对海洋环境、资源的影响并不是很大，天津海洋环境的恶化主要受城市工业排污和沿海工业、交通运输以及石油开采带来的影响。但是，在滨海旅游发展过程中过量使用日用洗涤剂、食品添加剂也应引起重视。

#### 6.2.2.2　旅游区开发对周边海域功能和其他开发利用活动影响分析

研究旅游区开发对周边海域功能和其他开发活动的影响及相互关系对合理进行滨海旅游科学发展规划、协调各海洋产业用海，最大程度保护海洋环境和海洋资源具有重要意义。

随着党中央、国务院科学发展观的不断落实，以及天津市不断加大海洋开发的力度，天津市海洋经济及相关海洋产业有了较大发展。

表 6.2－1 显示，除了海洋盐业外，2001—2005 年天津市各海洋产业均呈现出发展的趋势。

为了更好地分析和研究天津滨海旅游发展对周边海域功能和其他开发活动的影响，报告利用天津旅游人数与各项海洋产业相关指标进行计量检验，该部分采用的计量方法与第三部分的方法基本一致，区别在于各海洋产业数据均来自《中国海洋统计年鉴》，由于统计数据的时间序列较短，所以在计量结果的置信度选择上采用了更为严格的 0.01，以最大程度保证计量结果的有效性。

表 6.2－2 中 Person 代表解释变量——人数，Hsyz、Hyhg、Hyjt、Hyyy、Yy 和 Qt 分别代

表海水养殖、海洋化工、海洋交通、海洋原油、海洋盐业和其他海洋产业的相关指标值。所采用数据在进行计量检验前均取过对数，$R^2$、$t$ 和 $Prob$ 均与前面定义相同。

从表 6.2 - 2 的计量结果可以看出，海水养殖、海洋化工、海洋交通、海洋石油各项模型指标均通过检验，说明构建的模型是有效的，滨海旅游每年接待的人数与这 4 个海洋产业发展状况存在一定联系。而海洋盐业和其他海洋产业与滨海旅游每年接待的人数不存在明显解析关系。

**表 6.2 - 1　2000—2005 年天津主要海洋产业指标值及倾废量**

| 年份 | 海水养殖/t | 原油/×10⁴ t | 盐业/t | 化工/亿元 | 船舶/万综合吨 | 交通运输/亿元 | 滨海旅游/万美元 | 其他/亿元 | 倾废量/×10⁴ m³ |
|---|---|---|---|---|---|---|---|---|---|
| 2000 | 4 742 | 409.74 | 250.2 | — | — | 38.23 | 2.32 | — | 365 |
| 2001 | 6 691 | 620.64 | 252 | 38.33 | 1.5 | 44.27 | 2.8 | 69.39 | 735 |
| 2002 | 7 958 | 873.51 | 252.8 | 53.61 | 8.1 | 52.31 | 3.42 | 149.32 | 631 |
| 2003 | 8 759 | 1 000 | 228.68 | 72 | 13.64 | 96.22 | 3.29 | 201.59 | 552 |
| 2004 | 10 631 | 1 095 | 238.5 | 104 | 13.8 | 161.46 | 4.13 | 231.06 | 175 |
| 2005 | 10 915 | 1 432 | 230.6 | 114 | 20.08 | 261.43 | 5.09 | 373.94 | 181 |

**表 6.2 - 2　滨海旅游与各海洋产业计量统计结果，此表均为取对数后结果**

| 项目 | Person | $R^2$ | $t$ | $Prob$（0.01） | 模型是否成立 |
|---|---|---|---|---|---|
| 海水养殖 | $\ln Y = 1.22 \ln X$① | 0.94 | 7.16 | 0.006 < 0.01 | Yes |
| 海洋化工 | $\ln Y = 2.69 \ln X - 7.86$② | 0.93 | 6.35 | 0.008 < 0.01 | Yes |
| 海洋交通 | $\ln Y = 4.41 \ln X - 13.89$③ | 0.92 | 5.98 | 0.01 = 0.01 | Yes |
| 海洋原油 | $\ln Y = 1.79 \ln X - 3.48$④ | 0.90 | 5.33 | 0.01 = 0.01 | Yes |
| 盐业 | $\ln Y = -3.04$ | 0.90 | 5.33 | 0.25 > 0.01 | No |
| 其他 | $\ln Y = 3.57 \ln X - 10.6$ | 0.87 | 4.05 | 0.02 > 0.01 | No |

方程①$\ln Y = 1.22 \ln X$ 表示如果滨海旅游人数年度增加 1%，海水养殖产量就增加 1.22%，这从一定角度说明了随着滨海旅游的不断发展，每年接待的旅游人数不断增加，能够刺激和带动海水养殖业的发展，这主要是由于到滨海旅游的游客往往对海水养殖鱼类有较强的消费偏好，从而间接地促进了海水养殖业的发展。

方程②$\ln Y = 2.69 \ln X - 7.86$ 表示如果滨海旅游人数年度增加 1%，海洋化工产值就增加 2.69%，说明滨海旅游的不断开发，促进了海洋化工业的发展，这个结果似乎说明天津海洋化工业产品的销售在一定程度上依赖滨海新区人们的消费程度，所以伴随着天津滨海旅游人数的增加，海洋化工产品的需求相应增大。

方程③$\ln Y = 4.41 \ln X - 13.89$ 表示如果滨海旅游人数年度增加 1%，海洋交通营运收入就增加 4.41%，这一数据说明海洋交通运输业收入对滨海旅游发展的影响有较大弹性，这主要是因为天津作为重要的港口城市，海洋交通运输一直占港口业务的重要比重，而且具有很强的规模优势和成本优势，所以发展滨海旅游能够很大程度上促进天津海洋交通运输业的发展，因此，未来天津滨海旅游的发展定位也应该着重考虑如何依靠天津作为港口城市这一优势。

方程④$\ln Y = 1.79 \ln X - 3.48$ 表示如果滨海旅游人数年度增加1%，海洋原油产量就增加1.79%。这主要是因为海洋原油有相当一部分的比例供应给滨海新区这个本地市场，旅游人数的增加从交通等多个方面都形成了对能源的更多需求。

总体来看，天津滨海旅游对周边海域功能和其他海洋开发利用活动存在一定影响，从计量结果看滨海旅游的发展能够促进其他海洋产业的开发和发展，但是由于资料和数据获得的有限性，更多内在的原因仍有待挖掘，实证分析结果是否真实反应客观情况还需要进一步探讨。

## 6.2.3 潜在滨海旅游区市场分析

根据调研考察，目前天津滨海旅游市场基本以京津等周边地区为主。资料显示，游客比例中，天津占31.3%，北京占22.7%，河北占11.8%，山西占4.4%，其他地区占29.8%，游客以中青年、中等收入的居多。考虑到未来旅游方式从观光型向度假型和休闲型发展的必然趋势，我们建议：潜在滨海旅游市场应立足周边，面向全国，走向世界，吸引并稳定北京、河北等周边地区客源，以此为基础，着力争取"三北"客源，努力开拓国际客源，逐步实现国内客源与国际客源并重；立足中青年旅游市场，积极开拓青少年旅游市场；立足中低水平收入家庭，兼顾高水平收入的家庭；立足资源，发挥区位与产业经济的优势，为游客提供天津滨海特色的旅游产品。也就是说，滨海旅游区以京津地区为基础客源市场，主攻北京市场，逐步辐射周边地区。积极开拓海外客源市场，海外客源开发重点为在京津地区的外国人这一消费群体，力争实现接待国际、国内游客的规划目标。各客源市场特点及分布如下：

（1）基础客源市场：立足天津的市区及郊县；具有人口多、经济发达、交通便利、旅游费用低的特点；人均消费、出游率的速度增长快。

（2）重点客源市场：具有较大辐射范围和吸引力较强的北京市场一直为滨海旅游区较大的旅游客源地；市场大、人均消费高、重游率高、人均消费、出游率的速度增长快。

（3）潜力客源市场：天津周边地区如河北、山西、内蒙古等周边客源市场；来滨海旅游区的比例不大，但呈现逐年增长的趋势。该客源市场面广、层厚，有广泛的客源基础，极具开发潜力。

（4）少数客源市场：少数海外游客及在京津的外国人现所占比例较小，但增长速度快。

## 6.2.4 潜在滨海旅游区选划

天津市潜在滨海旅游区选划系指根据天津滨海地区旅游资源的分布、组合，按照区域不同的性质、范围大小、隶属关系，而分成不同级别类型的旅游区。

根据旅游地区的性质——以休闲度假旅游为主，还是以观光旅游为主，把天津市潜在滨海旅游区划分为度假旅游区和观光旅游区两大类。它们之下还可进一步划分成二级类区、三级类区。

### 6.2.4.1 度假旅游区

度假旅游区可划分为天津海滨休闲旅游区、天津临港产业旅游度假区、天津港邮轮度假旅游区、官港湿地森林公园旅游区、北塘—三河岛度假旅游区5个二级类区。

1）天津海滨休闲旅游区

位置与范围：天津海滨休闲旅游区位于天津滨海新区北部，塘沽与汉沽交界处，北起津汉快速路绿化带，南至永定新河，西至京山铁路，东至渤海。

面积：规划面积 150 km²，其中陆域面积 75 km²，海洋和滩涂面积 75 km²。

旅游分区：天津海滨休闲旅游区可划分为海上休闲旅游区、综合影视主题公园旅游区、中新生态城旅游区、综合服务旅游区 4 个三级类区。

功能定位：以海上休闲度假和世界级主题公园为核心，集海上休闲度假、海上运动、游艇运动、海上高端商务、海上健身、海洋文化、军事海防、海洋科普、海洋会展博览、影视公园、湿地生态等旅游为一体的海滨综合型、生态型的休闲度假娱乐胜地。

发展目标：天津市规模最大、发展前景最好的海上休闲度假旅游区；环渤海地区海上休闲度假的重要区域；国际旅游目的地。

（1）海上休闲旅游区（海上休闲总部）

位置：天津海滨休闲旅游区的东北部。

面积：规划占地面积 26.1 km²、海域面积 20 km²，共计 46.1 km²。

功能定位：由海上休闲度假、海上运动、游艇运动、海滨休闲商务等旅游项目组成的海滨旅游度假胜地。

旅游项目：海水浴、海上滑水、海上垂钓、海上游艇运动、海上休闲度假、海上高端商务、海上健身、海上公园等旅游项目。

发展目标：天津海滨休闲旅游区的核心区。

（2）综合影视主题公园旅游区

位置：天津海滨休闲旅游区的西北部。

面积：规划面积 36.8 km²。

功能定位：由国际游乐港、世界级主题公园、军事主题公园、龙海国际乡村俱乐部等组成的海滨旅游度假胜地。

旅游项目：以"基辅"号为载体的海防文化游、军事博览游、舰船展示游、商务会展游；以世界级影视主题公园为载体的泰坦尼克主题公园游、西游记主题公园游、影视厂观光游、中心公园游、商务会展游等；以龙海国际乡村俱乐部为载体的 18 洞高尔夫球运动游、蝴蝶园和兰花园游等；以茶淀葡萄园为依托的农业生态观光游等。

发展目标：北方舰船博览中心；中国滨海娱乐航母；世界级主题公园旅游胜地。

（3）综合服务旅游区

位置：天津市海滨休闲旅游区的东南部，由填海造地而成。

面积：规划占地面积 25.7 km²、海域面积 6.9 km²，共计 32.6 km²。

功能定位：以水岸休闲居住、海上邮轮游、海上游艇游为核心，集旅游、休闲、居住、服务为一体的临海旅游居住胜地。

旅游项目：以国际邮轮城为基地的国际邮轮停靠、住宿、娱乐、购物游等；以游艇休闲服务区为中心的游艇会员休闲游、海上运动游、环渤海游、环东北亚游、美食购物游等。

发展目标：集旅游、休闲、居住、服务为一体的高标准的临海生态新城区。

（4）中新生态城旅游区

位置：天津市海滨休闲旅游区的西南部，营城湖及周围区域。

面积：规划面积 34.5 km²。

功能定位：建立人与自然和谐的生态环境体系，具有休闲度假和旅游双重功能；湿地要保持良好的自然状态，充分发挥其生态环境功能，在保持廊道功能正常发挥的前提下，可适度开发对生态环境影响不大的旅游项目。

旅游项目：湿地生态观赏、休闲度假、健身娱乐、贝壳堤剖面展示游、地质科普游、野营、野餐、垂钓、划船、现代农业观光游等。

发展目标：建成天津市人与自然和谐，并具有创新的生态型城市。

2）天津临港产业旅游度假区

位置：天津临港产业区南部。

面积：30 km²，其中陆域面积 16.4 km²，海域 13.6 km²。

功能定位：以海水浴、温泉浴、休闲度假、海上游艇游为特色的海滨休闲度假旅游区。

发展目标：建成大型海水浴场和休闲度假旅游胜地。

3）官港湿地森林公园旅游区

位置：大港区北部，官港镇北。

范围和面积：森林公园东南至八米河的河中线，西至西排干渠，北至大港区与塘沽区交界，总面积为 22.85 km²，其中陆地面积 17.71 km²，水域面积为 5.14 km²。

功能定位：集森林游憩、湿地游、水上娱乐和高尔夫运动为一体的，以森林、野趣为特色的海滨休闲度假旅游区。

旅游项目：森林游憩、湿地漫步游、湿地泛舟游、湿地公园游、水上帆船游、水上快艇游、水上垂钓游、水上滑水游、空中跳伞游、高尔夫球运动游、休闲度假游、商务健身游、健身娱乐游、跑马游等。

发展目标：建成天津市唯一的湿地型森林公园。

4）北塘—三河岛度假旅游区

位置：塘沽区北塘镇附近。

范围和面积：北以永定新河为界，西以森林公园西侧为界，东以三河岛和森林公园的东侧为界，面积约为 7.8 km²。

功能定位：集渔人风情游、滨海森林公园游和三河岛度假游为一体的休闲度假旅游区。

发展目标：建成天津最具特色的海岛度假和海滨渔家风情度渔休闲旅游区。

旅游分区：北塘—三河岛度假旅游区可划分为北塘渔人风情旅游区、塘沽滨海森林公园旅游区、三河岛旅游度假区 3 个三级类区。

（1）北塘渔人风情旅游区

位置：塘沽区北塘镇附近。

面积：2.3 km²。

功能定位：天津最具特色的滨海风情度渔休闲旅游区。

旅游项目：渔人码头区的旅游项目有出海观光游、海上垂钓游、海滩拾贝游、海上捕鱼游等；民俗渔村区旅游项目有渔家风情游、农业观光游等；商贸娱乐休闲区旅游项目有商贸购物游、海鲜餐饮游、温泉疗养游等。

发展目标：建成天津市规模较大的滨海风情度渔休闲旅游胜地。

（2）塘沽滨海森林公园旅游区

位置：塘沽区北塘镇的南部。这里集河、海、湖湿地风景于一体。

范围和面积：滨海森林公园，共 3.5 km²。

功能定位：集滨海森林休闲、水上运动为一体的，面向北京、天津中高档消费者，以商务、会议为主的高档商务型海滨休闲度假旅游区。

旅游项目：森林游憩、休闲度假、水上运动游、体育健身游、温泉疗养游、商务会展游等。

发展目标：建成海滨休闲型、高档商务型森林公园度假旅游区。

（3）三河岛旅游度假区

位置：三河岛是天津唯一的海岛，地处永定新河河口。

面积：岛屿面积 0.015 km²，海岸线长度为 0.469 km²，加上海岛周围海域共计 2 km²。根据《天津市海洋功能区划》，划为保留区，这里处在河海的交汇处，区位优势明显，自然生态环境条件好，适合发展海岛旅游。

功能定位：集海上娱乐活动、海下娱乐活动和岛陆娱乐为一体的海岛休闲度假胜地。

旅游项目：海上运动游、海上游艇游、海下观光游、海上垂钓游、海上捕捞游、温泉养疗游、健身娱乐游、商贸会展游、休闲度假游等。

发展目标：建成天津市唯一的海岛旅游度假区。

5）天津港邮轮度假区

位置：天津港。

面积：面积 5 km²。

旅游分区：天津港邮轮度假区可划分为国际豪华邮轮度假区和国内邮轮旅游区二个三级类区。

功能定位：建设与"北方滨海国际旅游都市"、"都市门户"相适应的天津邮轮港母港；建成服务于东北亚邮轮旅游的航运中心之一。

发展目标：建成东北亚国际邮轮旅游中心。

（1）国际豪华邮轮度假区

位置：天津港东疆港区东部。

面积：4 km²，包括邮轮码头区和休闲度假区两大部分，旅游区的南端以高级休闲旅游为主要目标，将建五星级酒店、游艇俱乐部、海滨度假村等；东部的北端以公众型、运动型休闲娱乐为主，将建国际旅游运动休闲中心、海滨公园、人工沙滩、运动广场及公寓等。

功能定位：国际豪华邮轮旅游的航运中心和休闲度假旅游区。

旅游项目：国际豪华邮轮停靠和住宿、休闲度假游、港口工业游、健身娱乐游、美食购物游。

发展目标：东北亚国际邮轮旅游中心。

（2）国内邮轮旅游区

位置：天津港。

面积：1 km²。

功能定位：接待国内邮轮旅游的航运中心。

旅游项目：环东北亚游、环渤海游、港口游、工业观光游、商务会展游、美食购物游。

发展目标：建成国内邮轮旅游航运中心。

### 6.2.4.2 观光旅游区

观光旅游区可划分为海河下游观光旅游区、大港观光旅游区和汉沽观光旅游区 3 个二级类区。

*1）海河下游观光旅游区*

位置：海河下游大梁子渡口至入海口为生活旅游岸线。这里河道弯曲、水域宽阔，两岸景色不俗，已建成若干个观光旅游区。

面积：5 km²。

旅游分区：海河下游观光旅游区可划分为大沽炮台遗址公园旅游区、海河外滩公园旅游区、"东方公主"号旅游区、潮音寺民俗旅游区 4 个三级类旅游区。

功能定位：以游船为媒介，连接海河两岸文化古迹、田园风光、都市景观和海上景观于一体的观光型休闲旅游地带。

发展目标：建成集旅游观光、休闲娱乐、生活服务于一体的服务型经济带、文化带和旅游景观带。

（1）大沽炮台遗址公园旅游区

位置：海河入海口南岸。由大沽炮台遗址和大沽船坞遗址两部分组成。

范围和面积：南至南疆大桥，东临大海，西傍海防路，呈三角形。公园占地总面积1 km²。

功能定位：集爱国主义教育、海防文化、国防科普于一体的遗址公园。

旅游项目：大沽炮台遗址游、海战纪念馆游、大沽船坞遗址游、"大沽烟云"爱国主义教育游、海防文化游等。

发展目标：建成海河下游爱国主义教育旅游基地。

（2）海河外滩公园旅游区

位置：海河北岸，海门大桥东。

面积：2.5 km²。

功能定位：集滨河休闲、工业游、港口观光游、美食购物游为一体的休闲旅游区。

旅游项目：海河外滩游、美食购物游、天津经济技术开发区工业游、天津港保税区游、天津港观光游、天津高新技术产业观光游、商务会展游等。

发展目标：建成海河下游休闲旅游基地。

（3）"东方公主"号旅游区

位置：海河北岸，海河外滩公园东部。

面积：0.5 km²。

功能定位：以"东主公主"号游船观光为主体的海河游船观光旅游区。

旅游项目："东主公主"号游船观光游、海河沿岸游船观光游、海上观光游等。

发展目标：建成海河下游以游船为主的休闲旅游基地。

（4）潮音寺民俗旅游区

位置：海河下游西岸的西大沽境内。

面积：1 km²。

功能定位：以潮音寺、故土园、邓颖超骨灰撒放纪念地组成的，融宗教、文化、民俗活动为一体的休闲旅游区。

旅游项目：潮音寺观光游、故土园观光游、邓颖超骨灰撒放纪念地游等。

发展目标：建成天津海河下游以民俗风情为特色的休闲旅游基地。

2）大港观光旅游区

位置：大港区的海滨地区。

面积：27.6 km²。

旅游分区：本区可进一步划为上古林贝壳堤文化公园旅游区、大港海滨湿地旅游区、大港油田观光旅游区、北大港水库东部和独流减河观光旅游区4个三级类区。

功能定位：以古海岸遗迹、湿地生态和工业观光旅游为主的休闲旅游区。

发展目标：建成大港区的滨海观光旅游基地。

（1）上古林贝壳堤文化公园旅游区

位置：大港区上古林。

面积：2.6 km²。

功能定位：通过天津市第二道贝壳堤标准剖面和古沉船遗址，反映沧海桑田和海岸变迁的文化公园。

旅游项目：贝壳堤古海岸游、古沉船遗址游、海洋地质科普游和海鲜美食游等。

发展目标：建成具有科研、科普价值的天津市第二道贝壳堤展示中心。

（2）大港海滨湿地观光旅游区

位置：大港区马棚口附近近岸海域。

面积：3 km²。

功能定位：大港海滨湿地生态环境和海洋动植物保护基地。

旅游项目：海涂湿地游、海洋生物观赏游等。

发展目标：建成重要经济动物增殖地和浅海生态生物多样性基因库。

（3）大港油田观光旅游区

位置：大港油田。

面积：2 km²。

功能定位：大港油田石油和天然气钻探、生产流程观光游览。

旅游项目：油气钻探观赏、油气生产观赏、油气展览馆等。

发展目标：建成天津市滨海油气田观光旅游中心。

（4）北大港水库东部和独流减河观光旅游区

位置：北大港水库东部和独流减河。

面积：20 km²。

功能定位：水上运动和出海观光。

旅游项目：水上游艇游、水上滑水游、水上垂钓游、出海观光游、海水循环经济游、美食购物游等。

发展目标：建成北大港水库东部旅游基地。

3）汉沽观光旅游区

位置：汉沽区的海滨地区。

面积：18 km²。

旅游分区：本区可进一步划分为渤海中心渔港旅游区、汉沽循环经济工业游区 2 个三级类区。

发展目标：建成汉沽区的观光旅游基地。

（1）中心渔港休闲渔业区

位置：汉沽区蔡家堡附近。

面积：16 km²，其中海域 6 km²。

功能定位：以渔为媒，形成以游钓游为主体的，集休闲、娱乐、餐饮及相关配套服务为一体的休闲渔业旅游区。

旅游项目：海上垂钓、海水浴、沙滩排球、沙滩足球、出海观光、海滩赶海拾贝、海洋渔业博览、渔家风情等旅游。

发展目标：建成我国北方海洋渔业的生产加工中心、环渤海地区的游钓艇停泊和服务主要基地、大型渔业主题公园（博览园）、著名海鲜市场和海鲜美食地。

（2）汉沽循环经济工业游区

位置：汉沽盐场、碱厂、电厂、海水淡化厂生产区。

面积：2 km²。

功能定位：展示海滨工业循环经济的地区。

旅游项目：盐田工业游、死海型盐田健身游、循环经济工业游等。

发展目标：建成天津市海滨地区发展循环经济的示范基地。

## 6.3 新型潜在海水增养殖区评价与选划[①]

天津市海洋渔业有着悠久的传统历史，在天津渔业中占有举足轻重的地位。改革开放以前，天津市水产业十分落后，产业以海洋捕捞为主，无论是海水养殖还是淡水养殖面积都很小，产量较低。随着我国改革开放的不断深入，也推动了天津市渔业的快速发展。由于各种客观条件的制约和限制，水产业和各产业之间根据各自的客观发展条件进行了调整，海洋捕捞业逐步退居到次要地位。从 2001 年开始，天津沿海各级渔业主管部门，一方面积极开辟新渔场、开发新资源，引导捕捞向外海调整与发展；另一方面把部分从事近海生产的小型渔船转移到海水养殖上来，努力实现近海捕捞"零增长"计划，引导渔民根据渔业资源变化，适时调整捕捞作业结构，采取合打合运，分打合运等办法，缩短水产品在海上停留的时间，提高水产品鲜度，提高经济效益。

① 天津科技大学，天津市"908 专项"天津滨海地区潜在海水增养殖区的评价和选划研究报告，2008。

### 6.3.1 潜在海水增养殖区综合评价

#### 6.3.1.1 水质综合评价

依据海水水质标准（GB 3097—1997），结合海水养殖用水水质标准（NY 5052—2001）采用灰色聚类法进行浅海水质评价。根据水质污染程度，将水质条件划为"较好"、"适宜"、"不适宜"和"恶劣"4个等级。前2级海域可用于海水增养殖。结合"908专项"海水化学调查的结果，选定15个站位4个季度溶解氧、总无机氮、活性磷和pH值的平均值作为水质评价的要素；8个站位两个季度的石油类、砷、汞、铅、镉和锌作为评价参数；选定7个补充调查站位的溶解氧、总无机氮、活性磷和pH值作为水质评价参数。"908专项"分别于2005年8—9月丰水期、2006年5—6月枯水期、2006年8—9月丰水期和2007年5—6月枯水期对天津市近岸海域各个河口污染状况进行了4个时期的现场调查，具体包括：北塘口（蓟运河、永定新河、潮白新河）、海河、大沽排污河、独流减河、子牙新河、青静黄排水河、北排水河。根据实际情况选用无机氮、活性磷酸盐、COD、$BOD_5$、溶解氧和pH值作为水质评价的要素。

由于是在前期调查的基础上进行海域水质评价，并且要以国家标准（GB 3097—1997）为依据，所以选取的评价参数既是国家标准制定的指标又是本次调查的水质指标；由于悬浮物指标在所有站位点均超过海水水质标准Ⅱ类（海水养殖水质），并且经过调研，悬浮物过高可能与天津的填海造陆有关，故在选取评价参数时未把悬浮物考虑在内。选取的参数为溶解氧、pH值、无机氮（$NO_3-N$、$NO_2-N$和$NH_3-N$之和）、活性磷酸盐、汞、镉、铅、锌、砷、石油类。

根据相关要求，溶解氧、pH值、无机氮、活性磷酸盐4个参数在15个站位进行调查监测，而汞、镉、铅、锌、砷、石油类6个参数仅在8个站位进行调查监测，所以分开进行评价。

评价方法——灰色聚类法。

（1）聚类样本的构成

记评价点$i=1, 2, \cdots, m$为聚类对象，各类指标$j=1, 2, \cdots, n$为聚类指标。$k=1, 2, \cdots, K$为不同灰类。$\chi_{ij}$为第$i$个聚类对象关于第$j$个聚类指标的样本实测值，那么样本矩阵为$X=(\chi_{ij})_{n \times m}$，将第$i$个对象归入第$k$个灰类之中。

（2）数据的标准化处理

各种聚类指标的意义不同、量纲不同，因而不能直接进行计算，通常对数据进行无量纲化处理。

（3）白化函数

第$i$个指标的灰类1，灰类$j$（$j=1, 2, \cdots, h-1$）和灰类$h$的白化函数分别为：

$$f_{i1}(x) = \begin{cases} 1 & x \leqslant x_m \\ \dfrac{x_h - x}{x_h - x_m} & x_m < x < x_h \\ 0 & x \geqslant x_h \end{cases}$$

$$f_{ij}(x) = \begin{cases} \dfrac{x - x_0}{x_m - x_0} & x_0 \leqslant x < x_m \\ 0 & x \geqslant x_h \\ \dfrac{x_h - x}{x_h - x_m} & x_m \leqslant x < x_h \end{cases}$$

$$f_{ih}(x) = \begin{cases} 1 & x \geqslant x_m \\ \dfrac{x - x_0}{x_m - x_0} & x_0 < x < x_m \\ 0 & x \leqslant x_0 \end{cases}$$

$x_0$，$x_m$，$x_h$ 分别对应计算时的无量纲化灰类值。水体溶解氧和 pH 值指标标准不同于其他指标，需要转换或者区间赋值。

（4）确定聚类权

聚类权是衡量各个指标对同一灰类的权重。第 $i$ 个指标 $j$ 个灰类的权重值为：

$$W_{ij} = \frac{r_{ij}}{\sum\limits_{i=1}^{n} r_{ij}}, i \in [1, 2, \cdots, n], j \in [1, 2, \cdots, h]$$

（5）计算聚类系数

聚类系数反映了聚类样本对灰类的亲疏程度，即第 $i$ 个聚类对象隶属于第 $k$ 灰类的程度，其值为：

$$\varepsilon_{kj} = \sum_{i=1}^{n} f_{ij}(d_{ki}) W_{ij}, k \in [1, 2, \cdots, m]$$

（6）构造聚类向量及评价

按照最大隶属原则确定聚类样本属于哪一类。由所得聚类系数形成聚类行向量，行向量中元素最大值所对应灰类即为该样本所属类别。将各样本所属的灰类进行归纳，得到灰色聚类分析的评价结果。

经过灰色聚类系数分析，得出各站位点的水质等级，结果见表 6.3 – 1、表 6.3 – 2、表 6.3 – 3。从表 6.3 – 1、表 6.3 – 2、表 6.3 – 3 可以看出，经过综合评价，天津海域 TJ02 站位、TJ05 站位、TJ09 站位、TJX – 1 站位、ZD – TJ087 站位、ZD – TJ097 站位、S2 站位、S4 站位、S6 站位、北塘 1，2，4，5，6 站位、海河河口、大沽河河口、独流减河河口、子牙河河口、青静黄河口及北排河口均为不适宜或恶劣水质，不适合进行海水增养殖，其他站位海域化学指标适合增养殖。

**表 6.3 – 1　天津海域 15 个站位水质等级**

| 站位 | TJ01 | TJ02 | TJ04 | TJ05 | TJ08 | TJ09 | TJ10 | TJX – 1 |
|---|---|---|---|---|---|---|---|---|
| 类别 | 适宜 | 恶劣 | 较好 | 恶劣 | 较好 | 恶劣 | 较好 | 不适宜 |
| 站位 | TJX – 2 | TJX – 3 | TJX – 4 | ZD – TJ087 | ZD – TJ088 | ZD – TJ096 | ZD – TJ097 | |
| 类别 | 较好 | 适宜 | 较好 | 恶劣 | 较好 | 较好 | 恶劣 | |

表 6.3 – 2　7 个补充调查站位水质等级

| 站位 | S1 | S2 | S3 | S4 | S5 | S6 | S7 |
|---|---|---|---|---|---|---|---|
| 类别 | 适宜 | 恶劣 | 较好 | 恶劣 | 较好 | 恶劣 | 较好 |

表 6.3 – 3　河口及邻近海域水质等级

| 站位 | 北塘 | | | | | | 海河、大沽 | | | | | | |
|---|---|---|---|---|---|---|---|---|---|---|---|---|---|
| | 1 | 2 | 3 | 4 | 5 | 6 | 海河1 | 大沽1 | 2 | 3 | 4 | 5 | 6 |
| | 恶劣 | 恶劣 | 较好 | 恶劣 | 恶劣 | 恶劣 | 恶劣 | 恶劣 | 较好 | 较好 | 较好 | 较好 | 较好 |
| 站位 | 独流减河 | | | | | | 子牙、青静黄河 | | | | | | |
| | 1 | 2 | 3 | 4 | 5 | 6 | 子牙1 | 青静黄1 | 2 | 3 | 4 | 5 | 6 |
| | 恶劣 | 较好 | 较好 | 较好 | 较好 | 较好 | 恶劣 | 恶劣 | 较好 | 较好 | 较好 | 较好 | 较好 |
| 站位 | 北排河 | | | | | | | | | | | | |
| | 1 | 2 | 3 | 4 | 5 | 6 | | | | | | | |
| | 恶劣 | 适宜 | 较好 | 较好 | 较好 | 较好 | | | | | | | |

#### 6.3.1.2　重金属及石油类因子综合评价

经过灰色聚类系数分析，得出各站位的水质等级，结果见表6.3 – 4。从表6.3 – 4可以看出，经过综合评价，天津海域 TJ04 站位、TJ05 站位、TJ08 站位、TJX – 4 站位、ZD – TJ087 站位、ZD – TJ088 站位、ZD – TJ096 站位及 ZD – TJ097 站位均为 I 类水质，适合进行海水增养殖。

表 6.3 – 4　天津海域 8 个站位水质等级

| 站位 | TJ04 | TJ05 | TJ08 | TJX – 4 | ZD – TJ087 | ZD – TJ088 | ZD – TJ096 | ZD – TJ097 |
|---|---|---|---|---|---|---|---|---|
| 类别 | 较好 | 较好 | 较好 | 较好 | 较好 | 较好 | 较好 | 较好 |

#### 6.3.1.3　沉积物综合评价

经过灰色聚类系数分析，得出各站位的底质等级，结果见表6.3 – 5、表6.3 – 6、表6.3 – 7。从表6.3 – 5、表6.3 – 6、表6.3 – 7可以看出，经过综合评价，天津海域8各站位、河口及邻近海域底质及潮间带沉积物均为适宜底质，适合进行海水增养殖。

表 6.3 – 5　天津海域 8 个站位点底质等级

| 站位 | TJ04 | TJ05 | TJ08 | TJX – 4 | ZD – TJ087 | ZD – TJ088 | ZD – TJ096 | ZD – TJ097 |
|---|---|---|---|---|---|---|---|---|
| 类别 | 适宜 | 适宜 | 适宜 | 适宜 | 适宜 | 适宜 | 适宜 | 适宜 |

表 6.3 – 6　河口及邻近海域水质等级

| 站位 | 北塘 | | | | | | 海河、大沽 | | | | | | |
|---|---|---|---|---|---|---|---|---|---|---|---|---|---|
| | 1 | 2 | 3 | 4 | 5 | 6 | 海河1 | 大沽1 | 2 | 3 | 4 | 5 | 6 |
| | 适宜 | 适宜 | 适宜 | 适宜 | 适宜 | 适宜 | 适宜 | 适宜 | 适宜 | 适宜 | 适宜 | 适宜 | 适宜 |
| 站位 | 独流减河 | | | | | | 子牙、青静黄河 | | | | | | |
| | 1 | 2 | 3 | 4 | 5 | 6 | 子牙1 | 青静黄1 | 2 | 3 | 4 | 5 | 6 |
| | 适宜 | 适宜 | 适宜 | 适宜 | 适宜 | 适宜 | 适宜 | 适宜 | 适宜 | 适宜 | 适宜 | 适宜 | 适宜 |
| 站位 | 北排河 | | | | | | | | | | | | |
| | 1 | 2 | 3 | 4 | 5 | 6 | | | | | | | |
| | 适宜 | 适宜 | 适宜 | 适宜 | 适宜 | 适宜 | | | | | | | |

表 6.3 – 7　天津潮间带不同区域底质等级

| 站位 | 1 | 2 | 3 | 4 | 5 | 6 | 7 | 8 | 9 |
|---|---|---|---|---|---|---|---|---|---|
| 类别 | 适宜 | 适宜 | 适宜 | 适宜 | 适宜 | 适宜 | 适宜 | 适宜 | 适宜 |

## 6.3.2　天津市潜在海水增养殖区选划

根据海洋化学 2006 年夏季和冬季两个航次的调查数据，结合海水水质标准（GB 3097—1997），经过聚类分析后，获得 15 个站位的水质等级；根据 15 个站位的水质等级，利用 ARCGIS9.2 为软件平台进行空间数据插值（该选划采用的插值方法为反距离权插值法）。下面是两个航次的海洋化学调查数据，按 15 个站位不同的水质等级对天津海域进行 IDW 插值后形成的图 6.3 – 1（底图：1∶50 000DLG 数据，分幅数 10，采用 WGS – 84 坐标系，1985 国家高程基准，数据格式为 Shapefile 格式，成图比例为 1∶500 000）。

表 6.3 – 8　15 个站位夏冬季浮游植物均值　　　　　　单位：个/L

| 站位 | 冬季 | 夏季 | 平均值 |
|---|---|---|---|
| TJ01 | 35 906.33 | 53 520.87 | 44 713.6 |
| TJ02 | 633.332 | 235 417.1 | 118 025.2 |
| TJ04 | 99.999 | 144 824.3 | 72 462.15 |
| TJ05 | 24.155 | 149 847.9 | 74 936.03 |
| TJ08 | 1 105.134 | 161 003.1 | 81 054.12 |
| TJ09 | 1 666.667 | 12 373.73 | 7 020.199 |
| TJ10 | 1 111.111 | 154 310.4 | 77 710.76 |
| TJX – 1 | 35 461.33 | 132 082 | 83 771.67 |
| TJX – 2 | 9 887.929 | 2 738.099 | 6 313.014 |
| TJX – 3 | 70 603 | 155 681.7 | 113 142.4 |
| TJX – 4 | 3 888.891 | 174 405 | 89 146.95 |
| ZD – TJ087 | 2 435.895 | 1 321.84 | 1 878.868 |
| ZD – TJ088 | 31 837.75 | 312 811.5 | 172 324.6 |
| ZD – TJ096 | 8 942.958 | 108 979.7 | 58 961.33 |
| ZD – TJ097 | 4 242.422 | 260 665.4 | 132 453.9 |

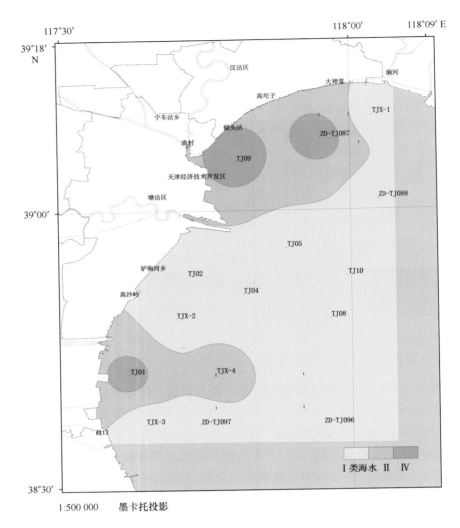

图6.3-1 海洋化学调查数据聚类分析水质分类

　　根据两个航次浮游植物的调查数据，利用同样的插值方法，对天津海域进行浮游植物空间数据内插。表6.3-8是15个站位夏冬季浮游植物均值。图6.3-2是浮游植物含量分类图。

　　由于要考虑海洋化学数据聚类分析后的插值水质分类结果及浮游植物数据的插值结果，故综合考虑并结合GIS的空间数据分析技术，将两个图层进行交集操作。根据《天津市海洋功能区划图（报批修改稿）》及相应的《天津市海洋功能区划海洋功能区登记表（送审稿）》提供的空间坐标，将各相应的主要海洋功能区的空间坐标输入交集后的底图，形成图6.3-3。图的下方蓝色方框为原海水增殖功能区划。

　　综合以上各种因素，包括海洋化学调查数据的聚类分析，浮游植物含量以及天津市海洋功能区划，形成天津市海水增殖区域图（图6.3-4）。共有两块区域，北部和南部选划区，增殖区面积474.09 km²。

　　北部选划区的坐标从上到下，从左到右依次为：117°56′53″E，39°10′37″N；118°01′22″E，39°10′37″N；118°01′22″E，39°06′29″N；117°58′41″E，39°06′29″N；

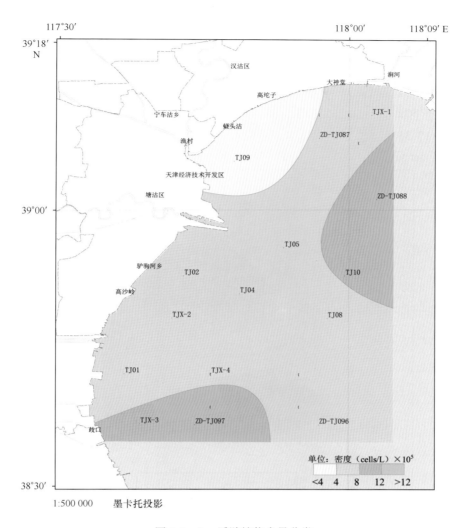

图 6.3 - 2　浮游植物含量分类

117°56′52″E，39°08′35″N。总面积为 46.76 km²。

南部选划区的坐标从上到下，从左到右依次为：117°39′14″E，38°47′56″N；117°57′50″E，38°47′56″N；117°57′50″E，38°40′44″N；117°41′02″E，38°40′44″N；117°41′02″E，38°37′12″N；117°38′49″E，38°37′12″N；117°37′12″E，38°42′36″N。总面积为 427.33 km²。

由于天津浅海海域无机氮及悬浮物单因子全部超标，不适宜进行投饵式养殖，故不再选划养殖区，仅在潮间带选划养殖区。

综合以上各种因素，包括海洋化学调查数据的聚类分析，底栖动物生物量、初级生产力以及天津市海洋功能区划，形成天津市海水养殖区域（图 6.3 - 5）。共有 7 块区域，汉沽区两块即涧河附近和保留区，塘沽区一块即高沙岭附近，大港区 4 块，即保留区、保留区和保护区之间、保护区及北排河附近。养殖区总面积 48.53 km²。

汉沽区涧河附近坐标：117°58′37″E，39°13′08″N；118°01′44″E，39°13′12″N；118°01′30″E，39°11′35″N；117°59′02″E，39°11′31″N。面积 12.98 km²。

汉沽区保留区坐标：117°53′31″E，39°11′56″N；117°55′19″E，39°12′32″N；117°55′59″E，39°11′13″N；117°54′22″E，39°10′37″N。面积7.58 km²。

塘沽区高沙岭坐标：117°38′10″E，38°51′04″N；117°38′46″E，38°50′42″N；117°36′18″E，38°47′13″N；117°34′59″E，38°47′13″N。面积14.7 km²。

大港区保留区坐标：117°35′20″E，38°43′44″N；117°35′31″E，38°43′44″N；117°35′28″E，38°42′43″N；117°33′54″E，38°42′43″N。面积4.15 km²。

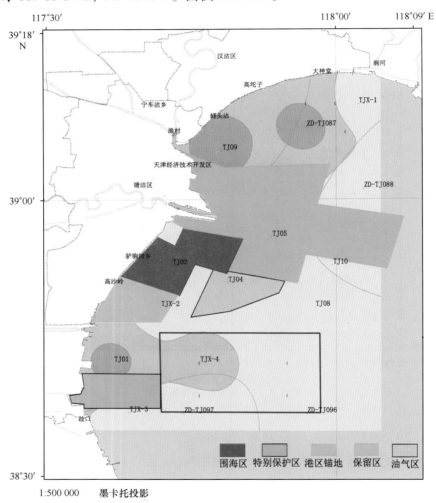

图6.3-3 海洋化学水质等级与浮游植物含量及功能区划

大港区保留区和保护区之间坐标：117°33′50″E，38°42′00″N；117°34′08″E，38°41′56″N；117°33′54″E，38°41′24″N；117°33′36″E，38°41′28″N。面积0.55 km²。

大港区保护区坐标：117°34′01″E，38°41′17″N；117°34′16″E，38°41′20″N；117°34′23″E，38°41′17″N；117°34′08″E，38°41′17″N。面积0.87 km²。

大港区北排河附近坐标：117°34′05″E，38°37′59″N；117°37′01″E，38°37′59″N；117°37′01″E，38°37′05″N；117°34′05″E，38°37′05″N。面积7.6 km²。

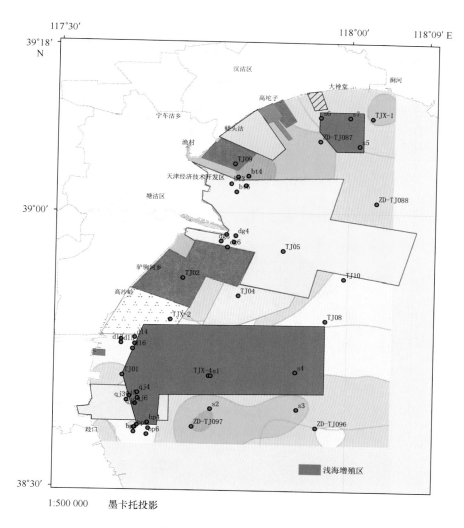

图 6.3 - 4　浅海增值区选划

# 6.4　天津海洋可持续发展的对策与建议

通过对天津市近海海洋综合调查的结果，分析研究了天津在海洋开发、保护和管理中存在的问题，为了使天津市海洋经济可持续发展，建议采取以下措施。

## 6.4.1　加强海洋管理制度建设，落实海洋综合部门职责

天津市海洋局承担着对本市管辖海域的自然环境、海洋资源、海洋设施和海上活动采取法律、政策、行政和经济手段进行管理的职能，是负责海洋工作的整体协调控制，促进海洋开发利用和海洋经济发展，保护海洋环境活动管理的综合职能部门。近年来，通过颁布有关管理政策法规、编制海洋功能区划、制订海洋科技发展战略、落实海洋环境保护措施、健全海洋管理机构等，使本市的海洋管理工作不断得到强化，管理成效显著。随着滨海新区纳入国家发展战略的工作逐步深入展开，本市的海洋管理也面临更高的要求，不仅要解决各种重

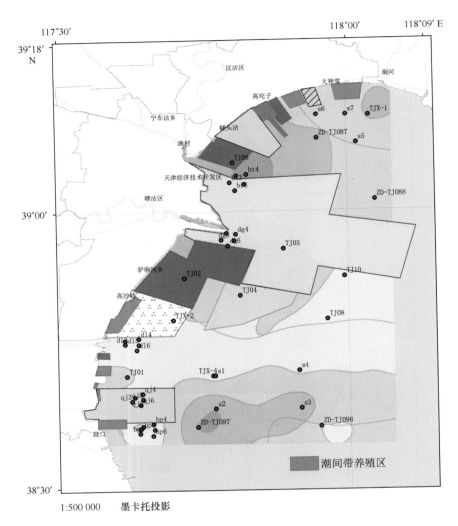

图 6.3 – 5　天津海域养殖区选划

大的海洋开发利用的布局问题，还要承担起协调各涉海行业的用海利益和环境保护要求。切实承担对本市海洋资源开发秩序和海洋环境保护的有效调整、整治和管理的职能，提高管理效率，保证各项管理政策和措施的有效实施，制订并严格实施海洋资源和环境保护规划，为确保海洋资源和环境的可持续利用，促使海洋经济健康快速发展奠定基础。

## 6.4.2　完善法律配套制度建设，切实落实各项管理政策

国家颁布实施的《海域使用管理法》、《海洋环境保护法》确立了海域使用和海洋环境保护管理的基本制度，为我国海域使用、海洋环境保护和海洋综合管理提供了明确的行为规范。但海域使用管理和海洋环境保护实践中仍存在诸多具体问题，尤其是天津市海洋管理工作存在一系列单靠国家难以统一解决的问题，需根据本地的实际情况，通过逐步建立和完善《海域使用管理法》、《海洋环境保护法》的配套制度来解决。根据天津市海洋管理现状，需进一步开展与管理相关的基础理论研究，进而制定符合实际需要的政策和规定，包括开展海域使用权招标拍卖、海域使用权补偿、海域使用权登记、海域使用档案管理、海洋生态环境安全、海洋生态补偿等办法或规定，同时开展海洋资源开发利用、海洋科学研究、海上交通运输等

配套办法或规定的研究。

### 6.4.3 加强监督管理机制建设，完善执法监督检查制度

随着我国经济与社会的快速发展，由于土地资源的稀缺，海域蕴藏着巨大的商机，海域使用必然会上升为一个新的焦点。尤其是天津市经济迅猛发展的实际情况，决定了包括填海造地、海洋工程建设等是一段时期内海域使用的主要方式方向。因此，需要建立与海洋经济发展要求相适应的、运转高效、反应迅速的海洋监督管理机制，加强海洋执法的协调管理，逐步整合海洋行政执法队伍；加强海洋监督和管理队伍的思想建设、组织建设、作风建设、业务建设和廉政建设；建立和完善各项监督检查制度，保证海洋管理和执法人员的公正廉洁；强化海上执法机构和能力建设，进一步完善海监总队和区支队的建设和分工，明确海洋执法人员的职责任务，建立严明的海上执法纪律，逐步建立统一的多职能的海洋执法监督检查队伍，建立应对海上突发事件的快速反应工作机制。

### 6.4.4 强化功能区划科学论证，严格执行功能区划制度

海洋功能区划是依法管理海域的科学基础，也是协调海陆经济活动的有力手段。2001 年《天津市大比例尺海洋功能区划》正式批准实施，2005 年完成修订，2007 年根据滨海新区发展的实际情况对海洋功能区划进行了局部的调整。2008 年 3 月 17 日，国务院（国函〔2008〕29 号）文正式批准了《天津市海洋功能区划》（以下简称《区划》）。该《区划》的批准，为加强天津市海域使用管理和海洋环境保护、促进海洋经济可持续发展提供了重要依据，也为滨海新区未来发展提供了广阔的空间。

《区划》是科学使用和管理海域的重要依据。要严格依据《区划》审批海域使用项目。加强对填海、围海等用海活动的管理，合理控制并统筹安排填海造地规模、时序。涉及使用海域的工程建设项目，海洋行政主管部门要依据《区划》对项目用海进行预审。要根据不同海域特点，制定和实施重点海域使用调整计划，建立符合海洋功能区划的海洋开发利用秩序。要严格海洋环境保护措施。要依据《区划》，加强对各类涉海自然保护区的建设与管理；严格审批海岸和海洋工程的环境影响报告书，确保沿海新建、扩建和改建工程的选址符合《区划》要求。加强海洋环境监测和监督管理，对陆源污染物应严格实行处理达标后排放，并根据《区划》要求选择排污口位置，逐步实行深海离岸排放。

### 6.4.5 加强引导，优化海洋产业的结构和布局

以"加快推进经济结构调整和转变增长方式"为转变经济发展动力的目标，切实加大产业结构调整力度，要加强对三次产业结构布局和调整，特别要加强对天津市滨海旅游业现阶段规模与规划目标相差较大，以及海洋渔业出现波动等问题进行研究和调整，抓好有效投入和招商引资工作，根据海洋规划产业目标及各主要海洋产业发展的相关要求，明确产业定位，重点选择促进天津市产业结构优化升级的高新技术项目，提高利用外资和内资的质量。积极引进和培育高科技、高效益、发展潜力大的集群产业，寻找新的有效增长点。

重点发展海洋交通运输业、海洋油气业、滨海旅游业，缓解交通紧张状况，带动和促进沿海地区经济全面发展。积极发展海水直接利用、海洋药物、海洋保健品、海盐及盐化工业、

**231**

海洋服务业等，使海洋产业群不断扩大。研究开发海洋高新技术，采取有效措施促进海洋高新技术产业化，逐步发展海洋能发电、海水淡化、海水化学元素提取、深海采矿，以及新兴的海洋空间利用事业，不断形成海洋经济发展的新生长点。逐步将海洋一、二、三产业的比例调整为 2:3:5，争取尽快建立低消耗、高产出的海洋产业结构。

### 6.4.6 加强海洋生态环境保护与建设

推进天津市经济发展，加强海洋生态环境保护建设应开发与保护并重，海洋环境保护的目的是保证充分、合理、有效和可持续地利用海洋资源，发展海洋经济。天津市环境保护工作必须坚持依法履行职责，为经济建设服务、为社会发展服务、为基层服务。恰当处理好海洋资源开发与保护两者之间的平衡关系，既保障海洋资源合理利用，又能全面协调沿海地区的社会经济和谐、健康、可持续发展。实行海洋与陆地统筹兼顾政策，陆源污染是海洋环境污染的主要来源，海洋环境保护必须通过积极治理、鼓励采用新技术等手段减少陆源污染物的排放量，在一些重点海域试点入海污染物总量控制的方法，坚持治疏结合，减轻海洋环境污染。实行功能分区控制，海洋功能区划是海洋环境保护管理的重要依据，在根据天津市经济发展明确各海洋功能分区的主导功能之后，海洋环境保护应按照各类海洋功能区的不同要求进行管理。

（1）以规划为主导，走环境可持续发展道路

加强海洋环境保护，必须坚持规划先行，切实落实《天津市海洋环境保护规划》确定的各项海洋环境和生态保护要求和措施，完善海洋环境保护规划管理制度，以落实海洋发展观、促进天津市海洋资源科学合理利用，加快解决天津沿海突出的海洋环境问题，减轻重点海域的环境压力，减缓和遏制海洋生态环境退化，保护和恢复海洋生态系统的重点服务功能，促进海洋经济与海洋环境的良性循环，引导沿海地区加快资源节约型、环境友好型社会建设。

（2）以近岸为目标，加强生态环境保护管理

针对天津市围填海规模大、类型多的特点，把海洋工程项目对近岸生态环境影响的管理作为重点，为海洋工程的合理布局、减轻影响提出管理要求；针对目前海洋环境污染大部分来自陆源的特点，进一步加强对陆源污染物的监测和管理；继续执行禁渔措施，减轻海洋捕捞对海洋生态的压力，同时采取减船转产转业措施，推进渔业产业结构调整；继续组织在近岸海域实施人工增殖放流，扩大增殖放流规模，增加放流品种，以恢复海洋生物多样性和自然生产力；采取有效措施，把天津市的海洋生态保护工作转入更为积极的生态修复阶段；加强"汉沽浅海生态系海洋特别保护区"、"大港滨海湿地海洋特别保护区"的建设工作，采取切实保护措施，严禁破坏性开发，减少污染损害事故，减少区内外其他开发活动的影响；加强对我国唯一的以贝壳堤、牡蛎滩珍稀古海岸遗迹和湿地自然环境及其生态系统为主要保护和管理对象的"天津古海岸与湿地国家级自然保护区"，以及"北大港湿地自然保护区"的管理；加强海洋生态环境监测体系的建设，不断完善监测手段，提高检测能力和响应速度，逐步实现应急响应机制建设、预防服务的制度化、标准化和系统化；加强海洋生态环境保护的宣传，提高海洋生态环境保护意识。

（3）以填海为重点，加强专项用海环境治理

近期，由于国家政策对于海洋经济的重视和扶持，海洋经济发展迅速，以工业建设为目的的大规模围填海活动和个体性质的小规模围填海（主要是养殖）活动均持续增加，滩涂正以惊

人的速度被人为改造为田地，而且其速度有进一步加快的趋势。随着天津市经济的快速发展，对土地资源的需求日益突出，填海造地在带来经济效益的同时，也带来了相应的生态负效应，有可能逐渐成为近岸海域环境的主要问题。围填海不仅带来了自然岸线缩减、海湾消失、自然景观破坏等一系列问题，也造成了近岸海域生态环境破坏，海水动力条件失衡，以及海域功能严重受损。填海造地对海洋生态环境产生的重大影响，必须综合考虑自然条件、社会经济条件和生产力发展等因素，正确处理好围海填海和生态环境保护的关系，统筹规划、合理布局、综合利用、强化管理，确保社会、经济和生态效益的有机统一。高度重视填海造地活动可能带来的环境影响，加强对填海造地的科学规划、科学布局、科学安排，对天津市建设用海进行整体管理，在继续强化对单个用海项目管理的基础上，对整个区域内的填海造地实行总体规划管理，对区域内的建设项目进行整体规划和合理布局，确保科学开发和有效利用海域资源，同时也有利于解决单个填海造地项目用海环境可行，减小区域整体填海造地项目用海的海洋生态环境影响，有效地控制填海造地项目用海等各种专项用海活动对海域环境造成的影响。

### 6.4.7　建立海洋环境综合治理机制

要将生态建设和环境保护作为实施滨海新区开发开放战略的根本切入点，全面落实预防为主、防治结合的方针，贯彻谁污染谁治理，谁开发谁保护的基本原则，建立健全海洋生态环境保护和综合治理监管体系。在加大投入、动员群众投资投劳的同时，引入市场机制，加强生态建设和环境保护，提高区域的环境质量；建立污染物入海总量控制和达标排放双控制度，减少排海污染物总量；建设海域污染监测、监视、监察和应急响应机制；加强海域监督检查、海洋执法力度，切实落实海洋环境综合治理与保护在保证海洋资源环境可持续发展方面的政策和措施。

（1）加强海域环境综合整治

加强海域监督检查、海洋执法的力度，坚持预防为主、防治结合，谁污染谁治理，谁开发谁保护，加强海域环境综合整治。重点对海洋工程施工情况、污油水排放标准情况、乱采海砂、违法倾废以及海上养殖区生活垃圾排海污染等现象进行整治，坚决打击违法排放污染物损毁海洋环境的行为。开展湿地恢复工程，选择一些具有重要标志意义，但目前又遭受侵蚀或被污染破坏的沿海湿地，开展湿地养护和恢复工程的试点研究和防灾减害研究。

（2）建立总量控制和达标排放制度

抓好陆源污染物排海控制，实行污染物入海总量控制和达标排放双控制度。依据污染物排放对不同海洋功能区的影响，制定符合天津市情形的合理的陆源污染物控制目标。严格执行海岸工程和海洋工程建设对海洋环境影响评价制度，环境保护设施应当与主体工程同时设计、同时施工、同时投产使用；在工程建设和运营过程中，应采取有效措施，防止污染物大范围扩散，破坏海洋环境，污水排放应符合国家和地方排放标准或污染物排海总量控制指标。

（3）建立污染物监视监测监察机制

加强海洋环境监测工作，包括：趋势性监测、赤潮监测、重点海水养殖区监测、陆源排污口及邻近海域监测、海水浴场监测预报、自然保护区监测和污染事故应急监测，通过监测得出海洋环境变化趋势，为有关部门和单位进一步采取措施提供科学依据。同时，加强天津市沿海海洋监视监测系统的建设，在现在海洋环境监测的基础上，进一步加强海洋环境监测队伍建设和实验室建设，全面提升天津市重点海域海洋环境监测能力，重点强化海洋功能区、污染源、海洋生态灾害及生态系统健康监测的能力建设。建立和实施海洋监测结果报告制度，积极地、及时地以海洋环境质量公报、海洋环境监测专题报告、海洋灾害监测评估报告、海水浴场监测报告等形式向沿海地方政府、有关部门和社会公众定期或不定期发布海洋环境监测结果，有效服务于海洋环境保护、经济社会发展和海洋开发利用与管理。

（4）建立海域污染的应急响应机制

完备的法律政策是建立天津市应急响应机制的基础。为弥补现行海洋环保法规的不足，应尽快组织制定相关规定，以法律的形式对应急指挥协调组织、应急清理队伍的建立，应急计划的编制、审定和执行，政府和企业应具备的事故应急能力，各级机构的职责、权限及其相互关系，以及应急决策和报告程序等作出明确规定。

（5）加强海洋环境保护的区域合作

在生态环境已经成为影响经济全局发展的背景下，克服传统区域合作观念的束缚，从生态环境恶化产生与发展的关联角度赋予区域合作新的内涵，为进一步完善流域生态环境保护体系提供新的理论支持。结合天津市现状，探讨区域环境保护合作模式，实现区域间的互惠互利，合作共赢，进而改善滨海地区环境问题，实现海洋资源环境的健康可持续利用。探索建立包括污水的达标排放及入海河流、排污口的上游治理等周边地区对资源环境支持服务。开展本市在滨海湿地的保护与修复、减少近岸海洋工程对海洋环境的影响等对海洋资源环境的支持和服务。

## 6.4.8 建立海洋管理的业务支撑体系

为了全面履行海洋管理的工作职责，科学协调天津市海洋经济、海洋科技、海洋环境保护、海域使用管理、海洋行政执法等工作，保障科学行政、依法行政，构建本市海洋管理的业务支撑体系，积极推进海洋研究院的建设工作，创建全面掌握情况和信息、具有支撑服务特色的本市海洋政策、法规、规划、经济、科技、资源、环境、执法、档案、文献等的技术支撑和应用服务体系，为天津市的海洋管理工作提供全面、及时、准确的管理决策支持服务。发挥海洋信息作为重要战略资源的作用，开展天津市海洋信息共享体系建设，推进海洋信息化工程，开发海洋信息共享技术、建设海洋信息共享平台，建立和完善海洋领域的数据中心，积极推进信息技术在天津市海洋各个领域的应用和发展，对包括海洋基础数据在内的海洋信息实施有效的管理。

## 6.4.9 推进海洋科技创新体系的建设

研究构建有利于提高天津市海洋科技创新能力，促进海洋科技与海洋经济紧密结合的海洋科技创新体系。重点推进在天津滨海新区建设渤海监测监视管理基地的工作，有效整合天津市在海水淡化与综合利用、海洋工程技术与装备研究、海洋监测监控、海洋生态监控与生物修复、海洋信息工程、海洋标准及计量等方面的技术力量，以海洋高新技术的研发为目的，建设独具特色的海洋高新技术研发与成果转化基地，构建包括实验平台和人才队伍在内的海洋科研体系，建设海洋技术创新与工程试验的综合平台，形成具有自主知识产权的海洋应用技术集成体系。研究创造多个分支学科、多个科学团体、多个部门联合共同攻关的基本条件和政策，鼓励海洋研究单位在制度、体制、机制方面进行改革创新，切实注重创造有利于天津市海洋科技创新思想产生的环境和条件；开展建立海洋科技创新体系的战略研究，不断调整创新体系建设战略。

## 6.4.10　加强综合管理的基础技术研究

开展天津市海洋基本状况的评价研究，完善各区域功能区划，调整海域主导开发方向；开展海洋资源核算，科学计算各种产业的经济效益；研究海洋资源优化配置模式，形成科学合理的海域开发布局；研究确定不同区域的环境质量标准和最大环境容量，为确定开发利用规模和控制排污总量提供科学依据；组织开展海洋资源开发新领域的技术的探索研究，促进海洋新兴产业的形成和发展，开发先进适用技术的研究，开展海洋化工、海水淡化、海洋生物技术、海洋药物等科技成果转化示范技术和政策研究；开展海水淡化和海水综合利用等实用新技术研发；开展海洋工程中的深海技术、油气开采、生态修复技术等急需领域的技术探索和研究，以及海水养殖的良种培育、病害防治、高效饵料的研究。继续部署和完善天津市海洋基础研究和海洋科技发展初步形成的面向经济建设、发展高新技术及其产业的多层次发展战略的格局，切实把"科技兴海"作为促进天津市海洋经济发展的战略。

## 6.4.11　完善海洋综合管理的政策体系

制定和完善与国家海洋法规配套的地方海洋资源开发和生态环境保护的法规体系，是天津市实行依法科学管理海洋的重要环节，主要包括积极贯彻海域法，认真落实海洋环保法，加强和完善海域法和海洋环保法的配套法规及制度建设，研究和制定海洋资源开发综合性法规；研究拟定天津市关于实施海洋开发的综合性政策，加强政策宏观调控力度，开展海洋功能区划和规划工作，从而制定出各历史阶段的海洋资源开发与环境保护目标，形成有利于海洋开发利用、有利于保护区域环境的良性互动机制和政策；研究建立海洋开发及保护规划体系，制定和完善海洋综合管理的中长期规划、专项规划和年度计划，切实把本市的海洋管理工作提高到新的认识高度。

## 6.4.12　加强宣传，促进海洋事业可持续发展

根据天津市海洋资源环境的状况和海洋管理的需要，制定提高社会公众海洋意识的宣传计划和方案，开展形式多样的海洋知识的宣传学习和教育活动；在充分发挥市场机制作用的基础上，综合采用经济的、法律的、行政的、教育的等多种手段，强调参与各方的自愿协商，鼓励在不同层次上参与和合作，在采用指导、引导、提议、提倡、示范、激励、协调等行政方式进行的上下互动的管理的同时，加大海洋法律制度和政策的宣传力度，营造广泛的群众基础和良好的法律舆论环境，不断提高广大群众保护海洋环境、合理利用海洋资源的思想意识，促进海洋事业可持续发展。

# 参 考 文 献

Kapsimalis V, Pavlakis P, Poulos S E, et al. 2005. Internal structure and evolution of the Late Quaternary Sequence in a shallow embayment: The Amvrakikos Gulf, NW Greece, Marine Geology, 222 – 223, 399 – 418.

Kim Y H, Chough S K, Lee H J, et al. 1999. Holocene transgressive stratigraphy of a macrotidal flat in the southeastern Yellow Sea: Gomso Bay, Korea, Journal of Sedimentary Research. Section B, Stratigraphy and Global Studies, 69, 2, 328 – 337.

Labauen C, Jouet G, Berné S, et al. 2005. Seismic stratigraphy of the Deglacial deposits of the Rhône prodelta and of the adjacent shelf. Marine Geology, 222 – 223, 299 – 311.

Larcombe P, Carter R M. Sequence architecture during the Holocene transgression: an example from the Great.

Lavery S, Donovan B. 2005. Flood risk management in the Thames Estuary looking ahead 100 years. Philos. T. Roy. Soc. A, 363, 1455 – 1474.

Long Beach Gas and Oil Department. Elevation changes in the city of Long Beach, 2005. 11 ~ 2006. 05, 1 – 23.

Lowe J A, Gregory J M. The effects of climate change on storm surges around the United Kingdom, Philos. T. Roy. Soc. A, 2005, 363, 1313 – 1328.

Marsset T, Xia D, Berne S, et al. 1996. Stratigraphy and sedimentary environments during the Late Quaternary, in the Eastern Bohai Sea (North China Platform), Marine Geology, 135, 97 – 114.

McManus J. 1988. Grain size determination and interpretation, In: Tucker, M. (editor), Techniques in Sedimentology, Blackwell, Oxford. 63 – 85.

Nicholls R J, Wong P P, Burkett V R. et al. 2007. Costal systems and low – lying areas, Climate Change 2007: Impacts, Adaptation and Vulnerability, IPCC WG Ⅱ AR4, In: Parry M. L., Canziani O. F., Palutik of J. P. et al. eds. Cambridge University Press, Cambridge, 31 – 356.

Park Y A, Lim D I, Khim B K, et al. 1998. Stratigraphy and subaerial exposure of Late Quaternary tidal deposits in Haenam Bay, Korea (south – eastern Yellow Sea), Estuarine, Coastal and Shelf Science, 47, 4, 523 – 533.

Suplee C. 1998. Unlocking the climate puzzle, National Geographic, 193, 5, 38 – 71.

滨海旅游业发展课题组. 2003. 紧密结合天津实际, 努力构建滨海旅游业发展新格局.

苍树溪, 黄庆福, 张宏才, 等. 1986. 渤海晚更新世以来的海侵与海面变动. 中国海平面变化 (国际地质对比计划第 200 号项目中国工作组编). 北京: 海洋出版社, 35 – 42.

大港油田地质研究所, 海洋石油勘探局研究院, 同济大学海洋地质研究所. 1985. 滦河冲积扇——三角洲沉积体系. 地质出版社, 1 – 164.

地球科学大词典编委会. 2006. 地球科学大词典 (基础学科卷). 北京: 地质出版社, 168.

地球科学大辞典编委会. 2006. 地球科学大辞典 (基础学科卷). 北京: 地质出版社, 167 – 168.

段志华. 2002. 再析天津渤海沿岸风暴潮特性及防御减灾对策. 海洋预报, 19, 1, 43 – 50.

范哲清. 1983. 歧南地区构造特征与沉积环境.

郭宝炎. 2004. 大港油田油气勘探潜力与发展趋势.

国家海洋技术中心. 2007. 天津市 "908 专项" 天津市海域使用现状调查报告.

国家海洋技术中心. 2008. 天津市 "908 专项" 物理海洋调查报告.

国家海洋局北海环境监测中心. 2008. 天津临港工业区二期工程区域建设用海总体规划报告.

国家海洋局海域管理司. 2008. 2007 年海域使用统计分析报告.

国家海洋局天津海水淡化与综合利用研究所. 2008. 天津市 "908 专项" 海水综合利用区评价与选划.

国家海洋局天津海洋环境监测中心站, 等. 2007. 天津市 "908 专项" 天津市河口污染状况调查与评估报告.

国家海洋信息中心 . 2003. 天津市海洋与海岸带现状及开发研究 .

国家海洋信息中心 . 2008. 天津市"908 专项"天津市海洋资源环境可持续利用综合评价报告 .

国家海洋信息中心 . 2008. 天津市"908 专项"天津市潜在滨海旅游区评价与选划研究报告 .

国家技术监督局 . 2006. 海洋功能区划技术导则(GB/T 17108—2006)[S]. 北京:中国标准出版社 .

国土资源部天津地质矿产研究所 . 2008. 天津市"908 专项"天津市潮间带后备土地资源评价与选划报告 .

国土资源部天津地质矿产研究所 . 2008. 天津市"908 专项"天津市海岸带调查报告 .

国土资源部天津地质矿产研究所 . 2008. 天津市"908 专项"天津市海域地质地貌调查报告 .

韩嘉谷 . 1965. 渤海湾西岸古文化遗址调查 . 考古,2.

韩有松,孟广兰 . 1996. 渤海湾沿岸 // 赵希涛 . 中国海面变化 . 山东:山东科学出版社,52 - 70.

侯仁之 . 1957. 历史时期渤海湾西部海岸线的变迁 .

胡德胜,沈建石 . 1996. 黄骅坳陷中北区(陆上)油气富集规律 . 天津地质学会志,14(4):41 - 45.

黄宁 . 2005. 公众参与环境管理机制的初步构建 . 环境保护 .

交通部天津水运工程科学研究所 . 2007. 天津港南防波堤工程海洋环境影响报告书 .

李克国,等 . 2007. 环境经济学 . 北京:中国环境科学出版社 .

李晓峰,张宏业,等 . 2006. 天津市不同后备水资源对比评价研究 . 自然资源学报,21(1):16 - 21.

刘旗开,等 . 2005. 天津市养殖用海及使用金征收管理政策研究工作全面启动 . 中国海洋报,(11).

刘志广,等 . 2006. 天津市"908 专项"海岛调查报告 .

吕彩霞 . 2002. 海域使用管理立法的主要目的和基本制度 . 海洋开发与管理,(1).

南开大学环境科学与工程学院,等 . 2008. 天津市"908 专项"天津市渤海海域海洋大气化学调查报告 .

彭超等 . 2005. 科学技术革命背景下的我国海洋管理对策 . 海岸工程 .

全国海洋经济发展规划编制组办公室 . 2002. 全国海洋经济发展规划编制工作部门地方材料汇编 .

商志文,王宏,李效广 . 2005. 渤海湾西岸南大港、北大港中晚全新世潟湖底板虚拟重建 . 地质通报,24,7,672 - 676.

施建堂 . 1999. 海平面上升与天津沿海风暴潮特征 . 海洋信息,4,25 - 26.

施建堂 . 1999. 海平面上升与天津沿海风暴潮特征 . 海洋信息,4,25 - 26.

孙连成 . 2003. 塘沽围海造陆工程对周边泥沙环境影响的研究 . 水运工程,350,3,1 - 5.

孙连友 . 2006. 充分发挥优势,加快发展天津海洋高新技术产业 . 港口经济,(1).

天津滨海新区海洋经济课题组 . 2003. 天津开发利用海洋资源发展海洋经济总体思路和主要任务 . 港口经济,(6).

天津港集团有限公司 . 2008. 天津港港口介绍 .

天津科技大学 . 2008. 天津市"908 专项"天津滨海地区潜在海水增养殖区的评价和选划研究报告 .

天津科技大学 . 2008. 天津市"908 专项"天津市近岸海域海水化学调查报告 .

天津临港产业区开发建设筹备组 . 2007. 天津临港产业区建设项目用海情况 .

天津临港产业区开发建设筹备组 . 2007. 天津临港产业区总体规划纲要 .

天津市滨海新区管委会 . 2006. 天津临港产业区域建设用地总体规划 .

天津市地质矿产局 . 1992. 天津市区域地质志 . 北京:地质出版社,1 - 259.

天津市发展和改革委员会 . 2006. 天津市旅游业发展第十一个五年规划 .

天津市海洋功能区划协调组 . 2005. 天津市海洋功能区报告 .

天津市海洋环境质量公报 . 2001—2007.

天津市海洋局,等 . 2007. 天津市"908 专项"天津宗海价格评估——海域分类定级与基准价格评估研究报告 .

天津市海洋与海岸带现状及开发研究课题组 . 2003. 滨海新区土地资源开发利用现状及设想 .

天津市海洋与海岸带现状及开发研究课题组 . 2003. 生物资源现状及开发研究 .

天津市海洋与海岸带现状及开发研究课题组 . 2003. 天津市海洋与海岸带石油资源现状及开发研究 .

天津市海洋与海岸带现状及开发研究课题组 . 2003. 天津市海域开发利用现状 .

天津市海洋与海岸带现状及开发研究课题组 . 2003. 天津市盐业和海洋化工现状及开发研究 .

天津市人民政府 . 2006. 天津市海岸线 .

天津市人民政府 . 2007. 天津市海洋功能区划 .

天津市水产研究所 . 2008. 天津市"908 专项"近岸海洋经济水产资源与生态调查报告 .

天津市水产研究所 . 2008. 天津市"908 专项"近岸海域生物生态调查 .

天津市水资源公报 . 2004—2008.

天津市统计局 . 2008. 天津市"908 专项"天津市沿海社会经济调查报告 .

田德培，王兰化，王丽瑛 . 2005. 环渤海地区区域地壳稳定性分区与评价 . 地质调查与研究，28，1，47 – 55.

王宏 . 2002. 渤海湾贝壳堤与近现代地质环境变化 . 前寒武纪第四纪地质文集（前寒武纪第四纪地质文集编委会主编）. 地质出版社，183 – 194.

王军，等 . 渤海区域海洋经济与可持续发展研究 . 海岸工程，25（1）.

王琪，等 . 2000. 海洋资源可持续开发利用初探 . 中国人口资源与环境，10.

吴元燕，付建林，周建生，等 . 2000. 歧口凹陷含油气系统及其评价 . 石油学报，21（6）：18 – 22.

徐守余，严科 . 2005. 渤海湾盆地构造体系与油气分布 . 地质力学学报，11（3）：259 – 264.

杨玉金 . 2005. 北塘滩海地区重点构造带石油地质评价 .

姚丽娜 . 2003. 我国海岸带综合管理与可持续发展，哈尔滨商业大学学报（社会科学版），70，98 – 101.

于大江 . 2001. 近海资源保护与可持续发展［M］. 北京：海洋出版社 .

于庆东，等 . 1998. 渤海洋资源与环境的可持续利用 . 海洋科学 .

张德二 . 1991. 中国德小冰期气候及全球变化的关系 . 第四纪研究，2，104 – 112.

张宏声 . 2003. 全国海洋功能区划概要 . 北京：海洋出版社，109 – 117.

张灵杰 . 2001. 全球变化与海岸带和海岸带综合管理 . 海洋管理，5，33 – 36.

张灵杰 . 2001. 试论海岸带综合管理规划 . 海洋通报，20，2，58 – 65.

赵冬至，等 . 2010. 中国典型海域赤潮灾害发生规律［M］. 北京：海洋出版社 .

赵松龄 . 1978. 关于渤海湾西岸海相地层与海岸线问题 . 海洋与湖沼，9，1，15 – 24.

中国海岸带和海涂资源综合调查报告（资料汇编）. 1991. 北京：海洋出版社 .

中国海岸带和海涂资源综合调查报告 . 1991. 北京：海洋出版社 .

中国海洋年鉴编纂委员会 . 中国海洋年鉴，天津部分 . 1993—2006.

中国海洋统计年鉴 . 北京：海洋出版社，2001—2007.

中国海洋灾害公报 . 2004—2007.

中国科学院可持续发展研究组 . 1999. 1999 中国可持续发展战略报告 . 北京：科学出版社 .

朱秀清 . 2006. 天津市水资源可持续利用对策研究 . 天津大学学位论文 .

邹景忠 . 2004. 海洋环境科学 . 山东：山东教育出版社 .